AutoCAD Electrical 2017 应用项目教程

主　编　魏召刚　崔如泉
副主编　韩晓冬　廉振芳
　　　　苏　挺　陈　争
参　编　赵秋玲

北京理工大学出版社
BEIJING INSTITUTE OF TECHNOLOGY PRESS

版权专有 侵权必究

图书在版编目（CIP）数据

AutoCAD Electrical 2017 应用项目教程 / 魏召刚，崔如泉主编. —北京：北京理工大学出版社，2019.2（2022.1 重印）
ISBN 978-7-5682-6759-5

Ⅰ. ①A… Ⅱ. ①魏… ②崔… Ⅲ. ①机械设计–计算机辅助设计–AutoCAD 软件–教材 Ⅳ. ①TH122

中国版本图书馆 CIP 数据核字（2019）第 034143 号

出版发行 / 北京理工大学出版社有限责任公司
社　　址 / 北京市海淀区中关村南大街 5 号
邮　　编 / 100081
电　　话 /（010）68914775（总编室）
　　　　　（010）82562903（教材售后服务热线）
　　　　　（010）68948351（其他图书服务热线）
网　　址 / http://www.bitpress.com.cn
经　　销 / 全国各地新华书店
印　　刷 / 三河市天利华印刷装订有限公司
开　　本 / 787 毫米×1092 毫米　1/16
印　　张 / 21
字　　数 / 493 千字
版　　次 / 2019 年 2 月第 1 版　2022 年 1 月第 4 次印刷
定　　价 / 55.00 元

责任编辑 / 张鑫星
文案编辑 / 张鑫星
责任校对 / 周瑞红
责任印制 / 施胜娟

图书出现印装质量问题，请拨打售后服务热线，本社负责调换

　　AutoCAD Electrical 是 Autodesk 公司在 AutoCAD 基础上研发的电气行业设计软件，软件在行业上具有很大的知名度，也是属于行业使用最广泛的软件之一，自 2003 年开始进入中国，深受广大用户好评。

　　传统的关于电气工程制图的教材都是采用的 AutoCAD 普通版，使用 AutoCAD 普通版绘制电气工程图时，导线、元件和线号都需要手工绘制，重复劳动多，设计效率低，在电气控制行业中使用得越来越少。而 AutoCAD Electrical 作为 AutoCAD 的电气版，是专门面向电气控制设计师的 AutoCAD 软件，在 AutoCAD 基础上进行了功能和产能的提升，电气设计流程趋于智能化、自动化，自动进行导线、元件的绘制，线号自动编号，具有专业而标准的符号库，设计效率大幅提升，在电气控制行业中，得到了广大电气设计工程师的青睐，使用越来越广泛。

　　本书以 AutoCAD Electrical 2017 为软件平台，以讲解电气设计原理为先导，以介绍各类电气工程图的绘制方法贯穿全书。针对高职学生的认知特性，结合本课程的特点，从专业角度出发选取典型实例，在实例中融入绘图的方法和技巧，以项目化的方式讲解 AutoCAD Electrical 软件的使用，使读者更能掌握 AutoCAD Electrical 在本专业中的实际应用。

　　本书采用项目化方式讲解电气工程图的绘制方法，将知识点和技能训练融入各个项目中，每个项目通过"任务概述""知识链接""任务实施"和"任务拓展"等环节详解项目知识点与绘图步骤，做中学，学中做，实现了"知能合一"的学习效果。

　　本书共划分为八个项目：项目一讲述了 AutoCAD Electrical 软件的基本认知，项目二讲述了 AutoCAD 基础技能，项目三讲述了多线图的绘制，项目四讲述了电动机正反转控制原理图的绘制，项目五讲述了能耗制动电路原理图的绘制，项目六讲述了 M7120 平面磨床电路原理图的绘制，项目七讲述了电动机星三角 PLC 控制电路原理图的绘制，项目八讲述了电动机正反转控制面板图的绘制。项目一到项目八按照知识点和技能要求循序渐进，由简单到复杂地进行了组织和编写，基本涵盖了电气原理图绘制的所有命令和技巧，每个学习任务都有典型实例讲解，通过实例让读者掌握软件的使用，并注意及时练习巩固，学习任务后面都有任务拓展，使读者在学习知识后能够第一时间进行总结和练习。

　　本书由山东工业职业学院魏召刚、崔如泉担任主编，山东工业职业学院韩晓冬、廉振芳、苏挺，青岛师友软件有限公司陈争担任副主编，青岛职业技术学院赵秋玲参与编写。其中廉振芳编写了项目一和项目二，韩晓冬编写了项目三和项目五，崔如泉编写了项目四、项目六和项目八，苏挺编写了项目七，陈争和赵秋玲参与了项目八的编写及资料整理，由魏召刚对全书进行了审阅和统稿。在本书的编写过程中，得到了编者所在学院的领导、教师及合作企业技术人员的大力支持，在此一并表示感谢。

  本书在编写过程中，编者力图使本书的知识性和实用性相得益彰，但由于编者水平有限，书中难免存在疏漏之处，敬请广大读者批评指正。

编 者

目录 Contents

▶ **项目一　AutoCAD Electrical 软件的基本认知** ························· 1

任务一　AutoCAD Electrical 简介 ··· 1
　1.1.1　ACE 特点 ··· 1
　1.1.2　ACE 与 CAD 的比较 ·· 3
　1.1.3　ACE 的工作流程 ··· 4
任务二　ACE 软件安装和卸载 ·· 5
　1.2.1　安装 ·· 5
　1.2.2　添加与卸载 ··· 10
任务三　ACE 的操作界面 ··· 17
　1.3.1　标题栏 ·· 18
　1.3.2　菜单栏 ·· 18
　1.3.3　工具栏 ·· 18
　1.3.4　绘图窗口 ··· 19
　1.3.5　命令行 ·· 19
　1.3.6　状态栏 ·· 20

▶ **项目二　AutoCAD 基础技能** ·· 24

任务一　基本操作 ··· 25
　2.1.1　文件管理 ··· 25
　2.1.2　基本输入操作 ·· 27
　2.1.3　缩放和平移 ··· 29
　2.1.4　撤销和重复 ··· 29
任务二　基本绘图指令 ··· 30
　2.2.1　直线的绘制 ··· 30
　2.2.2　圆的绘制 ··· 31
　2.2.3　圆弧的绘制 ··· 32
　2.2.4　矩形的绘制 ··· 33
　2.2.5　多边形的绘制 ·· 34
　2.2.6　多段线的绘制 ·· 35
　2.2.7　图案填充 ··· 37

2.2.8	上机练习	38
任务三	基本编辑指令	38
2.3.1	复制命令	38
2.3.2	镜像命令	39
2.3.3	偏移命令	40
2.3.4	阵列命令	42
2.3.5	旋转命令	43
2.3.6	修剪命令	44
2.3.7	延伸命令	45
2.3.8	上机练习	47

▶ 项目三　多线图的绘制 48

3.1	任务概述	48
3.2	知识链接	49
3.2.1	项目管理	49
3.2.2	导线	62
3.2.3	连接器	72
3.3	任务实施	76
3.4	任务拓展	87

▶ 项目四　电动机正反转控制原理图的绘制 89

任务一	电动机正反转控制原理图	89
4.1.1	任务概述	89
4.1.2	知识链接	90
4.1.3	任务实施	111
4.1.4	任务拓展	127
任务二	带变压器的电动机正反转控制原理图的绘制	129
4.2.1	任务概述	129
4.2.2	知识链接	130
4.2.3	任务实施	138
4.2.4	任务拓展	151

▶ 项目五　能耗制动电路原理图的绘制 153

5.1	任务概述	153
5.2	知识链接	154
5.2.1	线号	154
5.2.2	标题栏	160

5.2.3	导线箭头	163
5.2.4	交互参考	167
5.3	任务实施	171
5.4	任务拓展	198

▶ 项目六 M7120 平面磨床电路原理图的绘制 199

6.1	任务概述	199
6.2	知识链接	201
6.2.1	元件命名规则	201
6.2.2	元件属性	203
6.2.3	元件制作	207
6.3	任务实施	217
6.4	任务拓展	246

▶ 项目七 电动机星三角 PLC 控制电路原理图的绘制 247

7.1	任务概述	247
7.2	知识链接	248
7.2.1	PLC 的插入	248
7.2.2	PLC 的编辑	253
7.2.3	PLC 的自定义	255
7.2.4	PLC 和阶梯图的使用	261
7.3	任务实施	263
7.4	任务拓展	287

▶ 项目八 电动机正反转控制面板图的绘制 289

8.1	任务概述	289
8.2	知识链接	291
8.2.1	面板图元件	291
8.2.2	原理图到面板图	294
8.2.3	端子排处理	298
8.2.4	序号和导线注释	302
8.2.5	面板图的编辑	306
8.3	任务实施	309
8.4	任务拓展	324

项目一

AutoCAD Electrical 软件的基本认知

任务概述

本项目主要介绍软件 AutoCAD Electrical 2017 的基本概况,内容包括 AutoCAD Electrical 2017 软件的特点、工作流程、安装与卸载、基本操作界面等,并详细讲解状态栏中的辅助绘图命令。通过本项目的学习,建立对 AutoCAD Electrical 2017 软件的认识,掌握辅助绘图命令的使用技巧,逐步认识 AutoCAD Electrical 2017 软件的丰富功能。

知识目标

1. 了解 AutoCAD Electrical 2017 软件的特点;
2. 了解 AutoCAD Electrical 2017 软件的工作流程;
3. 熟悉 AutoCAD Electrical 2017 软件的工作界面;
4. 熟悉辅助绘图命令的使用。

能力目标

1. 能够调用和关闭选项卡与面板;
2. 能够安装与卸载 AutoCAD Electrical 2017 软件。

任务一　AutoCAD Electrical 简介

1.1.1　ACE 特点

AutoCAD Electrical 是面向电气控制设计师的 AutoCAD 软件,专门用于创建和修改电气控制系统图。为了方便，AutoCAD Electrical 在本书中简称 ACE。

ACE 软件除包含 AutoCAD 的全部功能外，还增加了一系列用于自动完成电气控制工程设计任务的工具，如创建原理图、导线编号、生成物料清单等。AutoCAD Electrical 组成如图 1.1 所示。

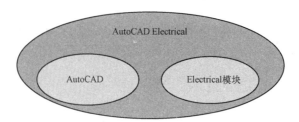

图 1.1　AutoCAD Electrical 组成

ACE 有专业化的电气设计平台，在 AutoCAD 基础上进行了功能的提升，并有专业而标准的符号库，电气设计流程趋于智能化、自动化。在电气控制行业中，得到了广大电气设计工程师的青睐，使用越来越广泛。它具有以下几个特点：

1. 专业而标准的符号库

ACE 支持基于国际标准的符号库：GB、JIC、IEC、JIS、AS，有多种专业符号库：电气、液压、气动和管道仪表等，可以节约创建标准电气控制设计所需的时间和成本。

2. 自动导线编号和元件标记

ACE 软件能够根据所选配置在所有导线和元件上自动添加连续编号或基于参考的编号。基于参考的编号和标记将自动添加后缀，以确保名称的唯一性（如 406、406 A、406 B）；而且编号规则非常灵活，可以满足大多数的设计要求。此外，如果 ACE 检查到插入的线号与其他编号产生冲突，便会自动按导线顺序进行搜索，并将线号放置到合理的位置上。

在工程图中自动分配导线编号和元件标记，从而减少跟踪设计变更所需的时间，并减少错误。

3. 自动生成项目报告

使用 ACE 中的报告生成功能可以非常容易地生成各种报告，包括 BOM（物料清单）表、自/到导线列表、PLC（可编程逻辑控制器）I/O（输入/输出）表、端子设计、线缆摘要和交互参考报告等。另外，报告功能还支持用户通过一个命令生成多份报告。生成一份或多份报告后，用户可以灵活处理这些报告：既可以将报告信息直接输入工程图，也可以用某种文件格式将其另存。ACE 支持用户将报告保存为 ASCII、Microsoft Excel、Microsoft Access、CSV 或 XML 格式。

自动生成项目报告功能可以显著减少手动生成和更新报告所需的时间，同时消除相关错误。

4. 实时错误检查

ACE 会持续对请求进行的变更与当前项目进行比较，并在出现潜在设计错误时向用户发出警告。在设计过程中发现并消除错误，避免施工时出现可能造成重大损失的错误。

5. 继电器/接触器线圈和触点的实时关联

ACE 支持多种关联参考的显示格式，自动跟踪继电器/接触器线圈和触点，并能实时同步与更新关联的线圈和触点。在触点数量过多时,向用户发出警告。

这个功能可以降低为任一继电器/接触器指定过多触点的风险,并节约手动跟踪触点分配所需的时间。

6. 创建智能的面板/背板装配布置图

创建好原理图后,ACE 将提取一份用来放入面板布置图中的原理图元件列表。用户需要为插入布置图中的每个设备选择在面板上的位置和"示意性"图形,设备及其示意图形之间将自动创建链接。对原理图或面板中任何元件的变更都会引起另一方自动更新。导线槽和装配硬件等非示意图项目也可以添加到布置图中并自动组合,生成"智能"的面板 BOM 表。

这个功能可以简化面板布置图的创建流程,以减少错误,确保所有元件到位,并且工程图可以自动更新。

7. 方便而高效的电气原理图绘制和编辑功能

ACE 除包含 AutoCAD 软件的所有功能外,还增加了为电气控制系统设计专家开发的专业功能。剪切导线:复制和删除元件或电路以及快速移动和排列元件等专业功能加快了工程图的创建速度,并简化了创建流程。与 AutoCAD 相比,ACE 大大提高了用户的工作效率。

8. 自动创建 PLC I/O 图

ACE 支持用户通过在电子表格中定义项目的 I/O 赋值来轻松生成一套完整的 PLC I/O 图。然后,ACE 将自动创建工程图,其中包括根据工程图配置绘制的阶梯图、I/O 模块、地址和描述文字,以及连接每个 I/O 点的元件和端子符号。如果一个模块不适合某列阶梯,ACE 会自动在阶梯的底部打断该模块,然后在下一个阶梯列的顶部或下一个工程图中连接该模块。此外,工程图建好后,用户可将带有描述性的 I/O 信息,另存为大多数 PLC 编程软件包都可以读取的文件格式。

9. 工程图纸的共享与设计变更跟踪

用户可以使用任何兼容 DWG 格式的软件来浏览或编辑 AutoCAD Electrical 工程图。当工程图从外部返回时,ACE 可以生成一份报告,显示这些工程图的变更情况。此外,在设计流程中发布图纸的新版本时,ACE 可以报告最近一次版本更新以来图纸的所有变更。

10. 工程图纸的复用

ACE 支持用户在创建新设计时,复制特定元件或整个工程图集,从而轻松地重复利用现有工程图。用户还可以保存常用的电路,以供今后绘制工程图时使用。ACE 还能根据现有工程图的配置,自动重新为电路中新替换的导线和装置进行编号。

工程图纸的复用可以重复利用现有的设计、元件或电路,大大缩短设计时间。

1.1.2 ACE 与 CAD 的比较

AutoCAD 普通版不含电气设计逻辑,缺乏电气设计工具,导线、元件、线号都需手工绘制,重复劳动多,设计效率低。而 ACE 软件具有智能化、自动化的电气设计工具,自动进行导线、元件的绘制,线号自动编号,电气设计效率大大提升。ACE 与 CAD 比较见表 1-1。

表 1-1　ACE 与 CAD 比较

比较项	CAD	ACE
全部 AutoCAD 功能	√	√
熟悉的 AutoCAD 界面	√	√
强大的绘图工具	√	√
DWG 图纸兼容性	√	√
电气项目管理工具，团队协同工具，元器件信息跨图纸浏览和共享	×	√
智能化、自动化的电气设计工具，自动绘制导线、元件、线号	×	√
面向对象的工作方式，结构化的图纸信息，设计信息可随时随地补充修改并保存在项目、导线、线号和器件中	×	√
齐全的元器件符号库和目录库	×	√
端子排设计和管理工具	×	√
设计错误核查工具	×	√
自动生成元器件接线图和端子排接线图	×	√
自动生成物料明细表和下线表	×	√
老图纸快速转换为结构化电气图纸	×	√

1.1.3　ACE 的工作流程

AutoCAD 软件在进行电气工程制图时，通常要设置绘图界限、设置图层、绘制图框标题栏、建立电气符号库、绘制电路图等，制图步骤很复杂。而 ACE 软件具有专业的电气设计平台，有智能化、自动化的电气设计工具，因此，电气制图的效率大大提升。

ACE 电气制图的工作步骤如下：
（1）新建项目，在项目添加图纸。
（2）画原理图。
① 插入导线。
② 插入元件符号，指定元件型号。
③ 插入线号。
④ 编辑导线、元件和线号。
⑤ 父子元件的交互参考（接触器、继电器等）。
（3）画面板布局图。
（4）画端子排、接线图。
（5）出统计报表。
（6）图纸标题栏填写、打印、归档。

视频：前序

任务二　ACE 软件安装和卸载

1.2.1　安装

1. 安装系统要求

表 1-2 所示为系统环境配置要求。

表 1-2　系统环境配置要求

AutoCAD Electrical 2017 系统环境配置要求	
操作系统	Microsoft Windows 7（SP1 或更高）（32 位和 64 位）
	Microsoft Windows 8.1（32 位和 64 位）
	Microsoft Windows 10（仅限 64 位）
CPU（中央处理器）类型	32 位系统：1 GHz 或更快，32 位（×86）处理器
	64 位系统：1 GHz 或更快，64 位（×64）处理器
内存	32 位系统：2 GB（建议使用 4 GB）
	64 位系统：4 GB（建议使用 8 GB）
显示器分辨率	常规显示：1 360×768（1 920×1 080 建议），真彩色
	高分辨率和 4 K 显示：分辨率达 3 840×2 160，支持 Windows 10、64 位系统（使用的显卡）
显卡	Windows 显示适配器 1 360×768 真彩色功能和 DirectX 9.0。建议使用与 DirectX 11 兼容的显卡。支持的操作系统建议使用 DirectX 9.0
磁盘空间	安装 4.0 GB
工具动画演示媒体播放器	Adobe Flash Player v10 或更高版本
.NET Framework	.NET Framework 版本 4.6

2. 安装步骤

以 AutoCAD Electrical 2017 64 位版为安装对象在 Windows 7 专业版系统进行安装，过程如下：

（1）双击图 1.2 所示安装文件中的任意一个，开始解压安装 AutoCAD Electrical 2017-简体中文版。

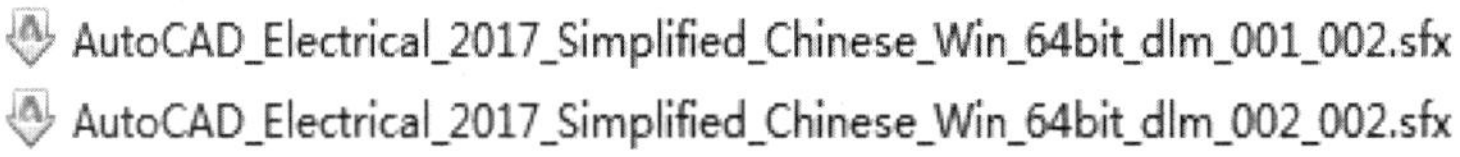

AutoCAD_Electrical_2017_Simplified_Chinese_Win_64bit_dlm_001_002.sfx
AutoCAD_Electrical_2017_Simplified_Chinese_Win_64bit_dlm_002_002.sfx

图 1.2　AutoCAD Electrical 2017 安装文件

（2）此时进入默认解压路径界面，也可以根据需要及磁盘空间大小自行选择解压路径，选择好解压路径后，单击"确定"按钮。图 1.3 所示为解压路径选择。

（3）进入解压界面，根据计算机配置不同，解压时间长短也不同，请耐心等候。图 1.4 所示为解压进行中。

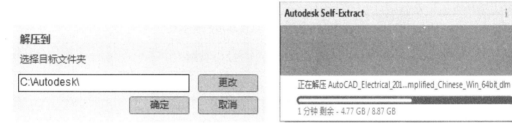

图 1.3　解压路径选择　　　　　　　　图 1.4　解压进行中

（4）解压完成后，自动弹出 AutoCAD Electrical 2017 的安装界面，如图 1.5 所示，单击"安装"按钮。

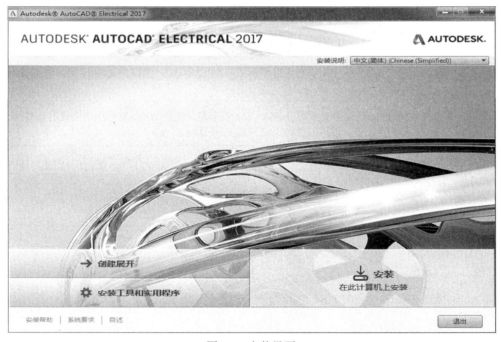

图 1.5　安装界面

（5）软件自动确认安装要求，用户只需等待，如图 1.6 所示。

项目一　AutoCAD Electrical 软件的基本认知

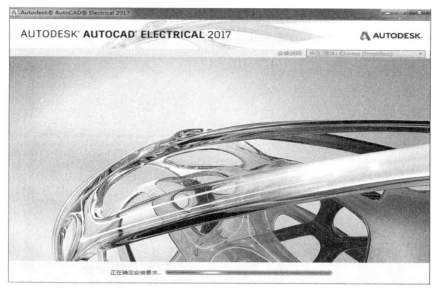

图 1.6　自动确认安装要求

（6）在弹出的"许可协议"界面中，单击"我接受"按钮，如图 1.7 所示，单击"下一步"按钮继续安装。

图 1.7　"许可协议"界面

（7）在弹出的配置安装界面中选择相应的组件，这里不做修改，使用软件默认的组件。在安装界面下方选择安装路径，单击"安装"按钮，如图 1.8 所示。

7

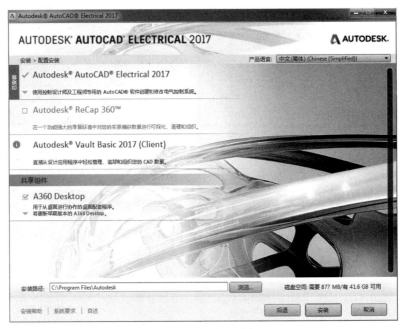

图 1.8　安装路径选择

（8）弹出安装进度界面，因安装产品较多，安装时间较长，耐心等候即可，如图 1.9 所示。

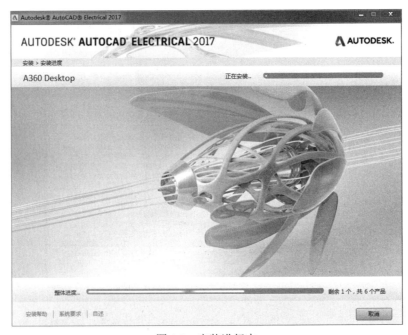

图 1.9　安装进行中

（9）所有软件产品安装完成之后，AutoCAD Electrical 2017–简体中文版就已经安装完成，单击"完成"按钮，如图 1.10 所示安装完成。

项目一　AutoCAD Electrical 软件的基本认知

图 1.10　安装完成

（10）在弹出的"安装程序"界面中，单击"是（Y）"按钮，重启计算机系统，以便软件配置修改生效，如图 1.11 所示。

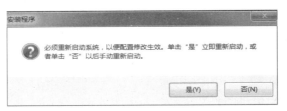

图 1.11　"安装程序"界面

3. 激活

（1）当软件安装完成打开软件时，会出现图 1.12 所示对话框，说明软件必须激活才可以正常使用。选择图中的"输入序列号"选项开始激活。

图 1.12　准备激活

9

（2）在弹出的激活界面中，输入序列号和产品密钥，对软件进行激活，如图 1.13 所示。

图 1.13　进行激活

（3）如果出现图 1.14 所示"激活的许可已找到"界面，说明软件已激活成功。

图 1.14　激活成功

1.2.2　添加与卸载

1. 添加

（1）单击计算机任务栏中的"开始"图标，选择"控制面板"选项。

（2）进入"控制面板"窗口，单击"程序"图标下面的"卸载程序"，如图1.15所示。

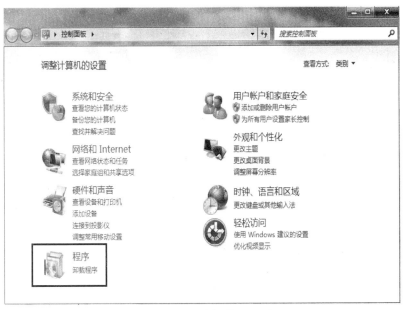

图1.15 "程序卸载"界面

（3）进入"卸载或更改程序"对话框，选择"Autodesk AutoCAD Electrical 2017 – 简体中文"选项，然后右击"卸载/更改"，如图1.16所示。

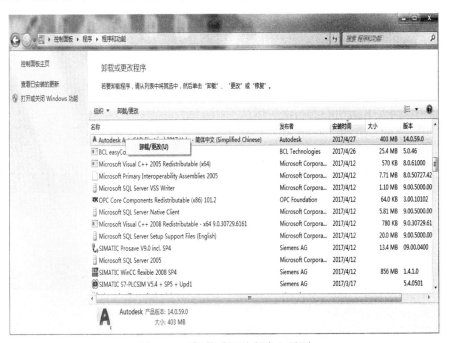

图1.16 "卸载或更改程序"界面

（4）进入AutoCAD Electrical 2017软件添加、修复与卸载界面，选择"添加或删除功能"选项，如图1.17所示。

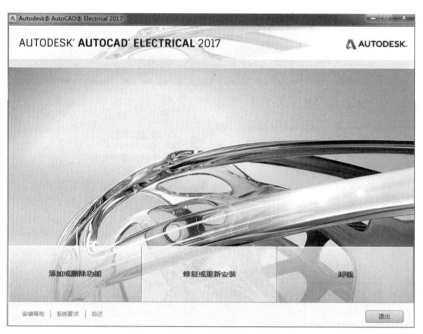

图 1.17　添加、修复与卸载界面

（5）在"添加或删除功能"界面中，勾选需要安装的制造商，然后单击"下一步"按钮，如图 1.18 所示。

图 1.18　勾选需要安装的制造商

（6）在弹出的界面中，选择需要安装的符号库，单击"下一步"按钮，如图 1.19 所示。

项目一　AutoCAD Electrical 软件的基本认知

图 1.19　选择需要安装的符号库

（7）在弹出的界面中，选择需要安装的功能。在界面下方选择安装路径，单击"更新"按钮，如图 1.20 所示。

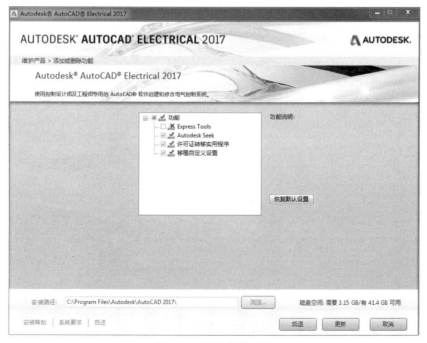

图 1.20　选择安装功能

（8）执行 AutoCAD Electrical 2017 软件更新工作，如图 1.21 所示。

13

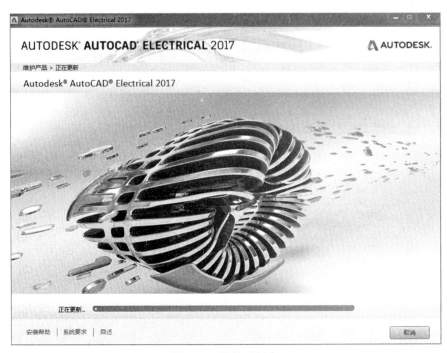

图 1.21　软件更新中

（9）更新完成后，单击"完成"按钮，完成软件更新，如图 1.22 所示。

图 1.22　更新完成

2．卸载

（1）在 AutoCAD Electrical 2017 软件"添加、修复与卸载"界面中，选择"卸载"选项，如图 1.23 所示。

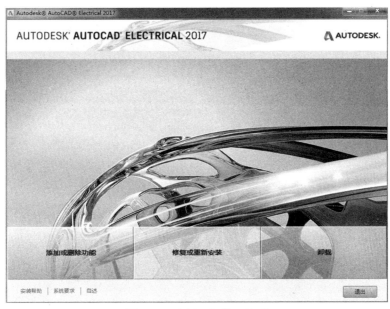

图 1.23　选择"卸载"选项

（2）在弹出的卸载界面中，如需要符号库，可勾选"不卸载符号库"选项，单击"卸载"按钮，如图 1.24 所示。

图 1.24　卸载界面

（3）执行 AutoCAD Electrical 2017 软件卸载工作，如图 1.25 所示。

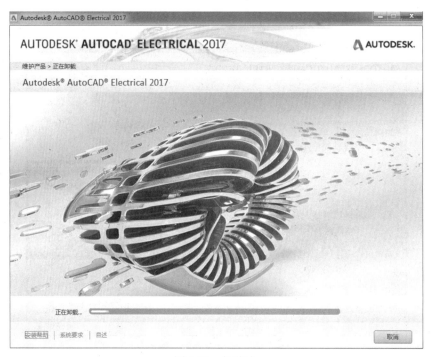

图 1.25　卸载中

（4）卸载完成后，单击"完成"按钮，完成软件卸载，如图 1.26 所示。

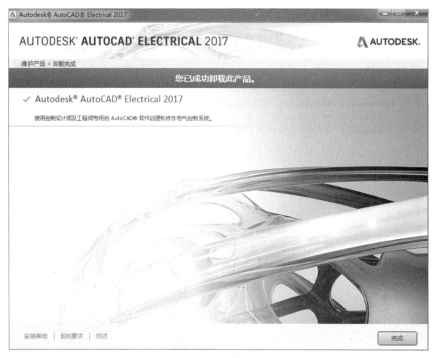

图 1.26　卸载完成

任务三　ACE 的操作界面

安装完 AutoCAD Electrical 2017 软件后，系统会自动在计算机桌面上生成 AutoCAD Electrical 2017 对应的快捷方式，双击该图标即可打开 AutoCAD Electrical 2017，进入的界面如图 1.27 所示。在这个界面通过单击"开始绘制"图框，进入软件的操作界面。

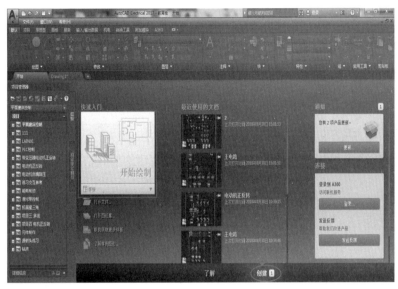

图 1.27　ACE 界面

在图 1.27 中，选择下方的"了解"选项，可以观看软件的基本技能视频，如图 1.28 所示。

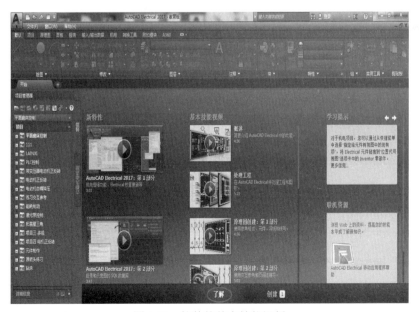

图 1.28　软件的基本技能视频

ACE 操作界面如图 1.29 所示，其中包括标题栏、菜单栏、工具栏、绘图窗口、命令行、状态栏等。

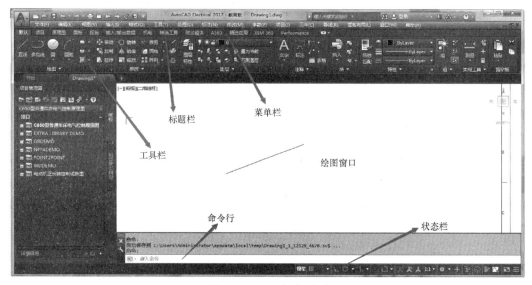

图 1.29 ACE 操作界面

1.3.1 标题栏

标题栏位于软件最上端，显示当前系统正在运行的应用程序和用户正在使用的图形文件，第一次启动时，创建并打开的图形文件名称 Drawing1.dwg，如图 1.30 所示。

图 1.30 标题栏

1.3.2 菜单栏

标题栏的下方是菜单栏，如图 1.31 所示，同其他 Windows 程序一样，ACE 的菜单也是下拉的，并在菜单中包含子菜单。

菜单栏中共包含 16 项菜单：文件、编辑、视图、插入、格式、工具、绘图、标注、修改、参数、项目、元件、导线、面板布局、窗口和帮助。

图 1.31 菜单栏

注意：可以通过软件界面的左上方，标题栏下拉菜单中的"隐藏菜单栏"，对菜单栏进行隐藏和显示，如图 1.32 所示。

1.3.3 工具栏

ACE 软件中的工具栏包括默认、项目、原理图、面板、报告、输入/输出数据等多个选

项目一　AutoCAD Electrical 软件的基本认知

图 1.32　隐藏菜单栏

项卡,"默认"选项卡里是 AutoCAD 的绘图命令,如图 1.33 所示。其他的选项卡是 ACE 特有的功能和命令,"原理图"选项卡里就是原理图的绘图命令,也是本书讲解的重点。

用户可以根据需要打开或关闭任一个选项卡。方法是:在已有工具栏上右击,弹出工具栏快捷菜单,在"显示选项卡"中可以打开和关闭相关的选项卡。

每个选项卡下面是对应的面板命令。例如,"默认"选项卡下面有绘图、修改、图层等面板。用户可以根据需要打开或关闭任一个面板。方法是:在已有工具栏上右击,弹出工具栏快捷菜单,在"显示面板"中可以打开和关闭相关的面板。

图 1.33　工具栏

1.3.4　绘图窗口

绘图窗口是位于右边的大片空白区域,是用户使用 ACE 绘制图形的区域,用户完成一幅设计图的主要工作是在绘图区域完成的。

在绘图区域中,有一个作用类似于光标的十字线,其交点反映了光标在当前坐标系中的位置。具体绘图的相关设置可以通过"工具"→"选项"来完成,也可以右键→选项来完成,如图 1.34 所示。

1.3.5　命令行

命令行窗口是输入命令和显示命令提示的区域,默认的命令行窗口布置在绘图区域下方,包括若干文本行,可以 CTRL+9 调出命令行,如图 1.35 所示。

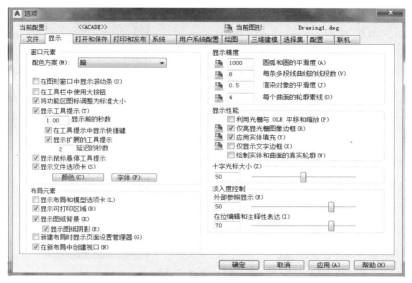

图 1.34 "选项"对话框

图 1.35 命令行

1.3.6 状态栏

状态栏在屏幕的底部，在绘制图形时，可以使用直角坐标或极坐标精确定位点，但是有些点（如端点、中心点等）的坐标我们是不知道的，又想精确地指定这些点，可想而知是很难的，甚至是不可能的。

ACE 提供了辅助定位工具，使用这类工具，我们可以很容易地在屏幕中捕捉到这些点，进行精确的绘图。

1. 栅格和捕捉

1）栅格显示

栅格显示对应快捷键为 F7。

栅格是由有规则的点或线的矩阵组成的，延伸到指定为图形界限的整个区域。使用栅格与在坐标纸上绘图十分相似，使用栅格可以对齐对象并直观显示对象之间的距离。如果放大或缩小图形，需要调整栅格间距，使其适合新的比例。虽然栅格在屏幕上是可见的，但它并不是图形对象，因此它不会被打印成图形的一部分，也不会影响在何处绘图。

可以单击状态栏上的"显示图形栅格"按钮或 F7 键打开或关闭栅格，如图 1.36 所示。

图 1.36 栅格显示

在"显示图形栅格"按钮上右击可访问"草图设置"对话框,在"捕捉和栅格"选项中可以设置栅格样式、栅格间距和栅格行为,如图 1.37 所示。

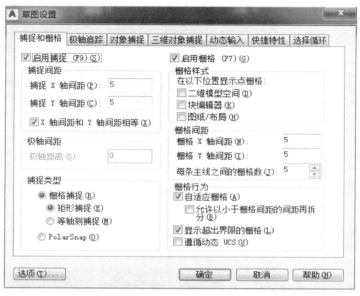

图 1.37 设置栅格

2)捕捉模式

捕捉模式对应快捷键为 F9。

开启后,利用捕捉模式(栅格捕捉),可以使光标在绘图窗口按指定的步距移动,因为栅格点对光标有吸附作用,即能够捕捉光标,使光标只能落在栅格点的位置上,从而使光标只能按指定的步距移动,如图 1.38 所示。

图 1.38 捕捉模式

2. 正交

正交对应快捷键为 F8。

正交绘图模式,即在命令的执行过程中,光标只能沿 X 轴或者 Y 轴移动。所有绘制的线段和构造线都将平行于 X 轴或 Y 轴,因此它们相互垂直成 90° 相交,即正交。使用正交绘图,对于绘制水平和竖直线非常有用,如图 1.39 所示。

图 1.39 正交模式

3. DYN 动态输入

DYN 动态输入对应快捷键为 F12。

用以控制在命令执行过程中，屏幕中是否动态显示输入参数，如图 1.40 所示。

图 1.40　动态输入

4. 极轴追踪

极轴追踪对应快捷键为 F10。

屏幕上出现的对齐路径有助于用精确位置和角度创建对象，用于在追踪参考点处沿极轴角度所设置的方向显示追踪路径，如图 1.41 和图 1.42 所示。

图 1.41　极轴追踪

图 1.42　极轴追踪设置

5. 对象捕捉和对象捕捉追踪

1）对象捕捉

对象捕捉对应快捷键为 F3。

能精确地定位在几何特征点上（端点、中点、圆心、几何中心等），如图 1.43 所示。

图 1.43　对象捕捉

对象捕捉是指在绘图过程中，通过捕捉这些特征点，迅速准确地将新的图形对象定位在现有对象的确切位置上,如圆的圆心、线段的中点或两个对象的交点等。可以通过右击状态栏中"对象捕捉"选项,或在"草图设置"对话框的"对象捕捉"选项卡中选择"启用对象捕捉"单选框来完成启用对象捕捉功能,如图1.44所示。

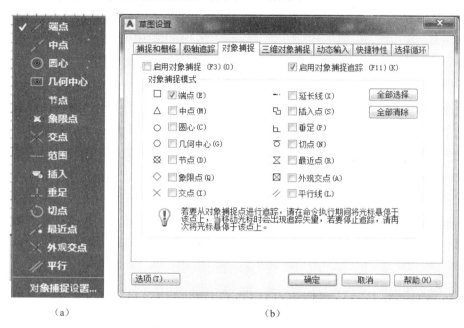

图1.44 捕捉设置
(a) 右键对象捕捉命令;(b) 草图设置

注意:

(1) 对象捕捉不能单独使用,必须配合其他绘图命令一起使用;仅当软件提示输入点时,对象捕捉才生效。如果试图在命令提示下使用对象捕捉,ACE将显示错误信息。

(2) 对象捕捉只影响屏幕上可见的对象,包括锁定图层、布局视图边界和多段线上的对象;不能捕捉不可见的对象,如未显示的对象、关闭或冻结图层上的对象及虚线的空白部分。

2) 对象捕捉追踪

对象捕捉追踪对应快捷键为F11。

用于设置在追踪参考点处显示水平或垂直的追踪路径,如图1.45所示。

图1.45 对象捕捉追踪

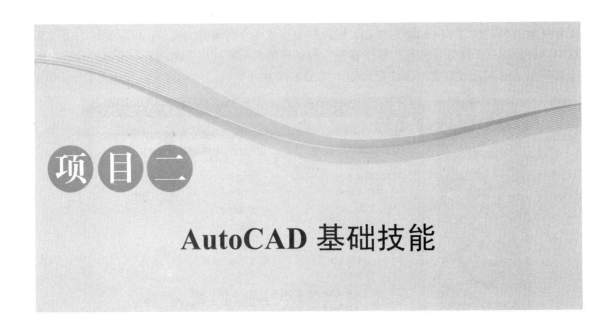

项目二

AutoCAD 基础技能

🔄 任务概述

本项目主要讲解软件 AutoCAD Electrical 2017 中的 AutoCAD 部分，因为 ACE 是基于 AutoCAD 通用平台的，所以首先要介绍 AutoCAD 的一些基础技能，内容包括文件管理、基本输入操作、图形基本操作等，并通过介绍各类电气元件符号的绘制，详细讲解 AutoCAD 的常用绘图指令和编辑指令。通过本项目的学习，我们将逐步掌握 AutoCAD 的基本操作，建立对软件常用绘图和编辑命令的认识，熟练掌握电气元件符号的绘制技巧。

🔄 知识目标

1. 掌握图形文件的基本操作；
2. 熟悉图形绘制的基本操作；
3. 掌握常用绘图指令的使用；
4. 掌握常用编辑指令的使用。

🔄 能力目标

1. 能够掌握常用绘图和编辑指令的使用技巧；
2. 能够完成基本电气元件符号的绘制。

项目二　AutoCAD 基础技能

任务一　基本操作

2.1.1　文件管理

文件管理的一些基本操作方法,包括新建、打开、保存、另存为等,这些都是进行 AutoCAD 操作最基础的知识。

1. 新建文件

1) 执行方式

菜单栏:选择"文件"→"新建"。

快捷键:Ctrl+N 组合。

命令行:输入 NEW 命令。

标题栏:单击▢图标。

2) 操作格式

执行上述命令后,可以打开如图 2.1 所示的"选择样板"对话框,选择一种图纸类型后,单击"打开"按钮即可,选项下拉列表右侧有相应的图纸类型预览。

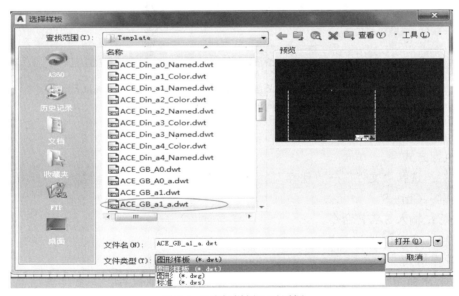

图 2.1　"选择样板"对话框

2. 打开文件

1) 执行方式

菜单栏:选择"文件"→"打开"。

快捷键:Ctrl+O 组合键。

命令行:输入 OPEN 命令。

标题栏:单击▢图标。

2）操作格式

执行上述命令后，可以打开如图 2.2 所示的"选择文件"对话框，选择文件类型后，单击"打开"按钮即可。用户可选.dwg 文件、.dwt 文件、.dxf 文件和.dws 文件。.dws 文件是包含标准图层、标注样式、线型和文字样式的样板文件。.dxf 文件是用文本形式存储的图形文件，能被其他程序读取，许多第三方应用软件都支持.dxf 格式。

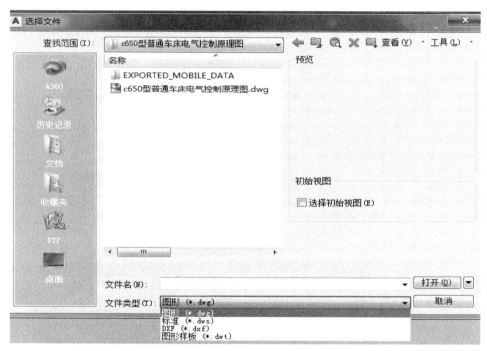

图 2.2 "选择文件"对话框

3．保存文件

1）执行方式

菜单栏：选择"文件"→"保存"。

快捷键：Ctrl+S。

命令行：输入 SAVE 命令。

标题栏：单击 图标。

2）操作格式

执行上述命令后，若文件已命名，则 AutoCAD 自动保存；若文件未命名（默认名 drawing1.dwg），则系统打开"图形另存为"对话框（图 2.3），用户可以命名保存。在"保存于"下拉列表框中可以指定保存文件的路径；在"文件类型"下拉列表框中可以指定保存文件的类型。

4．另存为

1）执行方式

菜单栏：选择"文件"→"另存为"。

命令行：输入 SAVEAS 命令。

项目二 AutoCAD 基础技能

图 2.3 "图形另存为"对话框

2)操作格式

执行上述命令后,可以打开如图 2.3 所示的"图形另存为"对话框,用户可以命名保存,文件类型可以在下拉列表中选择。

2.1.2 基本输入操作

1. 命令输入方式

以绘制直线为例,讲解直线命令的多种打开方式。

1)命令行

在命令窗口中输入命令名,不用区分大小写。如图 2.4 所示,输入画直线命令 LINE(也可以输入首写字母"L")后,命令行的提示如下:选项中不带括号的提示为默认选项,因此可以直接输入直线段的起点或在屏幕上指定一点;如果选择其他选项,则应该首先输入该选项的标识字符,如"放弃"选项的标识字符"U",然后按照系统提示输入数据即可。

在命令选项的后面有时还带尖括号,尖括号内的数值是默认数值。

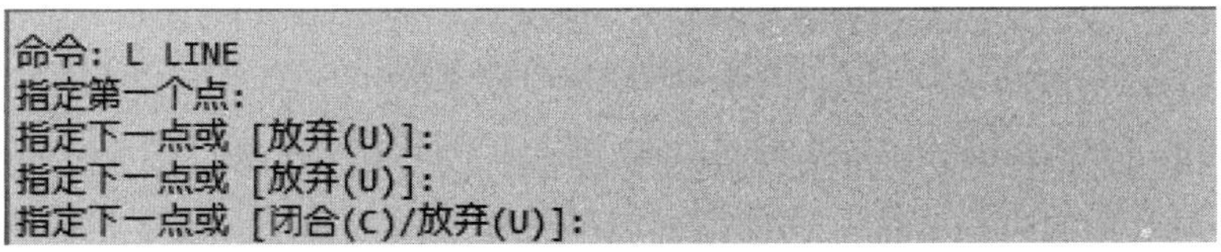

```
命令: L LINE
指定第一个点:
指定下一点或 [放弃(U)]:
指定下一点或 [放弃(U)]:
指定下一点或 [闭合(C)/放弃(U)]:
```

图 2.4 直线命令行

27

2）菜单栏

选择"绘图"菜单中的"直线"选项。

3）工具栏

在工具栏中，单击"默认"选项卡→"绘图"面板→"直线"图标。

4）右键

在绘图区右击可以立即重复上次使用的命令，如图2.5所示。

图 2.5　右键菜单

2. 选择

1）直接拾取

直接通过单击拾取对象，如图 2.6 所示，并通过"Shift+单击"的方式来退选。

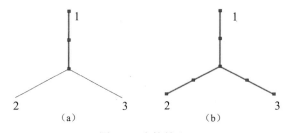

图 2.6　直接拾取

（a）直接拾取直线 1；（b）分别拾取直线 2 和直线 3

2）框选

（1）窗口模式。按住鼠标左键，确定起始点后，松开鼠标左键，从左向右拖动鼠标拉选择框，将要选择的对象框选在选择框内，然后单击，进行对象选择。要选择的对象必须全部被框选在选择框内才能选择。如图 2.7 所示，可以看到窗口模式的框选矩形框边界是实线，颜色是蓝色。

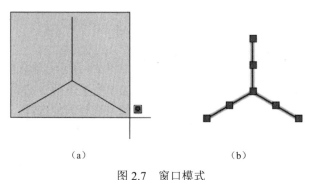

图 2.7　窗口模式

（a）窗口模式框选直线；（b）选择完成

（2）交叉模式。按住鼠标左键，确定起始点后，松开鼠标左键，从右向左拖动鼠标拉选择框。只要选择对象的一部分落在选择框内就能选中被选对象。如图2.8所示，可以看到交叉模式的框选矩形框边界是虚线，颜色是绿色。

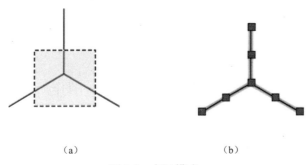

（a） （b）

图 2.8 交叉模式

（a）交叉模式框选直线；（b）选择完成

2.1.3 缩放和平移

改变视图最一般的方法就是缩放和平移，用它们可以在绘图区域放大或缩小图像显示，或者改变观察位置。

1. 缩放

在绘图过程中，为了方便进行对象捕捉，准确绘制图形，常常要将当前视图放大或缩小。图形显示缩放只是将屏幕上对象的视觉尺寸放大或缩小，就像用放大镜或缩小镜查看图形一样，从而可以放大图形的局部细节或缩小图形查看全貌。执行缩放后，对象的实际尺寸仍保持不变。AutoCAD Electrical 2017 提供了用于实现缩放的操作命令，可以快速执行缩放操作。

缩放操作命令执行方式如下。

（1）命令行：输入 ZOOM 或 Z，按 ENTER 键。

（2）菜单栏：选择"视图"→"缩放"→"实时"。

（3）右键：鼠标右键选择"缩放"命令。

（4）滚动鼠标滚轮。

2. 平移

平移是指移动整个图形，就像移动整个图纸，以便使图纸的特定部分显示在绘图窗口中。执行显示移动后，图形相对于图纸的实际位置并不发生变化。

平移操作命令执行方式如下。

（1）命令行：输入 PAN 或 P，按 ENTER 键。

（2）菜单栏：选择"视图"→"平移"→"实时"。

（3）右键：鼠标右键选择"平移"命令。

（4）按住鼠标滚轮拖动进行平移。

2.1.4 撤销和重复

1. 撤销

在绘图过程中，可以通过撤销命令，撤销上一步的操作，撤销命令执行方式如下。

（1）命令行：输入 U，按 ENTER 键。

（2）菜单栏：选择"编辑"→"放弃"。

（3）标题栏：在标题栏选择 图标。

（4）右键：单击鼠标右键选择"放弃"命令。

（5）快捷键：按 Ctrl+Z 组合键。

2. 重复

在绘图过程中，可以通过重复命令，重复执行最近一次的操作命令，重复命令执行方式如下。

（1）右键：单击鼠标右键选择"重复"命令。

（2）快捷键：按空格键或 ENTER 键。

任务二　基本绘图指令

2.2.1　直线的绘制

1. 执行方式

（1）命令行：输入 LINE 命令或 L，按 ENTER 键。

（2）菜单栏：选择"绘图"→"直线"。

（3）工具栏：单击"绘图"工具栏中的"直线"图标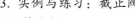。

2. 步骤及特殊选项说明

1）绘图步骤

（1）启动直线命令。

（2）LINE 指定第一个点：在命令行输入点的坐标或使用鼠标在绘图区指定一点作为直线的起点。

（3）LINE 指定下一点或［放弃（U）］：在命令行输入点的坐标或使用鼠标在绘图区指定第二点作为直线的端点。

（4）LINE 指定下一点或［放弃（U）］：如继续输入第三点，则绘制以第二点作为起点，第三点为端点的直线段。

（5）LINE 指定下一点或［闭合（C）/放弃（U）］：继续绘制直线段。如果要结束绘制，则按 ENTER 或空格键。

2）说明

（1）放弃（U）：表示放弃前面的输入。

（2）闭合（C）：使图形闭合（在绘制两条或两条以上直线时，会出现"闭合"选项）。

视频：截止阀的绘制

3. 实例与练习：截止阀

1）截止阀

截止阀，也称截门阀，是使用最广泛的一种阀门之一，它之所以广受欢迎，是由于开闭过程中密封面之间摩擦力小，比较耐用，开启强度不大，制造容易，维修方便，不仅适用于中低压，还适用于高压。

2）绘制步骤

（1）开启正交模式，绘制长度为 10 mm 的垂直直线 1。

（2）开启对象捕捉追踪，对象捕捉（端点），极轴追踪（30，60，90，120），以直线 1 的下端点为起点，绘制角度为 30°的直线 2，直线 2 的上端点与直线 1 的上端点平齐。

（3）以直线 2 的上端点为起点，向下绘制长度为 10 mm 的垂直直线 3。

（4）以直线 3 的下端点为起点，绘制直线 4，直线 4 的上端点与直线 1 的上端点重合。截止阀符号的绘制如图 2.9 所示。

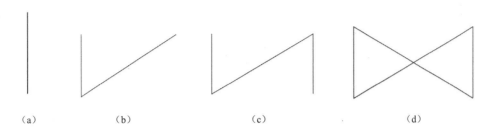

图 2.9　截止阀符号的绘制
（a）绘制直线 1；（b）绘制直线 2；（c）绘制直线 3；（d）绘制直线 4

2.2.2　圆的绘制

1．执行方式

（1）命令行：输入 CIRCLE 命令或 C，按 ENTER 键。

（2）菜单栏：选择"绘图"→"圆"。

（3）工具栏：单击"绘图"工具栏中的"圆"图标。

2．步骤及特殊选项说明

1）绘图步骤

（1）启动圆命令。

（2）CIRCLE 指定圆的圆心或［三点（3P）/两点（2P）/切点、切点、半径（T）］：在命令行输入圆心的坐标或使用鼠标在绘图区指定一点作为圆心。

（3）CIRCLE 指定圆的半径或［直径（D）］：在命令行输入圆的半径或直径。

2）说明

（1）三点（3P）：三点画圆。

（2）两点（2P）：两点画圆，即指定直径两点。

（3）切点、切点，半径（T）：利用相切，相切，半径画圆，需指定相切对象。

3．实例与练习：灯泡

1）灯泡

灯泡是通过电能而发光发热的照明源，最常见的功能是照明。

2）绘制步骤

（1）画圆，半径为 10 mm。

视频：灯泡的绘制

（2）开启对象捕捉追踪，对象捕捉（圆心），极轴追踪（45，90，135，180），以圆心为起点，绘制角度为 45°的直线，长度为 10 mm。

（3）以圆心为起点，绘制其他角度的直线，长度均为 10 mm。

灯泡的绘制如图 2.10 所示。

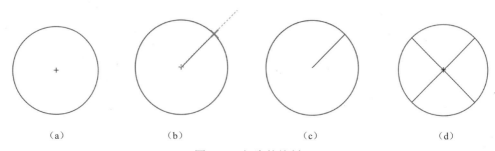

图 2.10 灯泡的绘制

(a) 绘制圆；(b) 极轴追踪；(c) 绘制 45°直线；(d) 绘制其他直线

2.2.3 圆弧的绘制

1. 执行方式

（1）命令行：输入 ARC 命令或 A，按 ENTER 键。

（2）菜单栏：选择"绘图"→"圆弧"。

（3）工具栏：单击"绘图"工具栏中的"圆弧"图标 。

2. 步骤及特殊选项说明

1）绘图步骤

（1）启动圆弧命令。

（2）ARC 指定圆弧的起点或［圆心（C）］：在命令行输入圆弧起点的坐标或使用鼠标在绘图区指定一点作为起点。

（3）ARC 指定圆弧的第二个点或［圆心（C）/端点（E）］：在命令行输入第二个点的坐标或使用鼠标在绘图区指定一点作为第二个点。

（4）ARC 指定圆弧的端点：在命令行输入端点的坐标或使用鼠标在绘图区指定一点作为端点。

2）说明

（1）圆心（C）：圆弧的圆心。

（2）端点（E）：圆弧的端点。

3. 实例与练习：电感器

1）电感器

视频：电感器的绘制

电感器是能够把电能转化为磁能而存储起来的元件，电感器具有一定的电感，它只阻碍电流的变化。如果电感器在没有电流通过的状态下，电路接通时它将试图阻碍电流流过它；如果电感器在有电流通过的状态下，电路断开时它将试图维持电流不变。

2）绘制步骤

（1）开启正交模式，绘制长度为 10 mm 的垂直直线 1。

（2）开启对象捕捉追踪，对象捕捉（端点、圆心），以直线 1 的下端点为起点，绘制水平向左长度为 5 mm 的直线 2。

（3）利用起点、圆心、角度命令绘制圆弧，以直线 2 的左端点为圆弧起点，以直线 2 的右端点为圆弧圆心，绘制夹角为 -270°的圆弧。

（4）以圆弧的下端点为起点，绘制直线 3，长度为 5 mm。

电感器的绘制如图 2.11 所示。

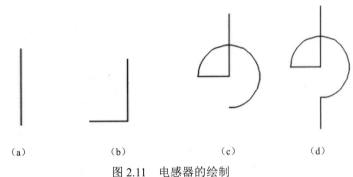

图 2.11 电感器的绘制
(a) 直线 1；(b) 直线 2；(c) 圆弧；(d) 直线 3

2.2.4 矩形的绘制

1. 执行方式

（1）命令行：输入 RECTANG 命令或 REC，按 ENTER 键。
（2）菜单栏：选择"绘图"→"矩形"。
（3）工具栏：单击"绘图"工具栏中的"矩形"图标 。

2. 步骤及特殊选项说明

1）绘图步骤
（1）启动矩形命令。
（2）RECTANG 指定第一个角点或 [倒角（C）/标高（E）/圆角（F）/厚度（T）/宽度（W）]：选择第一个角点或选择模式。
（3）RECTANG 指定另一个角点或 [面积（A）/尺寸（D）/旋转（R）]：选择第二个角点或选择其他方式。

2）说明
（1）倒角（C）：进入倒角矩形模式。
（2）标高（E）：进入标高矩形模式，该选项一般用于三维绘图。
（3）圆角（F）：进入圆角矩形模式。
（4）厚度（T）：进入带有厚度的矩形模式。
（5）宽度（W）：进入带有宽度的矩形模式。
（6）面积（A）：进入面积设置模式。
（7）尺寸（D）：进入尺寸设置模式。
（8）旋转（R）：进入尺寸设置模式，旋转一定角度。

视频：电阻的绘制

3. 实例与练习：电阻

1）电阻

电阻是一个限流元件，将电阻接在电路中后，电阻的阻值是固定的。电阻一般有两个引脚，它可限制通过它所连支路的电流大小。电阻元件的阻值大小一般与温度、材料、长度，还有横截面积有关。电阻的主要物理特征是变电能为热能，也可说它是一个耗能元件，电流经过它就产生内能。电阻在电路中通常起分压、分流的作用。对信号来说,交流与直流信号都可以通过电阻。

2)绘制步骤

(1)开启正交模式,命令行键入 D,选择尺寸绘制模式,绘制长度为 8 mm,宽度为 3 mm 的矩形。

(2)开启对象捕捉追踪、对象捕捉(中点)。以矩形两边的中点为起点画直线 1 和 2,长度均为 5 mm。

电阻的绘制如图 2.12 所示。

图 2.12　电阻的绘制
(a)画矩形;(b)画电阻的端线

2.2.5　多边形的绘制

1. 执行方式

(1)命令行:输入 POLYGON 命令或 POL,按 ENTER 键。

(2)菜单栏:选择"绘图"→"多边形"。

(3)工具栏:单击"绘图"工具栏中的"多边形"图标 。

2. 步骤及特殊选项说明

1)绘图步骤

(1)启动多边形命令。

(2)POLYGON 输入侧面数:在命令行输入侧面数,比如三角形就输入 3。

(3)POLYGON 指定正多边形的中心点或[边(E)]:在命令行输入点的坐标或使用鼠标在绘图区指定一点作为正多边形的中心点。

(4)POLYGON 输入选项[内接于圆(I)/外切于圆(C)]<I>:选择内接还是外切于圆。

(5)POLYGON 指定圆的半径:在命令行输入半径值或使用鼠标在绘图区指定一点作为正多边形的半径端点。

2)说明

(1)边(E):指定正多边形的一条边。

(2)内接于圆(I):指定外接圆的半径,正多边形的所有顶点都在该圆周上。

(3)外切于圆(C):指定从正多边形中心到各边中点的距离,作为指定圆的半径。

3. 实例与练习:报警器

1)报警器

报警器(alarm)是一种为防止或预防某事件发生所造成的后果,以声音、光、气压等形式来提醒或警示我们应当采取某种行动的电子产品。报警器分为机械式报警器和电子式

视频:报警器的绘制

报警器。随着科技的进步，机械式报警器越来越多地被先进的电子式报警器所代替，经常应用于系统故障、安全防范、交通运输、医疗救护、应急救灾、感应检测等领域，与社会生产密不可分。

2）绘制步骤

（1）启用多边形命令，选择侧面数 3，边（E）模式，指定边的两个端点为竖直方向，长度为 10 mm，绘制边长为 10 mm 的正三角形。

（2）开启对象捕捉追踪、对象捕捉（端点）、正交模式，以三角形上角点正下方 2.5 mm 处为起点向右绘制水平直线 1，长度为 10 mm。

（3）以三角形下角点正上方 2.5 mm 处为起点向右绘制水平直线 2，长度为 10 mm。

报警器的绘制如图 2.13 所示。

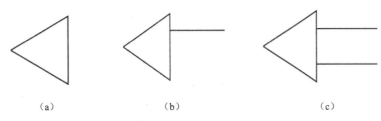

图 2.13　报警器的绘制

（a）绘制正三角形；（b）绘制直线 1；（c）绘制直线 2

2.2.6　多段线的绘制

1. 执行方式

（1）命令行：输入 PLINE 命令或 PL，按 ENTER 键。

（2）菜单栏：选择"绘图"→"多段线"。

（3）工具栏：单击"绘图"工具栏中的"多段线"图标。

2. 步骤及特殊选项说明

1）绘图步骤

（1）启动多段线命令。

（2）PLINE 指定起点：在命令行输入点的坐标或使用鼠标在绘图区指定一点作为起点。

（3）PLINE 指定下一点或［圆弧（A）/半宽（H）/长度（L）/放弃（U）/宽度（W）］：指定下一点。

2）说明

（1）圆弧（A）：指定圆弧的端点（按住 CTRL 键切换方向）或［角度（A）/圆心（CE）/闭合（CL）/方向（D）/半宽（H）/直线（L）/半径（R）/第二个点（S）/放弃（U）/宽度（W）］：指定复制时的基点或选择复制方式和模式。

（2）角度：指定弧线段包含的圆心角，输入正值按逆时针绘制，负值按顺时针绘制。

（3）圆心：指定弧线段的圆心。

（4）方向：指定弧线段的起始方向。

（5）半宽：指定弧线段（多段线）宽度的一半值。

（6）直线：恢复直线段的状态。
（7）半径：指定弧线段的半径。
（8）第二个点：指定弧线段的第二个点，以"三点法"绘制弧线段。
（9）放弃：删除最近一次添加到多段线上的线段。
（10）宽度：指定弧线段的宽度。

视频：三极管的绘制

3．实例与练习：三极管

1）三极管

三极管，全称半导体三极管，也称双极型晶体管、晶体三极管，是一种控制电流的半导体器件，其作用是把微弱信号放大成幅度值较大的电信号，也用作无触点开关。三极管是半导体基本元器件之一，具有电流放大作用，是电子电路的核心元件。

2）绘制步骤

（1）开启正交模式，打开对象捕捉，捕捉中点、端点类型，打开极轴追踪（30，60，90，120…）。

（2）执行直线命令，画直线 1，长度 10 mm。

（3）执行直线命令，画直线 2，长度 10 mm。

（4）执行直线命令，画直线 3，长度 10 mm。

（5）执行直线命令，画直线 4，以直线 3 的中点为起点，长度 10 mm，角度为 60°。

（6）执行直线命令，画直线 5，以直线 2 的中点为起点，长度 4 mm，角度为 120°。

（7）执行多段线命令，选择宽度（W），以直线 5 的上端点为起点，绘制起点宽度为 0，端点宽度为 1 mm，长度为 2 mm，角度为 120°的箭头。

（8）执行直线命令，画直线 6，以箭头末端为起点，长度 4 mm，角度为 120°。

三极管的绘制如图 2.14 所示。

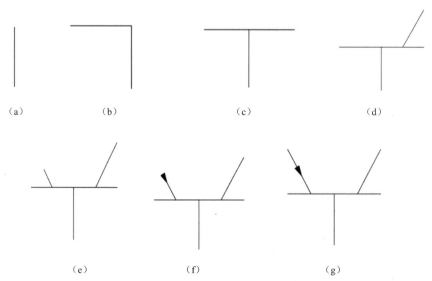

图 2.14 三极管的绘制

（a）绘制直线 1；（b）绘制直线 2；（c）绘制直线 3；（d）绘制 60°直线 4；（e）绘制 120°直线 5；
（f）多段线绘制箭头；（g）绘制直线 6

2.2.7 图案填充

1. 执行方式

（1）命令行：输入 HATCH 命令或 H，按 ENTER 键。
（2）菜单栏：选择"绘图"→"图案填充"。
（3）工具栏：单击"绘图"工具栏中的"图案填充"图标。

2. 步骤及特殊选项说明

1）绘图步骤

（1）启动图案填充命令。
（2）HATCH 选择对象或[拾取内部点（K）/放弃（U）/设置（T）]：方式选择。

2）说明

（1）拾取内部点（K）：以点取点的形式自动确定填充区域的边界。
（2）放弃（U）：放弃当前操作。
（3）设置（T）：图案填充和渐变色选项卡，如图 2.15 和图 2.16 所示。

 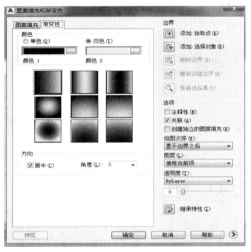

图 2.15　图案填充和渐变色选项卡——图案填充　　图 2.16　图案填充和渐变色选项卡——渐变色

3. 实例与练习：壁龛交接箱

1）壁龛交接箱

壁龛交接箱又叫光缆交接箱，是用于光缆网络中主干光缆与配线光缆节点处的接口设备，它主要用于室外光缆的连接、配线和调度，并通过光纤活动连接器和跳线将光缆与光缆中各纤芯进行灵活连接。

视频：壁龛交接箱的绘制

2）绘制步骤

（1）打开对象捕捉功能，捕捉端点。
（2）执行矩形命令，利用尺寸（D）选项，绘制长为 20 mm，宽为 10 mm 的矩形。
（3）执行直线命令，绘制矩形的对角线。
（4）执行填充命令，选择填充图案 solid，填充左右两个三角形。

壁龛交接箱的绘制如图 2.17 所示。

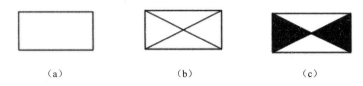

图2.17 壁龛交接箱的绘制
(a) 绘制矩形；(b) 绘制对角线；(c) 图案填充

2.2.8 上机练习

按图2.18标注的尺寸绘制振荡电路符号。

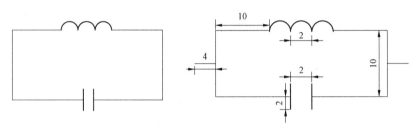

图2.18 振荡电路符号

任务三 基本编辑指令

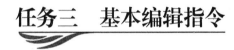

2.3.1 复制命令

1. 执行方式

（1）命令行：输入COPY命令或CO，按ENTER键。

（2）菜单栏：选择"修改"→"复制"。

（3）工具栏：单击"绘图"工具栏中的"复制"图标。

（4）右键：选中对象，单击鼠标右键→选择复制。

2. 步骤及特殊选项说明

1）绘图步骤

（1）启动复制命令。

（2）COPY 选择对象：选择复制的对象，按ENTER键。

（3）COPY 指定基点或［位移（D）/模式（O）］<位移>：指定复制时的基点或选择复制方式和模式。

2）说明

（1）指定基点：选择"指定基点"选项，命令行显示如下。

指定第二个点或<使用第一个点作为位移>：指定复制时的基点或选择复制方式和模式。

（2）位移：选择 D 选项，使用坐标指定相对距离和方向。
（3）模式：选择 O 选项后，命令行显示如下：
输入复制模式选项［单个（S）/多个（M）］<多个>；
① 单个：表示不再自动重复该命令。
② 多个：将自动重复该命令，直到按 ENTER 键结束。

视频：电感器的绘制

3．实例与练习：电感器
1）电感器
电感器是能把电能转化为磁能而存储起来的元件。电感器的结构类似于变压器，但只有一个绕组。电感器具有一定的电感，它只阻止电流的变化。如果电感器中没有电流通过，则它阻止电流流过它；如果有电流流过它，则电路断开时它将试图维持电流不变。电感器又称扼流器、电抗器、动态电抗器。

2）绘制步骤
（1）开启正交模式，执行直线命令，绘制长度为 5 mm 的垂直直线 1。
（2）开启对象捕捉（端点）模式，执行圆弧命令（起点、圆心、角度），绘制以直线 1 的上端点为起点，半径为 2 mm，角度为 –180°的半圆弧 1。
（3）执行复制命令，选择半圆弧 1，指定半圆弧的左端点为基点，复制到半圆弧 1 的右端点，完成半圆弧 2 的绘制。
（4）依次复制到半圆弧 2 和半圆弧 3 的右端点，完成半圆弧 3 和半圆弧 4 的绘制，按 ENTER 键结束。
（5）执行直线命令，以半圆弧 4 的右端点为起点，向下绘制长度为 5 mm 的垂直直线 2。
电感器的绘制如图 2.19 所示。

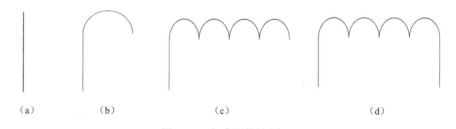

图 2.19　电感器的绘制
（a）绘制直线 1；（b）绘制半圆弧 1；（c）复制半圆弧；（d）绘制直线 2

2.3.2　镜像命令

镜像是指把选择的对象围绕一条镜像线做对称复制。镜像完成后，可以保留原对象，也可以删除。

1．执行方式
（1）命令行：输入 MIRROR 命令或 MI，按 ENTER 键。
（2）菜单栏：选择"修改"→"镜像"。
（3）工具栏：单击"绘图"工具栏中的"镜像"图标 。

2．步骤及特殊选项说明

1）绘图步骤

（1）启动镜像命令。

（2）MIRROR 选择对象：使用对象选择方法选择需要镜像的对象。

（3）MIRROR 指定镜像线的第一点：鼠标单击镜像线的任意一点。

（4）MIRROR 指定镜像线的第二点：鼠标单击镜像线的第二点。

（5）MIRROR 要删除源对象吗？［是（Y）/否（N）］ <N>：询问用户是否删除源对象。

2）说明

要删除源对象吗？［是（Y）/否（N）］ <N>：询问用户是否删除源对象，如果是选择键入 Y，默认为否，或者键入 N。

3．实例与练习：二极管

1）二极管

电子元件中，一种具有两个电极的装置，只允许电流由单一方向流过，许多的使用是应用二极管的整流功能。

视频：二极管的绘制

2）绘制步骤

（1）开启正交模式，执行直线命令，绘制长度为 5 mm 的垂直直线段 1；继续执行直线命令，开启极轴追踪（30，60，90，120），绘制 30°夹角的直线段 2，长度为 10 mm；继续执行直线命令，开启正交模式，绘制垂直向下的直线段 3，长度为 5 mm。

（2）执行镜像命令，开启对象捕捉，捕捉端点，选择图 2.20（a）的所有图形为对象，以图中下方左右两个端点为镜像点，镜像图形并保留源对象。

（3）执行直线命令，以直线 1 的下端点作为起点，分别向左和向右绘制长度为 5 mm 与 15 mm 的水平直线 5 和直线 6。

二极管的绘制如图 2.20 所示。

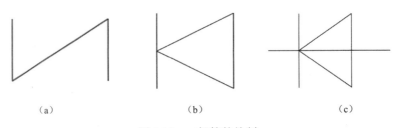

(a)　　　　　　　　(b)　　　　　　　　(c)

图 2.20　二极管的绘制

（a）绘制镜像图形；（b）镜像画图；（c）绘制直线 5 和直线 6

2.3.3　偏移命令

偏移对象是指保持选择的对象的形状，在不同的位置以不同的尺寸大小新建一个对象。

1．执行方式

（1）命令行：输入 OFFSET 命令或 O，按 ENTER 键。

（2）菜单栏：选择"修改"→"偏移"。

（3）工具栏：单击"绘图"工具栏中的"偏移"图标 。

2. 步骤及特殊选项说明

1）绘图步骤

（1）启动偏移命令。

（2）OFFSET 指定偏移距离或 [通过（T）/删除（E）/图层（L）] <通过>：在命令行输入偏移距离。

（3）OFFSET 选择要偏移的对象，或 [退出（E）/放弃（U）]<退出>：选择要偏移的对象。

（4）OFFSET 选择要偏移那一侧上的点，或 [退出（E）/多个（M）/放弃（U）]<退出>：单击要偏移的那一侧的点，确定偏移的方向。

（5）OFFSET 选择要偏移的对象，或 [退出（E）/放弃（U）]<退出>：继续偏移或结束命令。

2）说明

（1）指定偏移距离：在距现有对象指定方向的距离处创建对象。输入一个距离值，或按 ENTER 键，使用当前的距离值，系统将该距离值作为偏移距离。

（2）通过（T）：指创建通过指定点的对象。

（3）删除（E）：指偏移原对象后将其删除。

（4）图层（L）：指用户确定将偏移对象创建在当前图层上还是源对象所在的图层上。

（5）退出（E）：退出"偏移"命令。

（6）放弃（U）：放弃前一个偏移。

（7）多个（M）：使用当前偏移距离重复进行偏移操作。

3. 实例与练习：电容器

1）电容器

电容器是一种容纳电荷的器件。任何两个彼此绝缘且相隔很近的导体（包括导线）间都构成一个电容器。电容器是电子设备中大量使用的电子元件之一，广泛应用于电路中的隔直通交、耦合、旁路、滤波、调谐回路、能量转换、控制等方面。

视频：电容器的绘制

2）绘制步骤

（1）开启正交模式，执行直线命令，绘制长度为 10 mm 的垂直直线 1。

（2）执行偏移命令，指定偏移距离为 6 mm，以直线 1 为偏移对象，向右偏移，绘制出垂直直线 2。

（3）执行直线命令，开启对象捕捉（中点）模式，分别以直线 1、直线 2 的中点为起点，向左和向右绘制直线 3 与直线 4，长度均为 10 mm。

电容器的绘制如图 2.21 所示。

图 2.21 电容器的绘制

（a）绘制直线 1；（b）绘制直线 2；（c）绘制直线 3；（d）绘制直线 4

2.3.4 阵列命令

阵列是指多重复制选择对象并把这些副本按矩形或环形排列。

1. 执行方式

（1）命令行：输入 ARRAY 命令或 AR，按 ENTER 键。
（2）菜单栏：选择"修改"→"阵列"→矩形阵列、环形阵列或路径阵列。
（3）工具栏：单击"绘图"工具栏中的"阵列"图标 阵列、阵列或阵列。

2. 步骤及特殊选项说明

1）绘图步骤

（1）启动阵列命令。
（2）ARRAY 选择对象：选择需要阵列的对象。
（3）ARRAY 输入阵列类型［矩形（R）/路径（PA）/极轴（PO）］＜矩形＞：选择阵列的类型。
（4）选择矩形阵列后，弹出"矩形阵列设置"界面，如图 2.22 所示。

图 2.22 "矩形阵列设置"界面

① 列数：指定阵列中的列数；介于：指定从每个对象的相同位置测量的每列之间的距离，正值表示向右，负值表示向左。
② 行数：指定阵列中的行数；介于：指定从每个对象的相同位置测量的每行之间的距离，正值表示向上，负值表示向下。

（5）选择环形阵列后，指定阵列的中心点或［基点（B）/旋转轴（A）］：单击图形的某个位置作为环形阵列的中心点，弹出"环形阵列设置"界面，如图 2.23 所示。

图 2.23 "环形阵列设置"界面

① 项目数：指定阵列中的项目数；介于：指定项目之间的角度。
② 行数：指定阵列中的项目数；介于：指定从每个对象的相同位置测量的每行之间的距离。

2）说明

（1）矩形（R）：将选定对象的副本分布到行数、列数和层数的任意组合。
（2）路径（PA）：沿路径或部分路径均匀分布选定对象的副本。
（3）极轴（PO）：在绕中心点或旋转轴的环形阵列中均匀分布对象副本。

3. 实例与练习：三相绕组变压器

1）三相绕组变压器

三相绕组变压器有三个绕组，当一个绕组接到交流电源后，另外两个

视频：三相绕组变压器的绘制

绕组就感应出不同的电势,这种变压器用于需要两种不同电压等级的负载。发电厂和变电所通常出现三种不同等级的电压,所以三相绕组变压器在电力系统中应用比较广泛。

2) 绘制步骤

(1) 开启正交模式,开启对象捕捉追踪、对象捕捉:捕捉圆心和交点,执行圆命令,绘制半径为 5 mm 的圆 1。

(2) 执行阵列命令中的环形阵列,选择对象为圆,以圆的圆心正下方 2.5 mm 处为中心点,项目数设为 3,按 ENTER 键结束。

(3) 执行直线命令,利用捕捉参考线,以圆 1 的垂直直径与圆的上方交点为起点,向上绘制长度为 8 mm 的垂直直线 1。

(4) 执行直线命令,在左下方圆的下面绘制长度为 8 mm 的垂直直线 2。

(5) 执行直线命令,在右下方圆的下面绘制长度为 8 mm 的垂直直线 3。

三相绕组变压器的绘制如图 2.24 所示。

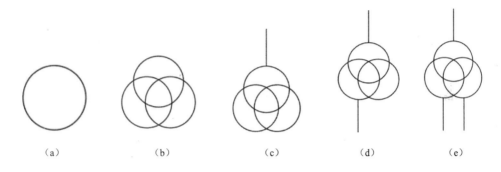

图 2.24　三相绕组变压器的绘制

(a) 绘制圆 1;(b) 使用环形阵列绘制三个圆;(c) 绘制直线 1;(d) 绘制直线 2;(e) 绘制直线 3

2.3.5　旋转命令

旋转命令是通过指定一个基点或一个相对或绝对的旋转角度来对选择对象进行旋转。

1. 执行方式

(1) 命令行:输入 ROTATE 命令或 RO,按 ENTER 键。

(2) 菜单栏:选择"修改"→"旋转"。

(3) 工具栏:单击"绘图"工具栏中的"旋转"图标。

2. 步骤及特殊选项说明

1) 绘图步骤

(1) 启动旋转命令。

(2) ROTATE 选择对象:指定要旋转的对象。

(3) ROTATE 指定基点:捕捉选择基点。

(4) ROTATE 指定选择角度,或 [复制(C)/参照(R)] <0>:指定选择角度或选择其他。

2) 说明

(1) 复制(C):选择该项,旋转对象的同时,保留源对象。

(2) 参照(R):采用参照方式旋转对象。

3．实例与练习：四通阀

1）四通阀

四通阀，液压阀术语，是具有四个油口的控制阀。四通阀是制冷设备中不可缺少的部件，其工作原理是，当电磁阀线圈处于断电状态时，先导滑阀在右侧压缩弹簧驱动下左移，高压气体进入毛细管后进入右端活塞腔；另外，左端活塞腔的气体排出，由于活塞两端存在压差，活塞及主滑阀左移，使排气管与室外机接管相通，另两根接管相通，形成制冷循环。

视频：四通阀的绘制

2）绘制步骤

（1）执行多边形命令，选择侧面数 3，内接于圆（I）方式，圆半径为 5 mm，绘制三角形 1。

（2）开启捕捉端点，执行旋转命令，选择三角形 1 为对象，以三角形 1 的上角点为基点，复制（C）方式，旋转角度 90°，得到三角形 2。

（3）以此类推，执行旋转［复制（C）］命令，分别得到三角形 3 和 4。

四通阀的绘制如图 2.25 所示。

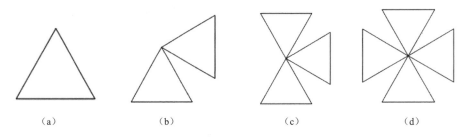

图 2.25　四通阀的绘制

(a) 绘制三角形 1；(b) 旋转（复制）绘制三角形 2；(c) 旋转（复制）绘制三角形 3；(d) 旋转（复制）绘制三角形 4

2.3.6　修剪命令

1．执行方式

（1）命令行：输入 TRIM 命令或 TR，按 ENTER 键。

（2）菜单栏：选择"修改"→"修剪"。

（3）工具栏：单击"绘图"工具栏中的"修剪"图标 。

2．步骤及特殊选项说明

1）绘图步骤

（1）启动修剪命令。

（2）TRIM 选择对象或<全部选择>：选择剪切边。

（3）TRIM［栏选（F）/窗交（C）/投影（P）/边（E）/放弃（U）］：选择要剪切的对象，或按住 Shift 键选择要延伸的对象。

2）说明

（1）栏选（F）：选择此选项时，系统以栏选的方式选择被修剪对象。

（2）窗交（C）：选择此选项时，系统以窗交的方式选择被修剪对象。

（3）投影（P）：选择 P 选项，用以指定修剪对象时使用的投影方式，即选择进行修剪的空间。输入投影选项［无（N）/UCS（U）/视图（V）］<UCS>：命令行提示如下。

① 无（N）：指无投影及只延伸到三维空间中的边界相交的对象。
② UCS（用户坐标系）（U）：将延伸未与三维空间中的边界对象相交但与当前用户坐标系 *XOY* 平面相交的对象。
③ 视图（V）：指定沿当前视图方向的投影。
（4）边（E）：选择此选项时，可以选择对象的修剪方式：延伸和不延伸。
（5）放弃（U）：放弃最近一次修剪操作。

视频：电压表的绘制

3．实例与练习：电压表

1）电压表

电压表是测量电压的一种仪器，由永磁体、线圈等构成。电压表是个相当大的电阻器，理想的认为是断路。

2）绘制步骤

（1）执行圆命令，绘制半径为 5 mm 的圆。

（2）开启正交模式，开启对象捕捉，捕捉圆心，执行直线命令，以圆心为起点，向右绘制水平直线 1，长度为 10 mm。

（3）执行直线命令，以圆心为起点，向左绘制水平直线 2，长度为 10 mm。

（4）执行修剪命令，将圆内的直线修剪掉。

（5）在圆内添加文字 V。

电压表的绘制如图 2.26 所示。

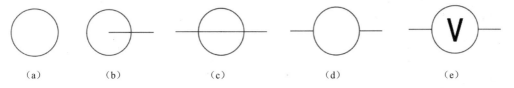

图 2.26　电压表的绘制

(a) 绘制圆；(b) 绘制直线 1；(c) 绘制直线 2；(d) 修剪直线；(e) 添加文字

2.3.7　延伸命令

延伸对象是指延伸对象直至另一个对象的边界线。

1．执行方式

（1）命令行：输入 EXTEND 命令或 EX，按 ENTER 键。

（2）菜单栏：选择"修改"→"延伸"。

（3）工具栏：单击"绘图"工具栏中的"延伸"图标。

2．步骤及特殊选项说明

1）绘图步骤

（1）启动延伸命令。

（2）EXTEND 选择对象或<全部选择>：选择边界对象。

（3）EXTEND［栏选（F）/窗交（C）/投影（P）/边（E）/放弃（U）］：方式选择。

2）说明

（1）栏选（F）：以栏选的方式选择。

（2）窗交（C）：以窗交的方式选择。

（3）投影（P）：以投影的方式选择。

（4）边（E）：延伸或不延伸。

（5）放弃（U）：放弃当前操作。

（6）选择对象时，如果按住 Shift 键，系统就自动将"延伸"命令转换成"修剪"命令。

视频：力矩式自整角发送机的绘制

3．实例与练习：力矩式自整角发送机

1）力矩式自整角发送机

力矩式自整角发送机是利用自整步特性，将转角变为交流电压或由交流电压变为转角的感应式微型电机，在伺服系统中被用作测量角度的位移传感器。自整角发送机还可用以实现角度信号的远距离传输、变换、接收和指示，广泛应用于冶金、航海等位置和方位同步指示系统与火炮、雷达等伺服系统中。

2）绘制步骤

（1）执行圆命令，绘制内圆，半径 7 mm。

（2）开启对象捕捉，捕捉圆心，执行画圆命令，绘制外圆，半径 10 mm。

（3）开启正交模式，执行直线命令，以圆心为起点，水平向左绘制直线 1，长度 20 mm。

（4）开启正交模式，执行直线命令，以圆心为起点，水平向右绘制直线 2，长度 20 mm。

（5）执行修剪命令，修剪掉内圆中的直线部分。

（6）执行修剪命令，修剪掉右边环形内的直线部分。

（7）执行偏移命令，偏移右侧直线，向上向下各偏移 5 mm。

（8）执行偏移命令，偏移左侧直线，向上向下各偏移 3 mm。

（9）执行删除命令，删除左侧中间的一条直线。

（10）执行延伸命令，延伸左侧两条直线至内圆。

（11）执行延伸命令，延伸右侧上方和下方的两条直线至外圆。

（12）执行文字命令，在内圆输入文字 TX。

力矩式自整角发送机的绘制如图 2.27 所示。

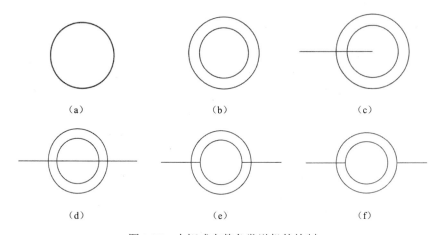

图 2.27 力矩式自整角发送机的绘制

(a) 绘制内圆；(b) 绘制外圆；(c) 绘制直线 1；(d) 绘制直线 2；(e)、(f) 修剪直线

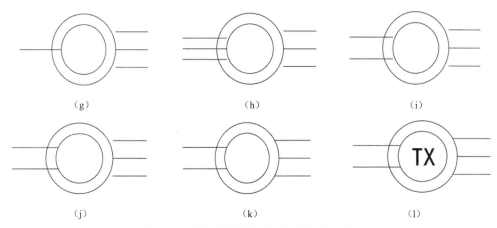

图 2.27 力矩式自整角发送机的绘制（续）

（g）偏移右侧直线；（h）偏移左侧直线；（i）删除左侧中间直线；（j）延伸左侧直线；（k）延伸右侧直线；（l）添加文字

2.3.8 上机练习

（1）按图 2.28（a）标注的尺寸绘制可变电阻符号，如图 2.28（b）所示。

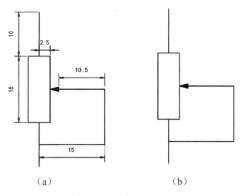

图 2.28 可变电阻符号

（a）尺寸；（b）符号

（2）按图 2.29（a）标注的尺寸绘制固态继电器符号，如图 2.29（b）所示。

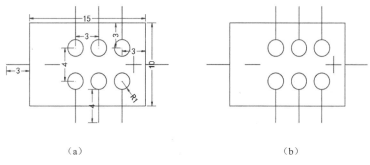

图 2.29 固态继电器符号

（a）尺寸；（b）符号

项目三

多线图的绘制

3.1 任务概述

本项目主要介绍多线图的绘制,如图 3.1 所示,多线图主要由导线和连接器构成。导线是电气原理图中很重要的组成部分。在本项目中我们重点学习项目的建立和设置,导线的插入和编辑以及连接器的插入和编辑。通过对多线图的绘制,使读者了解使用 ACE 软件进行电气设计的步骤,并逐步认识 ACE 软件中电气设计工具的智能化和自动化。

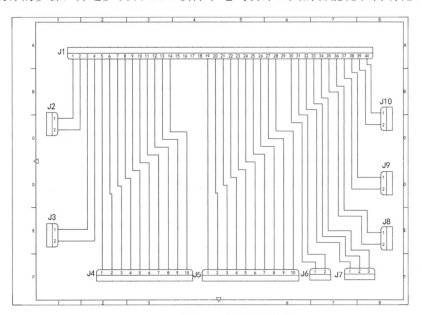

图 3.1 多线图的绘制

多线图的绘制

项目三 多线图的绘制

知识目标

1. 了解使用 ACE 软件进行电气绘图的步骤；
2. 掌握项目的建立和项目特性的设置；
3. 掌握图形的建立和图形特性的设置；
4. 掌握导线与多母线的插入和编辑；
5. 掌握连接器的插入和编辑。

能力目标

1. 能够掌握多母线的绘制技巧。
2. 能够独立完成多线图的绘制。

3.2 知识链接

3.2.1 项目管理

项目属于 ACE 软件使用中最重要的一个工具。由于它的存在，才能让图纸不再是单独的多张文件，而是把多张图纸整合成一个体系，这个体系就是项目。

在默认安装完成中，就存在几个项目的例子，如图 3.2 所示，这几个项目就是常用的标准项目，在使用过程中，可以借用这些项目数据和设置，以方便实际的使用。

1. 项目管理器

在项目的使用过程中，有两个相关的命令：一个是软件界面上方选项卡上的"项目"，如图 3.3 所示，项目下面是对整个项目操作的一些命令；另一个是软件界面左边区域的"项目管理器"，如图 3.2 所示，可以使用项目中的"管理器"命令打开项目管理器。

视频：项目

图 3.2 项目管理器

图 3.3 项目

1）项目常用命令

在项目管理器上，有一行命令用于常用的项目操作，如图 3.4 所示。

图 3.4 项目常用命令

（1）打开项目：用于项目的打开，可以把已经关闭的项目重新打开使用。

（2）新建项目：用于新建一个项目。

（3）新建图形：用于图纸的创建。在 ACE 中，应该使用该命令进行图纸创建。

（4）刷新：更新项目的内容。

（5）项目任务列表：对激活项目（当前项目）中已修改的图形文件执行待定更新，当需要时会亮显。

（6）在项目范围内进行更新/重新标记：项目工具，用于项目文件内多种内容的更新。

（7）图形列表显示配置：配置项目中文件显示的模式。

（8）发布/打印：项目文件的输出，可以输出成 PDF、DWF 或文件打包。

2）打开项目

打开项目操作时，会打开一个 WDP 文件。WDP 文件实际上就是项目文件，每一个项目建立时，都会自动创建一个 WDP 文件，这个文件里保存着所有的项目信息，内容有项目的基本设置、包含的图纸文件、每个图纸文件的基本信息等。因此，每次打开项目，都会与它相关。复制文件时，也需要把该文件带上，方便整个项目的打开。如果该文件丢失了，可以重新建立项目，再把已有的图纸进行加载，也可以完成，但原有的设置将会全部丢失。

在右键上，可以进行项目的关闭。关闭只是在当前状态下，把该项目在项目管理器中暂时删除，但不会删除项目内容。如果有需要，可以使用打开项目方式重新进行打开。

3）新建项目

新建项目用于建立一个新的项目。单击"新建项目"图标，会打开 "创建新项目"对话框，如图 3.5 所示。

（1）名称：项目的显示名称，一般用于说明该项目的情况。

（2）位置代号：项目保存的位置，图中位置为默认位置，系统的默认项目及文件都在这个地方，可以根据实际需要进行修改。

（3）使用项目名创建文件夹：在位置代号下创建一个与名称相同的文件夹，用于该项目文件的保存。

图 3.5 "创建新项目"对话框

（4）从以下项目文件中复制设置：每一个项目都有自己的设置（在项目里可以修改），当建立新项目时，可以复制其他项目的基本设置，由于设置都保存在 WDP 文件内，因此，这里的选择也就是 WDP 文件。

（5）描述：项目的基本特性，如设计人等，用于填入到标题栏里，一般都在建立项目后再重新输入。

单击"确定"按钮后，一个空的项目就创建完成了。

4）新建图形

新建图形，用于在项目下建立一个新的图纸。单击"新建图形"图标 ，也可以使用鼠标右键单击新建的项目，选择其下拉菜单中的"新建图形"，会打开"创建新图形"对话框，如图 3.6 所示。新建图形的命令，不要使用 AutoCAD 的默认新建，因为 ACE 的图纸会带有自身的一些特性，所有必须使用这个命令来完成。

图 3.6 "创建新图形"对话框

（1）名称：图纸的文件名，一般是×××-××××-××××这种常用模式，第一段表示项目，第二段表示图纸类型，第三段表示图纸号。当然，这个仅仅是企业中常用的方式，完全可以自己定义。

（2）模板：选择 ACE 的模板文件，和 AutoCAD 一样是 DWT 文件。在这里需要注意的是：ACE 自带常用的各种标准的模板，包括 GB（国标）、DIN（德国标准），等等，方便在实际中的选用，当然也可以自己进行定义，如图 3.7 所示。由于 ACE 使用时有一些特定的定义，因此，不建议使用默认的 AutoCAD 的模板。

（3）仅供参考：指示标记、交互参考和报告等功能中不包含本图形，如果选择此选项，会标识在图纸的选择对话框中。在项目管理器中，该图形也会以灰色显示。

（4）位置代号：保存的位置，一般在当前项目位置，可以根据需要修改。

（5）描述 1～3：图纸的默认描述，该内容可以更新到图纸的标题栏里。

图 3.7 选择模板

（6）项目代号：用于表达项目的使用代号，在后期可以以"%P"进行代替使用，可以应用到元件号、线号等各种地方。

（7）安装代号：电气图中常用的代号之一，一般一个电气元件完整的名称为＝×＋××－××，其中"＝"后面内容就是安装代号，一般表达的含义为装在哪个区域，替代代号为"%I"。

（8）位置代号：电气符号中的重要代号，就是"＋"后面的××，表达的是安装的位置或配电柜，替代代号为"%L"。

（9）页码：指定图形的页码编号值，替代代号为"%S"，用于定义图纸的页码。

（10）图形：指定图形的图形编号值，替代代号为"%D"，用于图纸的当前图形编码。

（11）分区：指定图形的分区值，替代代号为"%A"，用于图纸过多时分区。

（12）子分区：指定图形的子分区值，替代代号为"%B"，用于图纸的二级分区。

这些内容在绘图过程中，如果需要修改，可以右键"图纸"→"特性"→"图形特性"进行修改。

5）在项目范围内进行更新/重新标记

这个命令在绘图更新数据时比较有用，它与"工具选项板"→"项目"→"重新标记/更新"这个命令相同，对项目的整体更新比较有用。但由于这里的操作都是批量图纸进行的，就意味着所有的修改都不能撤销（实际中能撤销，由于要跨图纸会自动保存，因此可以认为撤销没起作用），在使用过程中一定要谨慎，后续的批量操作的命令都有相同问题，在操作过程中一定要注意。单击"在项目范围内进行更新/重新标记"图标，会打开"在项目范围内进行更新/重新标记"对话框，如图 3.8 所示。

该命令内容包括重新标记元件、更新元件交互参考、标记/重新标记线号和信号、阶梯参考、页码、图形、其他配置设置及标题栏更新。

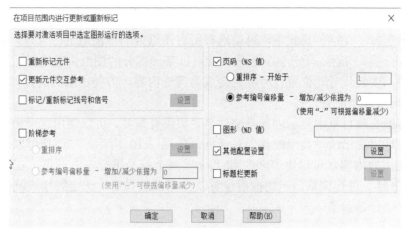

图 3.8 "在项目范围内进行更新或重新标记"对话框

（1）重新标记元件：对整个项目中所有的元器件都进行重新标记（已"固定"的除外）。在"其他配置设置"中，可以设置元件的格式，设置的方式见"项目特性"。

（2）更新元件交互参考：元件之间，一般是主元件和辅元件。例如，继电器线圈和它的触点。两个元件之间相关联，会在主元件下方出现一个位置符号，这个位置符号就是交互参考，该命令就是用于它们的更新。当图形的分区或页码发生修改时，可以使用该命令进行更新。

（3）标记/重新标记线号和信号：对所有的线号及导线的连接信号进行更新，线号样式可以在后面的设置中进行修改，对"固定"的线号不会做更新。

（4）页码：更新项目的页码，有两种方式：一种是"重排序"，按给定的数字，按图纸的上下顺序依次排序；另一种是"参考编号偏移量"，是针对当前已有的页码编号，统一增减一定值。

（5）图形：更改图纸的图形值。

（6）标题栏更新：更新图纸的标题栏，与后续的标题栏更新命令相同。

单击"确定"按钮后，会弹出"选择要处理的图形"对话框，如图 3.9 所示。

图 3.9 "选择要处理的图形"对话框

这个对话框用于选择要处理的图纸。这种方式，在 ACE 许多地方操作都会有，主要用于完成图纸的选择。在这种模式下，可以选择所有图纸或局部图纸进行处理，选择图纸时，如果有子文件分类、分区、子分区等设置，就可以某一部分的图纸快速选择。当然，在有些批量的选择中，安装代号、位置代号等也会成为筛选内容，方便图纸的选择。

6）图形列表显示配置

默认的图纸在项目框中显示的就是文件名，如果有需要，可以使用这个命令修改。单击该命令，会出现"图纸清单显示配置"对话框，如图 3.10 所示。左边是可以选用的属性，右边是当前使用的内容，可以用">>"和"<<"两个符号进行左右调整，在右侧时可以使用"上移""下移"进行调整显示的前后位置，当完成选择后，选定的样式就会在项目中的文件名称位置进行显示了。

7）发布/打印

"发布/打印"命令有三个选项，分别为打印项目、发布为 PDF/DWF/DWFx 和压缩项目，如图 3.11 所示。

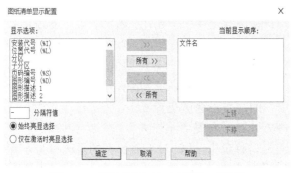

图 3.10 "图纸清单显示配置"对话框

图 3.11 "发布/打印"命令

（1）打印项目：这是一个批量打印命令，可以批量打印 ACE 图纸，当然也可以把所选的图纸输出为 PDF 文件。

（2）发布为 PDF/DWF/DWFx：把当前项目的图纸输出为 PDF、DWF 或 DWFx 格式。

（3）压缩项目：把项目的图纸做成一个压缩包文件。由于压缩软件的选择及安装位置都有不同，默认情况下该命令是不能使用的，如果需要使用，要到环境文件中进行修改。

上述的命令中有 PDF 和 DWF 两种格式，这两种格式属于两家公司。其中 PDF 属于 Adobe 公司，是最常用的浏览格式。DWF 属于 Autodesk 公司，是 Autodesk 常用的二、三维浏览格式。

在实际使用中，两种格式均可以使用。Autodesk 公司的所有软件在安装时，均会带有一款"Autodesk design review"的软件，该软件就是 DWF 格式的浏览工具。

DWF 格式的特点及使用：DWF 格式数据量很轻，因此文件非常小，一般情况下，只有图纸的 1/10 或更小。另外，该格式不能进行修改，但可以在它的上面进行一些测量和标注，也可以进行两张相似图纸的比较，这些都是 DWF 格式的功能。因此，它是一个良好的"审阅""浏览""比较"的工具。

8）项目右键命令

项目的右键上也有一系列的命令，这些命令在项目的使用中也十分重要，图 3.12 所示为项目右键命令。

（1）关闭：关闭当前选择的项目。关闭仅仅是把选择的项目从项目管理器中剔除，不会删除任意的文件或图纸。如果需要重新打开，可以使用"打开项目"命令。

（2）全部展开/收拢：把项目所包含的所有各级子项进行展开或者收拢。

（3）添加子文件夹：在当前项目下，增加子文件夹。选择子文件夹，可以进行一些针对该子文件的项目操作。因此，可以用它进行图纸分类，是项目管理中一种常用的方式。

（4）展平结构：去掉项目下的所有文件夹，即把所有文件放到项目下。注意：该操作不能撤销。

图 3.12　项目右键命令

（5）描述：项目中，标题栏需要填入的内容都由这里填写，例如，设计人、审核者等。

（6）标题栏更新：调用标题栏更新命令，与前面的命令相同。

（7）图纸清单报告：针对项目出一份关于图纸的清单报告，一般这个表格会放在项目的首页。

（8）将 DWG 名称替换为大写/小写：文件名英文的大小写转换。

（9）排序：按一定选项，重排文件的先后顺序，即在项目内的上下位置，如图 3.13 所示。

（10）新建/添加/删除图形：用于图纸的新建、添加和删除。添加是指选择已有的图纸放置到本项目。

（11）任务列表：与前面"项目任务列表"相同。

（12）发布：与前面"发布"命令相同。

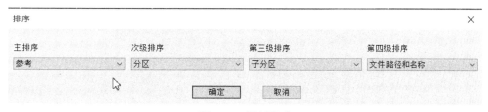

图 3.13　图纸排序

（13）设置：项目中的一些设置，如环境文件等。一般用于项目或软件的一些特定设置，前文说到的压缩命令不能使用，就是在这里进行修改。

（14）异常列表：图纸与项目特性设置的一些不同，可以在这里显示。

（15）特性：项目内的常用设置。特性里包含了项目内各种的定义，这里的特性有一部分是图纸有的，另外部分是项目特有的。

9）图纸右键命令

图纸的命令，是指每张图纸的各种命令，包含打开、关闭、复制到、删除、替换、重命名和特性，如图 3.14 所示。

（1）打开：打开图纸，并在显示上加粗，把该图纸作为当前修改状态。

图 3.14 图纸右键命令

（2）关闭：关闭所选的图纸，激活图纸关闭会把当前状态给到上一个当前图纸。

（3）复制到：把选择的图纸进行复制并放置到项目中。在绘图中，如果要保证一些图形位置的精确，如最上方的三相线，要保证它们位置一模一样，一般就使用这个命令。

（4）删除：删除所选的图纸。该图纸只是在当前项目内删除，文件会依旧存在，可以随时加载回来。

（5）替换：把当前图纸替换成想要的图纸。

（6）重命名：如果直接在项目管理器中，修改图纸的名字，图纸的文件名是不能一起修改的，到项目文件夹修改文件名也会导致文件的加载出问题。图纸名字需要改时，一定要用这个命令完成。注意：已经打开的图纸，不能重命名。

（7）特性：图纸的特性，用于图纸的各种属性的修改。

2．项目特性

项目特性的统一设置解决制图风格的规范与统一，项目特性的设置内容保存在项目定义文件（.wdp）里。

选择一个激活的项目，鼠标右键单击该项目，单击"特性"按钮，打开"项目特性"对话框，可以看到项目特性包括项目设置、元件、线号、交互参考、样式和图形格式六个选项，如图 3.15 所示。

1）项目设置

（1）库和图标菜单路径：包括原理图库、原理图图标菜单文件、面板示意图库和面板图标菜单文件。对每个路径，可以进行添加、浏览、删除、上移和下移操作。

① 添加：向库树状结构中添加新项目。

图 3.15 "项目特性"对话框

② 浏览：浏览文件夹，以从中选择符号库或图标菜单。

③ 删除：从库树状结构中删除选定的路径。

④ 上移：将选定的路径在库树状结构中上移一个位置。

⑤ 下移：将选定的路径在库树状结构中下移一个位置。

⑥ 默认设置：将环境文件（WD.ENV）中的默认路径置于亮显的文件夹下所有搜索路径的列表框树视图中。

（2）目录查找文件首选项。

① 使用元件专用的表格：按照目录表格查找元件名称。如果未找到元件表格，则在所属种类名表格中搜索。如果两个表格都没有找到，请使用"目录查找文件"对话框创建一个元件或所属种类表，或者选择不同的表格。

② 其他文件：定义辅助目录查找文件。

③ 始终使用 MISC_CAT 表格：仅搜索 MISC_CAT 表格。如果没有在 MISC_CAT 表格中发现目录号，则可以搜索其他元件表格。

④ 仅当元件专用的表格不存在时才使用 MISC_CAT 表格：如果没有在目录数据库中发现元件或种类表格，则使用 MISC_CAT 表格。

（3）选项。

① 实时错误检查：对项目执行实时错误检查，以确定项目内是否发生线号或元件标记重复。

② 标记/线号/接线顺序规则：为项目设置元件标记、线号和接线的默认排序顺序。

③ Electrical 代号标准：设置回路编译器使用的 Electrical 代号标准。

2）元件

元件设置如图 3.16 所示。

图 3.16　元件设置

(1) 元件标记格式。

① 标记格式：指定创建新元件标记的方式。标记最少由两部分信息组成：种类代号和字母数字型的参考号标记格式。

② 插入时搜索 PLC I/O 地址：搜索连接的 PLC I/O 模块的 I/O 点。如果找到，I/O 地址值就会替代默认元件标记的"%N"部分。

③ 连续：为图形输入开始的序号。如果为项目中的每个图形都分配了相同的开始序号，则连续标记在图形之间就不会间断。

④ 线参考：设置唯一的格式标记后缀列表。当同一种类的多个元件位于同一参考位置时，可使用该列表创建唯一的基于参考的标记。

⑤ 后缀设置：显示后缀列表。后缀列表中的各个条目显示在整个对话框顶部编辑框的行中。

(2) 元件标记选项。

① 组合的安装代号/位置代号标记模式：使用组合的安装代号/位置代号标记来解释元件标记名称。

② 禁止对标记的第一个字符使用短横线：禁止在没有前导安装代号/位置代号前缀的组合标记中使用任何单短横线字符前缀。例如，"－S1"中的短横线将被禁止使用而变成"S1"。

③ 对安装代号/位置代号应用标记的格式：指定显示时将安装代号值和位置代号值作为标记的一部分排除。

④ 与图形默认设置匹配时在标记中不显示安装代号/位置代号：如果与图形的默认值相匹配，则不显示元件的位置代号值和安装代号值。

⑤ 在报告上的标记中不显示安装代号/位置代号：指定在报告中显示时将安装代号值和位置代号值作为标记的一部分排除。

⑥ 插入时：用图形默认设置或上次使用的设置自动填充安装代号/位置代号：填充"插入/编辑元件"对话框中的"安装代号/位置代号"编辑框。

(3) 元件选项。

描述文字全部大写：强制描述文字全部为大写。

3）线号

线号设置如图 3.17 所示。

(1) 线号格式：线号标记可以是连续标记，也可以是基于参考的标记。

① 格式：指定新线号标记的创建方式。

② 连续：为图形输入开始序号。

③ 增量：默认为"1"。将其设置为"2"，并从"1"开始连续编号，则会形成1、3、5、7、9、11等线号。

④ 线参考：设置线号标记后缀。

⑤ 插入时搜索 PLC I/O 地址：为连接到 I/O 点的导线指定使用 PLC I/O 地址值。

图 3.17　线号设置

(2)线号选项:
① 基于导线图层:基于导线图层指定不同的线号格式。
② 图层设置:通过使用图层定义的格式替代默认线号格式。更改导线图层名称、线号格式、起始导线顺序和线号后缀。
③ 基于端子符号位置:指定使用导线网络上的线号端子作为线参考值,用于计算基于参考的线号。
④ 当端子显示线号时在导线网络上隐藏:指定自动隐藏具有线号类型端子的导线网络的线号。
⑤ 逐条导线:指定为每根导线指定线号,而不是为每个导线网络指定一个默认线号。
⑥ 排除:如果使用连续线号,请指定要排除的线号范围。
(3)新线号放置。
① 导线上:将线号放置在实体导线的上方。
② 导线内:将线号放置在线内。
③ 间隙设置:定义线号与导线自身之间的间距。
④ 导线下:将线号放置在实体导线的下方。
⑤ 居中:将线号标记插入每根导线线段的中间。
⑥ 偏移:在指定的偏移距离插入线号标记。
⑦ 偏移距离:指定从导线网络中的第一根导线线段左侧或顶部的固定的、用户定义的偏移距离。
⑧ 引线:当线号文字碰到其他对象时,将线号放置在引线上。选择作为引线插入新线号的方法:根据需要、始终或从不。
4)交互参考
元件交互参考显示如图 3.18 所示。

图 3.18　元件交互参考显示

（1）交互参考格式：定义交互参考注释格式。对于图形上的参考使用"同一图形"，对于图形外的参考则使用"图形之间"，可以为两者使用相同的格式。

（2）交互参考选项。

① 图形之间实时信号和触点交互参考：在多个图形间交互参考以自动更新继电器和导线源符号以及目标符号。

② 对等：在交互参考中包含跨规定对等元件。

③ 与图形默认设置匹配时不显示安装代号/位置代号：如果值与图形特性值不匹配，则抑制组合标记前缀。

（3）元件交互参考显示。

① 文字格式：将交互参考显示为文字，用任何字串作为相同属性的参考之间的分隔符。

② 图形格式：在新行上显示每个参考时，使用 AutoCAD Electrical 图形字体或使用接点映射编辑框显示交互参考。

③ 表格格式：在表格对象中显示交互参考。

5）样式

样式设置如图 3.19 所示。

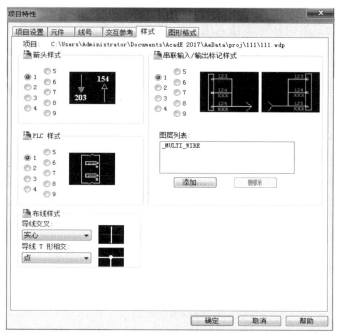

图 3.19　样式设置

（1）箭头样式：指定默认的导线信号箭头样式。从四个预定义的样式中选择，5～9 是自定义设置箭头样式。

（2）PLC 样式：指定默认的 PLC 模块样式。从四个预定义的样式中选择，5～9 是自定义设置 PLC 样式。

（3）串联输入/输出标记样式：为离开串联输入/输出源标记和进入目标标记的导线，定义默认的串联输入/输出标记样式和图层。

（4）导线交叉：指定导线相互交叉时的显示样式，有间隙、环和实心三种样式选择，如图 3.20 所示。

（5）导线 T 形相交：指定默认导线 T 形标记，无、点、角 1 或角 2，如图 3.21 所示。

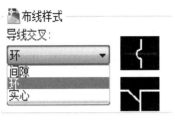

图 3.20　导线交叉　　　　　　　　图 3.21　导线 T 形相交

6）图形格式

图形格式设置如图 3.22 所示。

（1）阶梯默认设置。

① 垂直/水平：指定是水平还是垂直创建阶梯。

② 间距：指定每条横档之间的间距。

③ 宽度：指定阶梯的宽度。

④ 多导线间距：指定多导线相位中每条横档之间的间距。

（2）格式参考。

① X-Y 栅格：所有参考都沿图形的左侧和顶部与数字和字母的 X-Y 栅格系统相关联。在"X-Y 栅格设置"对话框中，设置图形的垂直和水平索引号与字母、间距以及原点。

② X 区域：类似 X-Y 栅格，但是没有 Y 轴。在"X 区域设置"对话框中，可以设置水平标签、间距和原点。

③ 参考号：每个阶梯列都有一列指定的参考号。

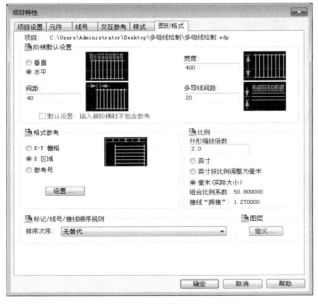

图 3.22　图形格式设置

（3）比例。

① 特征比例系数：设置在图形上插入新元件或线号时所用的比例系数。

② 英寸/英寸按比例调整为毫米/毫米：如果图形使用的是 JIC1/JIC125 库中的库符号，请选择"英寸"；如果是米制度量的符号库，则选择"实际大小的毫米数"。

③ 标记/线号/接线顺序规则：为图形设置元件标记、线号和接线的默认排序顺序。

④ 图层：定义和管理导线与元件图层。

3．图形特性

项目中的每个图形都有图形特性，项目特性是一个项目统一的特性设置，图形特性是项目中每个图形的特殊设置，比如每个图形的安装代号和位置代号不一样，那么需要单独对每个图形的安装代号和位置代号进行设置。

图形特性设置包括图形设置、元件设置、线号设置、交互参考设置、样式设置和图形格式设置，如图 3.23 所示。大部分功能设置与项目特性设置相同。

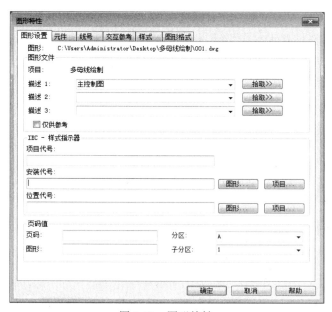

图 3.23　图形特性

注意：在图形的特性中有个设置比较，可以全部显示和显示差异。通过显示差异可以将项目特性和图形特性中的差异部分进行匹配，如图 3.24 所示。

3.2.2　导线

绘制电气原理图时，主要绘制的是导线和元件，大部分的情况都是先绘制导线，这样可以方便元件的定位。ACE 软件中的导线就是实际中连接电气元件的导线。

1．导线绘制

导线绘制有单线绘制和多母线绘制两个命令。绘制导线区如图 3.25 所示。

1）单线绘制

单线绘制，完整展开有六个命令，如图 3.26 所示。

视频：导线的绘制

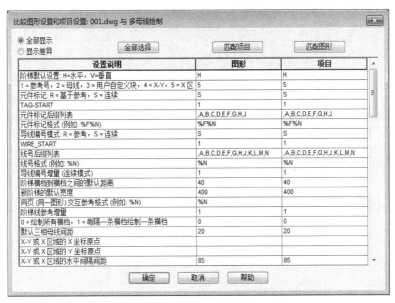

图 3.24 比较图形设置和项目设置

图 3.25 绘制导线区

图 3.26 单线绘制命令

（1）导线：绘制一根导线，只能绘制方向为水平或者垂直的导线。导线绘制步骤如下：

① 单击"插入导线/线号"面板→"导线"下拉列表→"导线"。

② 选择导线的起点。可以在空白区域，从现有导线段或者从现有元件开始导线段。如果从元件开始，则导线段将在距离该符号上的拾取点最近的接线属性处开始。

在导线插入期间，当前导线类型将显示在命令提示中。

导线类型（T）：替代当前导线类型。从"设置导线类型"对话框中选择新导线类型，如图 3.27 所示。新导线类型将成为当前导线类型，命令将继续进行导线插入。

导线连接（X）：导线进入元件时显示接线连接点。

导线碰撞（TAB 键）：插入导线时暂时禁用或启用碰撞检查。碰撞开启和关闭分别如图 3.28 和图 3.29 所示。

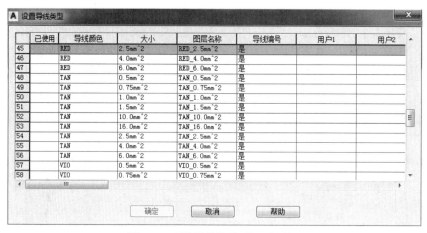

图 3.27 "设置导线类型"对话框

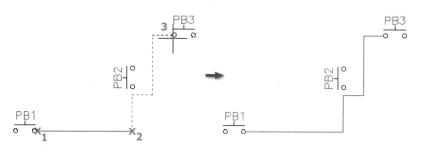

图 3.28 碰撞开启

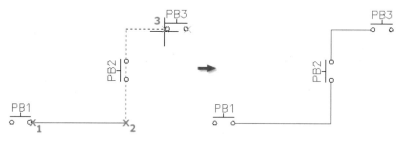

图 3.29 碰撞关闭

系统将仅记住对当前任务的此设置。重新启动 AutoCAD Electrical 时,碰撞检查处于启用状态。

起点垂直（V）：强制导线从上一个选择点起为垂直方向。

起点水平（H）：强制导线从上一个选择点起为水平方向。

继续（C）：在当前光标位置处插入下一个导线段,并继续插入导线。

③ 选择导线的终点。可以在空白区域,从现有导线段或者从现有元件结束导线段。

（2）22.5 度/45 度/67.5 度：绘制与已有导线成对应角度的导线。

（3）互连元件：给水平或垂直对齐的导线绘制连接线,连接的导线必须是一条直线。

（4）间隙：相交的导线如果没有间隙,可以插入所需间隙。

2）多母线绘制

多母线绘制是指一次绘制两根以上的多根导线，使用的命令图标为 。单击"插入导线/线号"面板中的"多母线"，弹出"多导线母线"对话框，如图 3.30 所示。

（1）水平间距：指定导线之间的水平间距。

（2）垂直间距：指定导线之间的垂直间距。

间距的默认数值可以在"项目特性"对话框设置，如图 3.31 所示。

默认的设置值可以确保在后期绘图过程中完全的统一，在一开始就需要设置完成。

（3）元件（多导线）：用于绘制已有的元件的导线

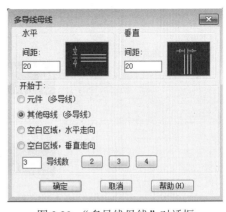

图 3.30 "多导线母线"对话框

绘制。选择该命令，可以把已经绘制好的元件引出导线，导线引出的位置在元件的各个接线点处。使用时，可以一次对多个元件同时引出导线，导线间距按接线点位置进行。

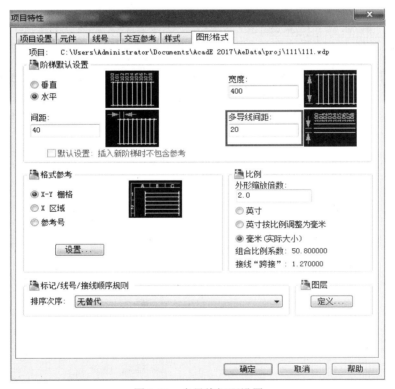

图 3.31 多母线间距设置

（4）其他母线（多导线）：选择该命令要选择已有导线，并绘制与当前导线垂直的多导线。绘制的导线会按拉选的碰到的各导线前后顺序进行相交。如果当前的导线多于已有的导线，多余的导线会全部连接到第一根导线。导线的相交和交叉可以在项目特性中设置，如图 3.32 所示。

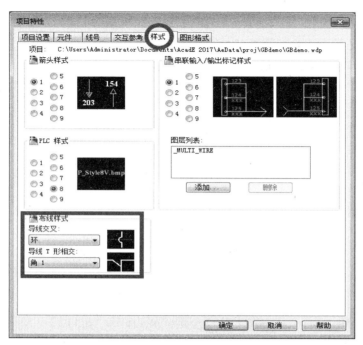

图 3.32 布线样式

图 3.32 中的布线样式,导线交叉有环、间隙、实心三种,导线 T 形相交有无、点、角 1、角 2 四个,这些设置可以根据需要按图形进行选择。

(5)空白区域,水平走向/空白区域,垂直走向:凭空放置水平和垂直走向的导线,放置根数可以在数字对话框中输入,也可以选择后面对话框中的 2、3、4。

以三相多母线为例,讲解其他母线的多母线的绘制步骤,如图 3.33 所示。

① 单击"插入导线/线号"面板→"多母线"。
② 设置导线的水平间距和垂直间距:20。
③ 指定导线的开始位置:其他母线(多导线)。
④ 设置导线数:3,然后单击"确定"按钮,如图 3.34 所示。

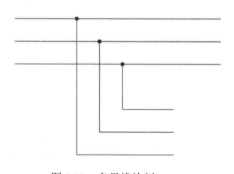

图 3.33 多母线绘制

图 3.34 多导线母线设置

⑤ 选择用于开始多相母线连接的现有导线:单击水平多母线上方第一条导线,作为绘制的三相母线的起点。

⑥ 然后向下拖动鼠标，依次触碰水平多母线第二条、第三条导线，当绘制的多母线第二相和第三相导线搭接到水平多母线上时，继续向下拖动鼠标进行绘制。

⑦ 在转弯处，向右拖动鼠标，继续绘制多母线。

⑧ 单击鼠标右键结束导线绘制。

注意：在多母线转弯处，可以按 F 键翻转导线转弯方式，如图 3.35 所示。

如果要绘制的新三相导线以相反的顺序连接到水平母线，请从水平母线上的最后一条导线处开始连接该新三相导线。鼠标向上移动跨过其他导线，直到建立连接，然后再向下移动鼠标，这将生成一个相反顺序的连接，如图 3.36 所示。

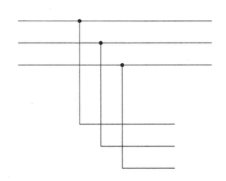

图 3.35　翻转多母线转弯方式　　　　图 3.36　三相导线反向连接

3）导线绘制要点

绘制导线时，不管是单线还是多母线，都需要注意以下两点：

（1）在绘制导线时，如何保证统一。一般绘制导线时，会使用栅格捕捉，确保在绘制小范围位置不会偏差。

（2）导线转弯和继续。在绘制导线，需要转弯时，直接移动鼠标即可进行，在确定前一段（不是当前部分）位置正确时，命令行 C（继续）可以保留前一段然后绘制后续导线。当多母线绘制时，由于方向转弯会有交叉，如需要调整，命令行 F（翻转）可以完成。

2. 导线层

导线的粗细和大小就是 AutoCAD 的图层，定义导线的粗细和大小实际就是定义图层。在 ACE 中，有一系列的图层是已经完成定义了的，可以直接选用，包括导线绘制的图层。对于导线的处理有两个命令，如图 3.37 所示。

图 3.37　导线处理　　　视频：导线层与编辑

1）创建/编辑导线类型

创建/编辑导线类型，就是用于导线颜色和粗细的图层定义。在"编辑导线/线号"面板时，单击"创建/编辑导线类型"图标，打开"创建/编辑导线类型"对话框，如图 3.38 所示。

图 3.38 "创建/编辑导线类型"对话框

（1）导线类型栅格：显示激活图形中定义的导线类型。

① 已使用："已使用"列中的"×"表示图形中正在使用该图层名称。此列为空值表示该图层名称存在于图形中，但当前未被使用。

② 导线颜色：指定导线类型的颜色名称。

③ 大小：指定导线类型的尺寸值。

④ 图层名称：指定该导线类型的图层名称。默认图层名称基于"图层名称格式"中定义的格式。在创建导线类型时编辑该值，或者右击重命名图层名称。

⑤ 导线编号：如果不希望将线号指定给特定图层上的导线，则为该图层的"导线编号"选择"否"。"插入线号"命令遵循以下规则：

如果网络中的所有导线都位于"导线编号"设置为"否"的图层上，则不会插入新线号。

如果网络中有任何导线位于"导线编号"设置为"是"的图层上，则会更新现有非固定的线号或插入新的线号。

如果导线网络已经具有非固定的线号，则无论"导线编号"如何设置，都将更新该非固定的线号。使用"删除线号"命令删除线号。

⑥ 行排序：双击列标题可按该列对栅格进行排序，拖动行可更改其在栅格中的顺序。

⑦ 快捷菜单选项：复制、剪切、粘贴、删除图层和重命名图层。在图层名称单元格上单击鼠标右键以启用"重命名图层"。

注意：无法删除默认导线图层。

在导线类型列表中拾取导线图层时，可以使用键盘上的 Shift 键或 Ctrl 键来选择多个图层。

（2）选项。

① 使所有线均成为有效的导线：使所有现有图层均成为有效的导线图层，并在导线类

型栅格中显示它们。在选择该选项之前，请选择一个导线行。

如果后来决定要让某些图层作为导线图层，其他图层作为线图层，则可以取消选择此选项，将会从导线类型栅格中删除所有的图层。使用"添加现有图层"选项再次添加图层。

② 输入：从现有图形或图形模板输入导线类型。指定图形后，将显示"输入导线类型"对话框，选择要输入的导线类型。

（3）图层：允许设置图层名称的格式、定义或编辑图层颜色、线型及线宽。

① 图层名称格式：格式化图层名称。基于格式输入颜色值和尺寸值后，程序会自动填充图层名称。

② 颜色：显示用于选择图层颜色的 AutoCAD 对话框。"选择颜色"对话框将亮显与导线类型记录对应的颜色。新记录的默认颜色是白色。创建图层时，未定义的图层颜色使用默认颜色，允许选择多个导线类型。

③ 线型：显示用于选择线型的 AutoCAD 对话框。此"选择线型"对话框将亮显与导线类型记录对应的线型。

④ 线宽：显示用于选择线宽的 AutoCAD 对话框。"线宽"对话框将亮显与导线类型记录对应的线宽。

⑤ 添加现有图层：显示用于指定图层名称的"线条导线图层"对话框，在对话框中输入导线图层名称。

⑥ 删除图层：从导线类型栅格中删除选定的图层名称。该图层不再是有效的导线图层，但它仍保留在图形中作为 AutoCAD 图层。

注意：无法删除默认导线图层。将选定图层设为默认图层，使选定图层成为新导线的默认图层。

2）更改/转换导线类型

在绘制电气原理图时，通常先考虑导线类型，在后期才会考虑各个导线的颜色和粗细。因此，在绘图时大都是先绘制完成所有导线，然后再进行导线类型的更改。在"编辑导线/线号"面板中，单击"更改/转换导线类型"图标，弹出"更改/转换导线类型"对话框，如图 3.39 所示。

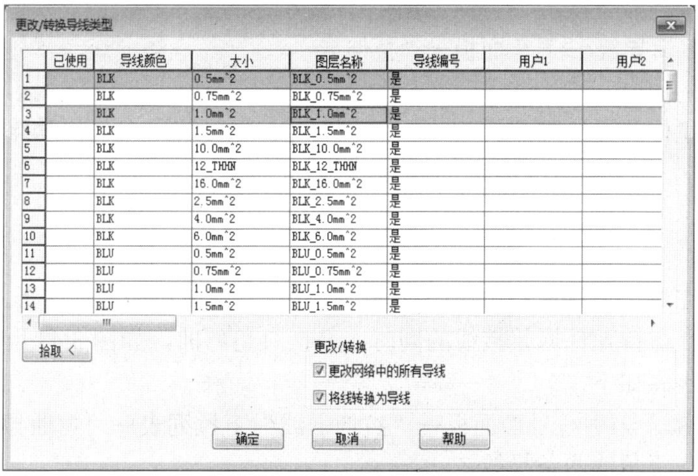

图 3.39 "更改/转换导线类型"对话框

这个对话框和"创建/编辑导线类型"对话框基本上一样,唯一的区别是,这个对话框不能创建和修改图层。选择一个导线类型,单击拾取就可以选择或框选导线,并且把这些导线修改成所选的导线类型样式。

(1)更改网络中的所有导线:只选择导线的一部分,凡是和所选部分连接的均会进行修改。

(2)将线转换为导线:如果选择是普通绘制的直线,会把该直线也转换成导线,并放置到所选层。

3.导线编辑

有一系列的命令用于导线的编辑,常用的有修剪、拉伸、弯曲导线等。这些命令都在"编辑导线/线号"面板里,如图3.40所示。

图3.40 "编辑导线/线号"面板

这些导线编辑命令也可以在放置导线上的右键命令中找到,如图3.41所示。

1)修剪导线

修剪接线间的导线,这个命令可以当作导线删除进行使用,这个命令在使用时可以交叉选择和栏选,方便导线的处理。通常在绘制电气图的控制电路时,修剪阶梯图使用。修剪导线的步骤如下:

(1)单击"编辑导线/线号"面板→"修改导线"下拉列表→"修剪导线"图标。

(2)选择图形上要删除的导线段,或者键入F并按空格键以同时删除多条导线。

(3)如果要删除多条导线,请绘制穿过这些导线的栏选以进行修剪。

2)拉伸导线

将导线末端拉伸或修剪到最近的导线或导线内元件接线连接点。选择导线程序将自动查找其路径中的导线或元件,如图3.42所示。

拉伸导线的步骤如下:

(1)单击"编辑导线/线号"面板→"拉伸导线"图标。

(2)选择要拉伸的导线末端。

(3)导线将拉伸或修剪到最近的导线或导线内元件接线点。

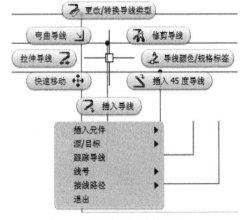

图3.41 右键编辑导线命令

3)弯曲导线

将导线旋转完成直角并再弯曲三个直角,以避免出现或添加几何图形,可修改以直角定义的导线,可以在保持元件原始接线的同时,替换直角弯曲,如图3.43所示。

弯曲导线的步骤如下:

(1)单击"编辑导线/线号"面板→"拉伸导线"下拉列表→"弯曲导线"图标。

(2)选择组成直角的两条导线之一。

(3)选择组成直角的反向导线,基于直角方向添加其他导线段。

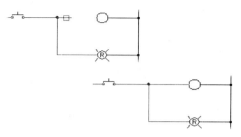

| 图 3.42 拉伸导线示例 | 图 3.43 弯曲导线示例 |

（4）单击鼠标右键退出命令。

4）导线颜色/规格标签

将导线类型标签映射到每个导线图层并插入标签，如图 3.44 所示。

单击"插入导线/线号"面板→"线号引线"下拉列表→"导线颜色/规格标签"图标，打开"插入导线颜色/规格标签"对话框，如图 3.45 所示。

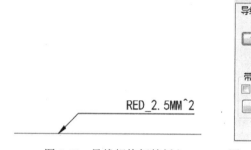 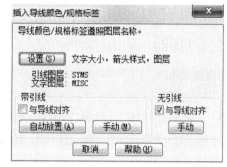

图 3.44 导线规格标签插入　　图 3.45 "插入导线颜色/规格标签"对话框

（1）设置：设置导线标签/引线的默认颜色/规格文字字符串、文字大小、箭头大小、缝隙大小和箭头类型。

（2）手动/无引线：将文字标签（不带引线）放置到选定的位置。

（3）自动放置：自动将标签放置到图形上。ACE 会寻找一个合适的位置来放置标签；标签会被自动放置，而无须在元件上进行拾取。

（4）手动：将标签放置到选定的引线位置点。

5）插入 T 形点标记

在 T 形交点处插入接线点，将任何现有的有角度的接线符号替换为点连接符号，如图 3.46 所示。

（1）单击"插入导线/线号"面板→"插入 T 形点标记"下拉列表→"插入 T 形点标记"图标。

（2）在交点上或交点附近选择插入点。

6）插入有角度的 T 形标记

在现有导线相交处插入有角度的 T 形连接符号，将任何现有的点接线符号替换为有角度的接线符号，如图 3.47 所示。

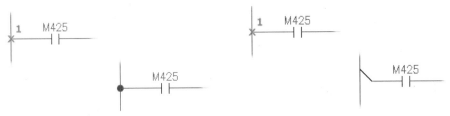

图 3.46 插入 T 形点标记示例图　　图 3.47 插入有角度的 T 形标记示例图

（1）单击"插入导线/线号"面板→"插入 T 形点标记"下拉列表→"插入有角度的 T 形标记"图标。

（2）在交点上或交点附近选择插入点。如果存在点标记，则会将其删除并替换为有角度的 T 形标记。

（3）插入符号并将其重新连接到布线中后，按空格键或 ENTER 键在四个不同的方向间切换已插入的 T 形标记。显示合适的方向后，按 ESC 键。

注意：若要在插入后更改 T 形符号的方向，请在标记上单击鼠标右键，然后选择"切换有角度的 T 形标记"。

3.2.3 连接器

1. 连接器的插入

单击"原理图"选项卡→"插入元件"面板→"插入连接器"下拉列表→"插入连接器"，如图 3.48 所示。

弹出"插入连接器"对话框，在对话框中，可以对连接器进行相关参数的设置，如图 3.49 所示。

图 3.48 插入连接器命令

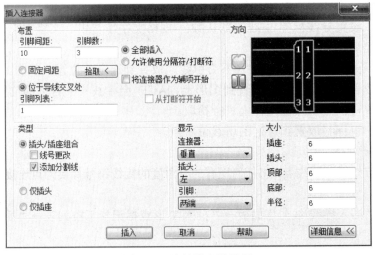

图 3.49 连接器参数设置

1）布置

（1）引脚间距：指定引脚接线之间的距离。此值最初默认为图形文件的"图形特性"→"图形格式"→"阶梯默认设置 – 间距"设置中定义的横档间距。

（2）引脚数：指定与连接器相关联的引脚数。必须进行上述操作，以参数化构建连接器。

（3）拾取：这是确定新连接器引脚数的另一种"拾取"方法。可以进行交叉导线栏选，或者在空白区域中定义起点和终点。对于栏选，在 AutoCAD 栏选线与每条导线的交点处都存在一个引脚。

（4）固定间距：以固定间距从一个引脚到下一个引脚生成连接器，这就是引脚间距值。如果"引脚间距"编辑框为空，则固定间距值默认为图形的阶梯默认间距值。

（5）位于导线交叉处：改变引脚位置使引脚与基础导线相符。将连接器插入图形时，拉伸或压缩连接器以与基础导线相匹配。

如果连接器的引脚比基础导线的引脚多，则使用固定间距值将超过的引脚添加在连接器的末端。

（6）引脚列表：指定要在连接器上使用的一连串递增的引脚号的起始引脚号或引脚号的实际逗号分隔列表的起始引脚号。例如，引脚数设置为 8 的连接器的引脚列表条目"1"将生成引脚标签从"1"到"8"的连接器。另外，引脚列表条目"1，2，3，4，A，B，C，GND"将生成引脚标签为"1""2""3""4""A""B""C""GND"的 8 个引脚的连接器。

（7）全部插入：在没有进一步提示的情况下（就是没有选项可用于插入分隔符或将连接器打断为两部分或多部分），创建连接器。

（8）允许使用分隔符/打断符：手动控制连接器的插入。

（9）将连接器作为辅项开始：将新连接器块定义为主连接器的辅项。这表示，在创建新的连接器块定义后，需要通过常用标记 ID（身份标识号码）值将它与主连接器链接（通过使用任意一种常规方式选择"编辑元件"并链接到主项）。

2）方向

（1）旋转：在水平和垂直方向之间切换参数连接器插入的方向。

（2）翻转：沿其长轴翻转连接器。

3）类型

（1）插头/插座组合：将连接器创建为同时显示插头和插座的单个块文件。

（2）线号更改：设置连接器符号的特性，以通过插头/插座连接器符号更改线号。默认情况下，通过插头/插座连接器维护线号。

（3）添加分割线：使用块中间以下的线创建插头/插座组合连接器，以表示插头和插座之间的分离。此线成为连接器块定义的一部分。

（4）仅插头：将连接器创建为仅显示插头表示的单个块文件。

（5）仅插座：将连接器创建为仅显示插座表示的单个块文件。

4）显示

（1）连接器：定义垂直插入连接器还是水平插入连接器。

（2）插头：指定相对于全部插头/插座参数编译，连接器的插头部分进入的方向。插头表示形式以圆角显示。

选项包括左侧插头垂直、右侧插头垂直、底部插头水平或顶部插头水平。

（3）引脚：指定在连接器上显示或隐藏哪些引脚号。在插头/插座组合的情况下，选项包括显示两端、仅显示插头、仅显示插座或同时隐藏。

5)大小

(1)插座:指定连接器插座端的宽度,此值可以与插头端相同。

(2)插头:指定连接器插头端的宽度。

(3)顶部:指定从连接器第一个引脚到连接器顶部末端的距离。

(4)底部:指定从连接器最后一个引脚到连接器底部末端的距离。

(5)半径:指定插头表示舍入部分的圆角半径。

6)插入

在图形上插入连接器符号。

2. 连接器的编辑

在"原理图"选项卡中的 "编辑元件"面板,可以看到连接器的编辑命令,如图 3.50 所示。

图 3.50 连接器编辑命令

1)反转连接器

(1)单击"原理图"选项卡→"编辑元件"面板→"修改连接器"下拉列表→"反转连接器"。

(2)选择要反转的连接器,连接器将根据其原始方向自动反转。

注意:对于无圆角的直流插座连接器,图形外观看起来并未改变,但是导线连接属性移动到连接器的另一侧。

(3)按 ENTER 键或 ESC 键退出命令。

2)旋转连接器

(1)单击"原理图"选项卡→"编辑元件"面板→"修改连接器"下拉列表→"旋转连接器"。

(2)指定是否保留当前属性方向。如选择"是"(默认选项),则属性文字方向并不随连接器旋转而旋转。

(3)选择要旋转的连接器,连接器自动旋转 90°。

(4)连续单击连接器直至到达适当的位置。

(5)按 ENTER 键或 ESC 键退出命令。

例如,保留属性方向 = 是,则旋转结果如图 3.51 所示。

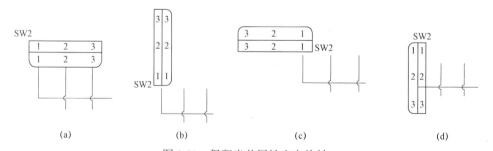

图 3.51 保留当前属性方向旋转

(a)原始;(b)第一次旋转;(c)第二次旋转;(d)第三次旋转

例如,保留属性方向 = 否,则旋转结果如图 3.52 所示。

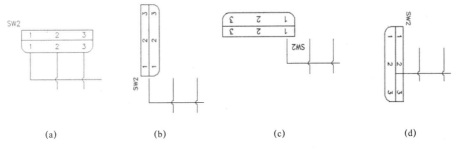

图 3.52　不保留当前属性方向旋转

(a) 原始；(b) 第一次旋转；(c) 第二次旋转；(d) 第三次旋转

3）拉伸连接器

(1) 单击"原理图"选项卡→"编辑元件"面板→"修改连接器"下拉列表→"拉伸连接器"。

(2) 指定要拉伸的连接器的一端。

(3) 指定连接器终止的位置（位移的第二个点），将鼠标拖动至适当的位置或输入坐标。

注意：在拉伸过程中按 TAB 键以改变连接器属性的可见性。

(4) 按 ENTER 键或 ESC 键退出命令。

4）拆分连接器

(1) 单击"原理图"选项卡→"编辑元件"面板→"修改连接器"下拉列表→"拆分连接器"。

(2) 选择要拆分的连接器块。

(3) 指定拆分点（在两组引脚之间拾取）。

(4) （可选）定义新块的原点。默认原点将预设为在被拆分块上的第一个组引脚内。如果不希望接受默认原点，则可以输入坐标，或者单击"拾取点"，然后选择图形中的原点。

(5) （可选）设置打断类型：没有线、直线、锯齿线或绘制，默认类型设为锯齿线。

(6) （可选）选择重新放置辅块，以便将其作为此命令的一部分移动。

(7) 单击"确定"按钮。

(8) 要重新放置辅块，请在屏幕中选择一点以放置该块。

(9) 按 ENTER 键或 ESC 键退出命令。

5）添加连接器引脚

(1) 单击"原理图"选项卡→"编辑元件"面板→"修改连接器"下拉列表→"添加连接器端号引脚"。

(2) 选择连接器。

(3) 指定要插入下一个可用引脚号（显示在命令行中）的位置，或按 R + 空格键来手动定义新的起始引脚号。

(4) 按 ENTER 键或 ESC 键退出命令。

技巧与提示如下：

① 打开"启用捕捉"。

② 可以将引脚添加到外壳内或连接器外壳的任一端的外面。

③ 尽管拾取的点离连接器一端很远，但仍可以沿连接器的中心轴线插入引脚。

④ 可以稍候拉伸连接器，以适应添加到连接器任一端外面的新引脚。

⑤ 可以在原始引脚之间添加引脚，然后移动或快速移动引脚到合适的间距。

⑥ 可以将引脚与其他连接器上的引脚排成列。选择"添加连接器引脚"工具之后，选择要将引脚添加到其中的连接器，按 SHIFT+单击鼠标右键显示"对象捕捉"选项，选择"插入"选项，然后单击要与新引脚对齐的引脚。新引脚将插入到选定元件并与其他连接器上的引脚排成列。

6）删除连接器引脚

（1）单击"原理图"选项卡→"编辑元件"面板→"修改连接器"下拉列表→"删除连接器引脚"。

（2）拾取要从连接器删除的引脚。

（3）按 ENTER 键或 ESC 键退出命令。

注意：删除具有连接的导线的引脚不会删除导线。在这种情况下，导线将不再与连接器相连。它表现为与连接器端不相连的导线。

7）移动连接器引脚

（1）单击"原理图"选项卡→"编辑元件"面板→"修改连接器"下拉列表→"移动连接器引脚"。

（2）选择要移动的连接器。

（3）指定引脚的新位置。

引脚沿连接器的中心轴线重新定位，即使拾取的点远离该连接器一端，也可以指定当前连接器壳末端外的位置，然后使用"拉伸连接器"工具展开该壳，以封闭这些引脚。

（4）按 ENTER 键或 ESC 键退出该命令。

8）替换连接引脚号

（1）单击"原理图"选项卡→"编辑元件"面板→"修改连接器"下拉列表→"替换连接器引脚"。

（2）选择要替换的连接器引脚。

将在选定的引脚号周围绘制临时图形，指明该引脚号已包含在"替换"列表中。

（3）选择用选定引脚替换的引脚。

在两个选择之间替换连接器引脚。

（4）选择另一组要替换的引脚，或者按 ENTER 键或 ESC 键退出命令。

3.3 任务实施

1. 新建项目

（1）打开 AutoCAD Electrical 2017 软件，在软件左侧"项目管理器"中单击"新建项目"，如图 3.53 所示。

在弹出的"创建新项目"对话框中，名称命名为"多母线绘制"，并在位置代号一栏选好存储路径，单击"确定"按钮，如图 3.54 所示。

在软件左侧项目管理器的项目下，可以看到项目"多母线绘制"已建立完成，如图 3.55 所示。

图 3.53　新建项目命令

图 3.54　创建新项目

（2）在"项目管理器"中选择项目"多母线绘制",单击右键,选择下拉菜单中的"特性"选项,打开"项目特性"对话框,进行项目特性设置,如图 3.55 所示。

① 元件设置。在"项目特性"对话框,选择"元件"选项卡,进入元件设置界面,在"元件标记选项"中勾选"禁止对标记的第一个字符使用短横线"的选项,如图 3.56 所示。

图 3.55　项目"多母线绘制"建立完成

图 3.56　元件设置

② 布线样式设置。在"项目特性"对话框中,选择"样式"选项卡,进入样式设置界面,在"布线样式"中,将"导线交叉"样式设置为"实心",将"导线 T 形相交"样式设置为"点",如图 3.57 所示。

设置完成后单击"确定"按钮,完成项目"多母线绘制"的设置。

2. 新建图形

在"项目管理器"中选择项目"多母线绘制",单击右键,选择下拉菜单中的"新建图形",出现"创建新图形"对话框,在对话框中将图形文件名称命名为"多线图";在"模板"这一行单击"浏览"按钮,选择"ACE_GB_a3_a"模板,如图 3.58 和图 3.59 所示。

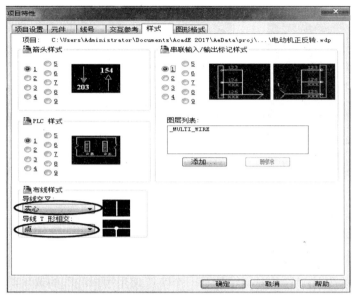

图 3.57 布线样式设置

图 3.58 新建图形

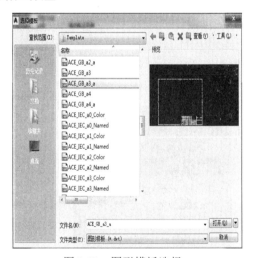

图 3.59 图形模板选择

然后单击"确定"按钮,在弹出的"将项目默认值应用到图形设置"对话框中再单击"是"按钮,这样前面项目的设置都会应用到新建的图形上,如图 3.60 所示。

在项目管理器中项目"多母线绘制"下面,可以看到图形"多线图"就建立完成了,图形的文件类型是".dwg"格式。双击图形"多线图.dwg",可打开图纸"多线图"的绘图界面。

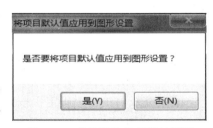

图 3.60 项目默认值应用对话框

3. 连接器的插入

1) 连接器 J1 的插入

(1) 单击"原理图"→"插入元件"→"插入连接器"图标 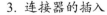,弹出"插入连接器"对话框,如图 3.61 所示。

图 3.61 "插入连接器"对话框

（2）在"插入连接器"对话框中，单击右下角的"详细信息"按钮，出现连接器的详细参数设置页面。

（3）如图 3.62 所示，对连接器进行设置。在布置一栏，将引脚间距设置为"8"，引脚数设置为"40"；在类型一栏，选择"插头/插座组合"；在显示一栏，连接器设置为"水平"，插头向"下"，引脚为"插头端"；在大小一栏，将插座、插头、顶部、底部和半径均设置为"3"。设置完成后，单击"插入"按钮。

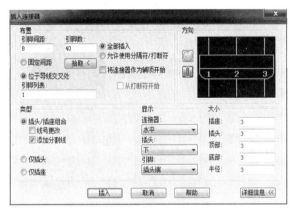

图 3.62 连接器 J1 设置

（4）指定插入点：单击图形的左上方，软件自动插入连接器。
（5）在弹出的"插入/编辑元件"对话框中，将元件标记改为 J1，如图 3.63 所示。

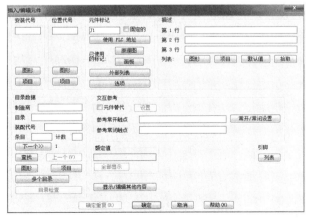

图 3.63 "插入/编辑元件"对话框

（6）单击"确定"按钮，完成连接器 J1 的插入，如图 3.64 所示。

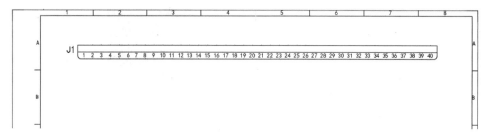

图 3.64　插入连接器 J1

2）连接器 J2、J3 的插入

（1）单击"插入元件"→"插入连接器"，弹出"插入连接器"对话框。

（2）在"插入连接器"对话框中，单击右下角的"详细信息"按钮，出现连接器的详细参数设置页面。

（3）如图 3.65 所示，对连接器进行设置。设置完成后，单击"插入"按钮。

图 3.65　连接器 J2 设置

（4）指定插入点：单击图形的左侧上方，软件自动插入连接器。

（5）在弹出的"插入/编辑元件"对话框中，将元件标记改为 J2。

（6）单击"确定"按钮，完成连接器 J2 的插入。

（7）按照图 3.65 的设置，将连接器 J3 插入到图形的左侧下方，如图 3.66 所示。

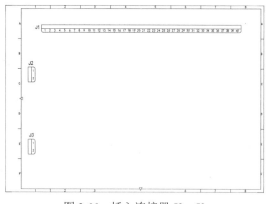

图 3.66　插入连接器 J2、J3

3）连接器 J8、J9、J10 的插入

（1）单击"插入元件"→"插入连接器"，在"插入连接器"对话框中，如图 3.67 所示，对连接器进行设置。设置完成后，单击"插入"按钮。

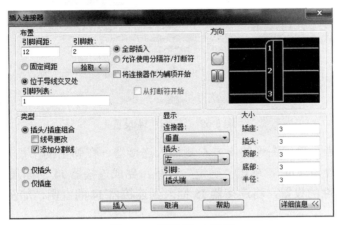

图 3.67　连接器 J8 设置

（2）指定插入点：单击图形的右侧下方插入连接器，在弹出的"插入/编辑元件"对话框中，将元件标记改为"J8"，单击"确定"按钮，完成连接器 J8 的插入。

（3）按照图 3.67 的设置，将连接器 J9 插入到图形的右侧中间位置，连接器 J10 插入到图形的右侧上方，如图 3.68 所示。

4）连接器 J4、J5 的插入

（1）单击"插入元件"→"插入连接器"，在"插入连接器"对话框中，对连接器进行设置，如图 3.69 所示。设置完成后，单击"插入"按钮。

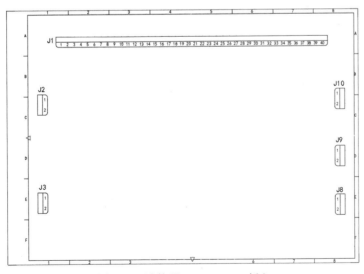

图 3.68　连接器 J8、J9、J10 插入

图 3.69　连接器 J4 设置

（2）指定插入点：单击图形的下方左侧插入连接器，在弹出的"插入/编辑元件"对话框中，将元件标记改为"J4"，单击"确定"按钮，完成连接器 J4 的插入。

（3）按照图 3.69 的设置，将连接器 J5 插入到连接器 J4 的右侧，如图 3.70 所示。

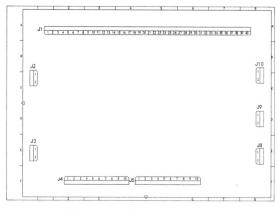

图 3.70　连接器 J4、J5 插入

5）连接器 J6 的插入

（1）单击"插入元件"面板→"插入连接器"，在"插入连接器"对话框中，对连接器进行设置，如图 3.71 所示。设置完成后，单击"插入"按钮。

图 3.71　连接器 J6 设置

（2）指定插入点：单击连接器 J5 的右侧，插入连接器，在弹出的"插入/编辑元件"对话框中，将元件标记改为"J6"，单击"确定"按钮，完成连接器 J6 的插入。

6）连接器 J7 的插入

（1）单击"插入元件"面板→"插入连接器"，在"插入连接器"对话框中，对连接器进行设置，如图 3.72 所示。设置完成后，单击"插入"按钮。

图 3.72　连接器 J7 设置

（2）指定插入点：单击连接器 J6 的右侧，插入连接器，在弹出的"插入/编辑元件"对话框中，将元件标记改为"J7"，单击"确定"按钮，完成连接器 J7 的插入，如图 3.73 所示。

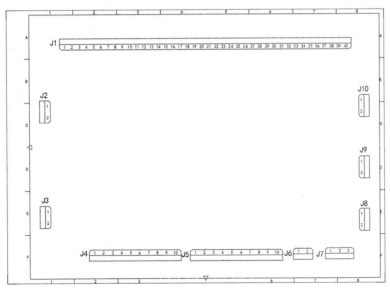

图 3.73　连接器 J6、J7 插入

4. 多母线的绘制

1）连接器 J1 和 J2 连接导线绘制

（1）单击"原理图"选项卡→"插入导线/线号"面板→"多母线"命令，弹出"多导线母线"对话框。

(2) 在"多导线母线"对话框中,"开始于"一栏选择"元件(多导线)"选项,单击"确定"按钮,如图 3.74 所示。

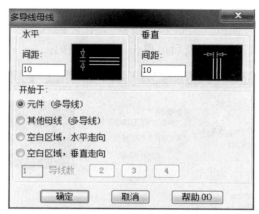

图 3.74 多导线母线设置

(3) 窗选接线开始点:窗选连接器 J1 的 1、2 引脚,按空格键结束选择。

(4) 命令行输入 T,按空格键,弹出"设置导线类型"对话框,选择导线颜色为"WHT",大小为"2.5 mm^2"的导线,单击"确定"按钮,如图 3.75 所示。

(5) 向下拖动鼠标开始绘制多母线,然后向左继续绘制导线,导线终点连接到连接器 J2 的 1、2 引脚,单击结束绘制,如图 3.76 所示。

2) 连接器 J1 和 J3 连接导线绘制

(1) 单击 "插入导线/线号"面板→"多母线"命令,弹出 "多导线母线"对话框。

(2) 在"多导线母线"对话框中,"开始于"一栏选择"元件(多导线)",单击"确定"按钮。

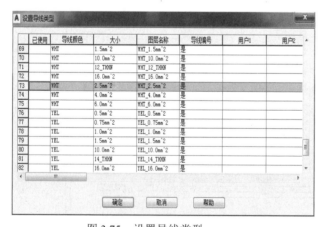

图 3.75 设置导线类型

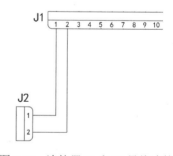

图 3.76 连接器 J1 和 J2 导线连接

(3) 窗选接线开始点:窗选连接器 J1 的 3、4 引脚,按空格键结束选择。

(4) 命令行输入 T,按空格键,弹出"设置导线类型"对话框,选择导线颜色为"RED",大小为"2.5 mm^2"的导线,单击"确定"按钮,如图 3.77 所示。

项目三　多线图的绘制

图 3.77　设置导线类型

（5）向下拖动鼠标开始绘制多母线，向左继续绘制导线，导线终点连接到连接器 J3 的 1、2 引脚，单击结束绘制，如图 3.78 所示。

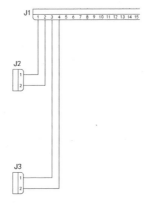

图 3.78　连接器 J1 和 J3 导线连接

3）连接器 J1 和 J4 连接导线绘制

（1）单击"插入导线/线号"面板→"多母线"命令，弹出"多导线母线"对话框。

（2）在"多导线母线"对话框中，将水平间距设为"8"，垂直间距设为"10"，"开始于"一栏选择"元件（多导线）"选项，单击"确定"按钮，如图 3.79 所示。

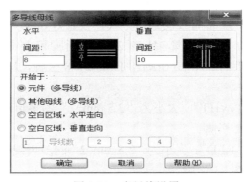

图 3.79　多母线设置

（3）窗选接线开始点：窗选连接器 J1 的 5、6 引脚，按空格键结束选择。

85

（4）命令行输入 T，按空格键，弹出“设置导线类型”对话框，选择导线颜色为“YEL”，大小为“2.5 mm^2”的导线，单击“确定”按钮，如图 3.80 所示。

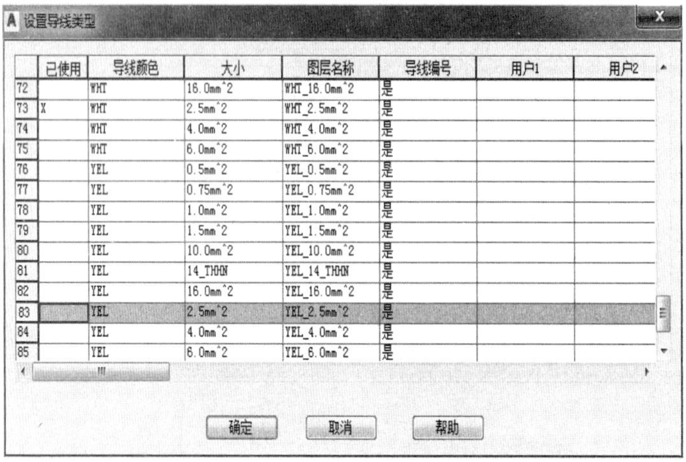

	已使用	导线颜色	大小	图层名称	导线编号	用户1	用户2
72		WHT	16.0mm^2	WHT_16.0mm^2	是		
73	X	WHT	2.5mm^2	WHT_2.5mm^2	是		
74		WHT	4.0mm^2	WHT_4.0mm^2	是		
75		WHT	6.0mm^2	WHT_6.0mm^2	是		
76		YEL	0.5mm^2	YEL_0.5mm^2	是		
77		YEL	0.75mm^2	YEL_0.75mm^2	是		
78		YEL	1.0mm^2	YEL_1.0mm^2	是		
79		YEL	1.5mm^2	YEL_1.5mm^2	是		
80		YEL	10.0mm^2	YEL_10.0mm^2	是		
81		YEL	14_THHN	YEL_14_THHN	是		
82		YEL	16.0mm^2	YEL_16.0mm^2	是		
83		YEL	2.5mm^2	YEL_2.5mm^2	是		
84		YEL	4.0mm^2	YEL_4.0mm^2	是		
85		YEL	6.0mm^2	YEL_6.0mm^2	是		

图 3.80　设置导线类型

（5）向下拖动鼠标开始绘制多母线，然后向右继续绘制多母线，命令行输入 F，翻转导线转弯方式，按空格键。

（6）命令行输入 C，继续转弯向下绘制多母线，导线终点连接到连接器 J4 的 1、2 引脚，单击结束绘制。

（7）同样方式，绘制导线颜色为“GRN”，大小为“2.5 mm^2”的多母线，连接连接器 J1 的 7、8 引脚和连接器 J4 的 3、4 引脚。

（8）同样方式，绘制导线颜色为“BLU”，大小为“2.5 mm^2”的多母线，连接连接器 J1 的 9、10 引脚和连接器 J4 的 5、6 引脚。

（9）同样方式，绘制导线颜色为“TAN”，大小为“2.5 mm^2”的多母线，连接连接器 J1 的 11、12 引脚和连接器 J4 的 7、8 引脚。

（10）同样方式，绘制导线颜色为“VIO”，大小为“2.5 mm^2”的多母线，连接连接器 J1 的 13、14 引脚和连接器 J4 的 9、10 引脚，如图 3.81 所示。

4）连接器 J1 和其他连接器连接导线绘制

（1）依照连接器 J1 和 J4 多母线的连接方式，设置好导线类型，分别连接连接器 J1 的 19、20 引脚和连接器 J5 的 1、2 引脚，J1 的 21、22 引脚和 J5 的 3、4 引脚，J1 的 23、24 引脚和 J5 的 5、6 引脚，J1 的 25、26 引脚和 J5 的 7、8 引脚，J1 的 27、28 引脚和 J5 的 9、10 引脚，如图 3.82 所示。

（2）绘制导线颜色为“WHT”，大小为“2.5 mm^2”的多母线，连接连接器 J1 的 30、31 引脚和连接器 J6 的 1、2 引脚。

（3）绘制导线颜色为“RED”，大小为“2.5 mm^2”的多母线，连接连接器 J1 的 32、33、34 引脚和连接器 J7 的 1、2、3 引脚。

（4）绘制导线颜色为“BLU”，大小为“2.5 mm^2”的多母线，连接连接器 J1 的 35、36 引脚和连接器 J8 的 1、2 引脚。

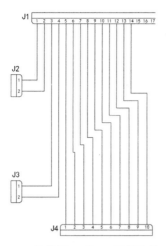
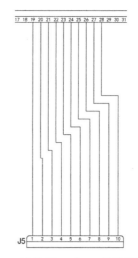

图 3.81 连接器 J1 和 J4 导线连接　　图 3.82 连接器 J1 和 J5 导线连接

（5）绘制导线颜色为"RED"，大小为"2.5 mm^2"的多母线，连接连接器 J1 的 37、38 引脚和连接器 J9 的 1、2 引脚。

（6）绘制导线颜色为"WHT"，大小为"2.5 mm^2"的多母线，连接连接器 J1 的 39、40 引脚和连接器 J10 的 1、2 引脚。

多母线图如图 3.83 所示。

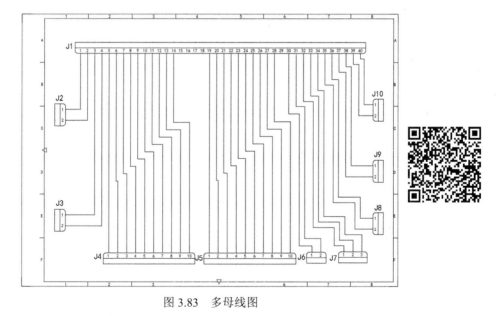

图 3.83 多母线图

3.4 任务拓展

使用多母线、阶梯插入和导线编辑命令绘制主供电线路图，如图 3.84 所示。

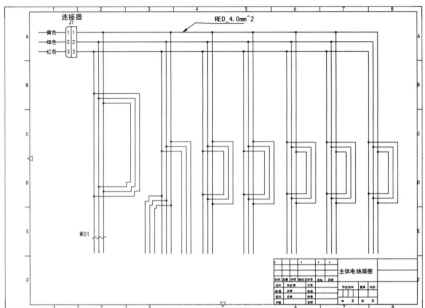

图 3.84　主供电线路图

项目四

电动机正反转控制原理图的绘制

工业生产中,生产机械的运动部件往往要求实现正反两个方向运动,这就要求拖动电动机能正反向旋转。例如,在铣床加工中工作台的左右、前后和上下运动,起重机的上升与下降,等等,它们都可以采用机械控制、电气控制或机械电气混合控制的方法来实现,当采用电气控制的方法实现时,则要求电动机能实现正反转控制。从电动机的原理可知,改变电动机三相电源的相序即可改变电动机的旋转方向,而改变三相电源的相序只需任意调换电源的两根进线即可。

任务一 电动机正反转控制原理图

4.1.1 任务概述

本学习任务主要介绍电动机正反转控制原理图的绘制,如图 4.1 所示,此电路包括主电路和控制电路两部分。经过项目三的学习,我们掌握了导线的绘制和编辑,在本任务中我们重点学习元件的插入和编辑。通过对电动机正反转控制原理图的绘制,将逐步认识到 ACE 软件的丰富功能,掌握电气原理图的绘图技巧和绘图步骤。

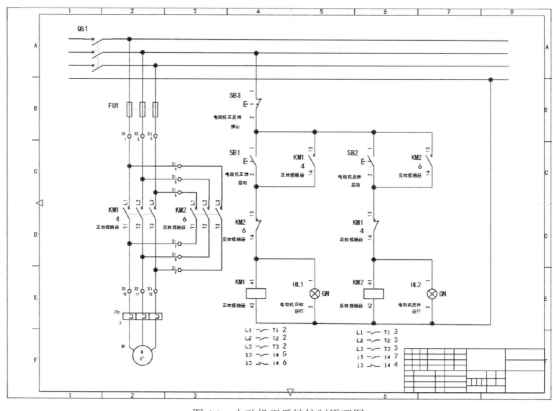

图 4.1 电动机正反转控制原理图

知识目标

1. 了解电动机正反转控制电路的原理；
2. 认识元件库的电气元器件；
3. 掌握阶梯的使用方法；
4. 掌握元件的插入和编辑；
5. 掌握父子元件的交互参考。

电动机正反转
控制原理图

能力目标

1. 掌握元件插入和编辑命令的使用技巧。
2. 能够独立完成电动机正反转控制原理图的绘制。

4.1.2 知识链接

1. 阶梯图

视频：阶梯图

阶梯图是一种绘图的方式，常用于绘制电气原理图的控制电路部分，也常和 PLC 结合使用。它的特点是等距放置一系列的导线用于后期的绘制或修改。在使用阶梯图绘制时，一般分水平和垂直模式两种。

绘制阶梯图，常用的命令是 插入阶梯 ，修改也有专门的阶梯图命令，如图 4.2 所示。

图 4.2　阶梯修改

1）阶梯的设置

阶梯图分成水平和垂直两种方式，默认下图纸只能应用一种情况。在"图形特性"对话框就可以选择所需要的设置，如图 4.3 所示。

图 4.3　"图形特性"对话框

（1）垂直/水平：设置阶梯图的放置方向，样式可以看右边视图。默认情况下，在使用时，一张图纸只能是一个样式。

（2）间距：设置阶梯图横档的间距。默认情况下，横档只能是在恰当的位置，确保相邻横档的间距为标准距离。这样的设置，能帮助导线间距位置的确定，以及绘制图纸时图形整齐。

（3）宽度：默认设置阶梯图左右或上下之间的间距，由于垂直时，会考虑放置两列，因此定义好这个宽度，方便各张图纸阶梯图的放置，宽度定义好后，只能作为默认值使用，可以在绘图时，对应位置中修改。

（4）多导线间距：由于阶梯图有三相模式，也就有了多导线间距，这个间距值和前期多导线模式的间距是同一个值。

（5）默认设置：插入新阶梯时不含参考，这个设置只有在下面的格式参考为"参考号"时可以使用，作用就是放置这种模式的阶梯图，但同时又不放置参考号。

（6）参考号：设置阶梯图模式为参考号，这种模式下，阶梯图会在每个横档上放置一个号码，并可以以这个号码进行线号及元件号的编制，这样，只要看到任意一个号码，就可以知道在哪根横档上，方便应用。这个参考号的样式有六种默认的样式可以选择，如图 4.4 所示。

2）插入阶梯

设置完成阶梯图样式，就可以在图纸中插入阶梯图了，在"插入导线/线号"面板中选

择插入阶梯命令 ![插入阶梯], 就可以看到"插入阶梯"对话框, 如图4.5所示。

（1）宽度/间距：绘制当前阶梯图的宽度/间距，默认为设置中所设。

（2）长度：绘制阶梯图的总长，也可以是横档的数量，给定一个，另外一个就确定下来了。

（3）第一个参考：给定第一个参考号，并且设置每个横档的参考号的增加值。无参考编号时，就不放置参考号。无参考编号，对于绘制普通图纸也是可以方便使用的。

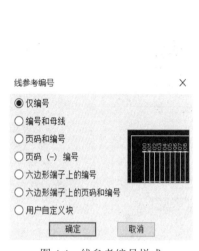

图4.4 线参考编号样式

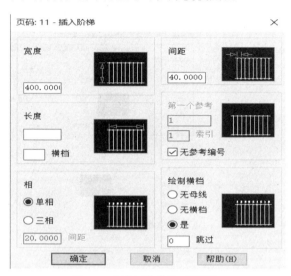

图4.5 "插入阶梯"对话框

（4）相：单相和三相。表达在绘图时，阶梯图的起始侧（一般是左或是上）放置的导线的数量。

（5）绘制横档：确定是否绘制母线（左右或上下那两根），是否绘制横档线，以及可以在绘制横档线时少掉某根。

在绘图中，选择三相线，刚刚能符合普通绘图模式，而这种情况下，间距也能完全地定义下来，确保绘图的位置精确，如图4.6所示。因此，这个是绘图中的一种选择。

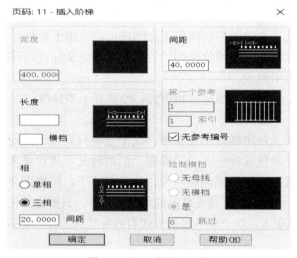

图4.6 插入阶梯相设置

3）修改阶梯

修改阶梯一共有三个命令，分别是添加横档、修改阶梯和重新编号阶梯参考，如图 4.7 所示。这三个命令对阶梯图绘制有很大的帮助。

（1）添加横档：添加阶梯图中的横档线，如果使用参考号，那么横档线的位置是固定的，只能是对应的间隔的地方，这个绘制能帮助绘图中位置的对齐，其他的，可以随意绘制完成。

（2）修改阶梯：把已经绘制好的阶梯图进行修改，可以调整横档的间距、数量，以及参考编号和线号格式，如图 4.8 所示。

图 4.7 修改阶梯

图 4.8 修改线参考号

（3）重新编号阶梯参考：修改阶梯只能在当前图纸中处理，如果需要在所有的图纸上重新对阶梯进行编号，就可以用本命令，打开"重新编号阶梯"对话框，如图 4.9 所示。

图 4.9 "重新编号阶梯"对话框

在命令对话框里，可以进行项目内阶梯的编号，也可以按各自图纸来处理编号。

4）阶梯练习

（1）绘制出垂直阶梯：宽度：300，间距：20，第一个参考：101，如图 4.10 所示。

图 4.10 垂直阶梯图

（2）绘制出水平阶梯：宽度：150，间距：30，第一个参考：10，如图4.11所示。

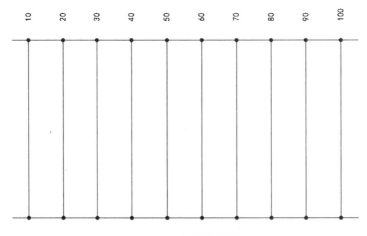

图4.11 水平阶梯图

2. 元件

1）元件库

ACE软件中的元件属于CAD中定义的块，它增加了一系列的属性，并把这些带有属性的块定义成为元件，它们都是存放在元件库中的。元件库主要存放在原理图库、原理图图标菜单文件、面板示意图库和面板图标菜单文件四个位置，如图4.12所示。

视频：元件库

图4.12 元件库

(1) 原理图库。所有原理图中用的块放置的位置,在原理图绘制过程中,每个要插入到图纸中的元件或块都要放置到这个位置。

这里的位置可以根据需要进行添加,当有的位置出现重复的块名的时候,会根据文件夹在这里的位置前后顺序进行放置,也就是说,当出现相同名字时,更靠近上方的文件夹里的那个文件更为有效。

在标准的切换中,所谓的标准更换,对 ACE 来说,就是更换一下文件夹,在这些文件夹里,有一系列相同名称的文件,换了文件夹,就相当于换了标准。常用的标准文件夹有 gb2、iec-60617、jic1、jic125、NFPA 等。

由于在后期软件会有重装等情况,这里文件夹保存的位置一定在使用过程中注意备份,防止误删,后面的几个位置都有相同情况。

(2) 原理图图标菜单文件。原理图图标菜单就是一个 dat 文件,这个文件就是图标菜单命令使用时显示的对话框,如果需要修改图标菜单里面的内容只要修改这个文件即可。如果要换一个标准的图标菜单,只要在这里更换一下这个文件就可以完成。如果对这个文件进行修改,在软件中用 来完成,如图 4.13 所示。

图 4.13 选择菜单文件

在图 4.13 中就可以修改原理图或者面板的图标菜单了。

(3) 面板示意图库。所有面板图中图元所放置的位置、特性与原理图相同,只不过为了方便,在这个图库的内容以制造商为分类文件夹,并且大部分的数据均为英制。

(4) 面板图标菜单文件。与原理图相同,所有面板图中用的块放置的位置,在面板图绘制过程中,每个要插入到图纸中的元件或块都要放置到这个位置。

2) 元件插入

(1) 图标菜单。在图纸中放置一个或多个元件,图标菜单 是常用的放置命令。选择图标菜单命令,可以弹出"插入元件"对话框,如图 4.14 所示。

图 4.14 分为文本区和图标区:文本区指左边带滚动条的文本框;图标区又为分两部分,中间部分是 4 行 6 列的图标区,最右边是 10 个图标区用来记录最近用过的图标。这里提供了一个插入元件的快捷方法。中间图标区下的空白处,是给用户自定义元件加入图标时用的。

图标菜单提供了丰富的电气元件,比如按钮、开关、断路器、接触器、继电器和电子元件等。

① 菜单:显示包含的内容,执行上方的菜单命令,可以关闭左侧的菜单。

② 视图：按不同方式显示图中视图的内容。

图4.14 "插入元件"对话框

③ 显示：显示最近使用过的元件的数量，显示内容会在右侧最近使用的下方，表达的是软件打开后，一直用过的最近元件。

④ 水平：把选择的元件放置成水平样式，默认为垂直样式。

⑤ 无编辑对话框：不显示插入元件对话框，直接放置元件，并按默认方式进行标记命名。

⑥ 无标记：放入的元件，不给元件标记。

⑦ 原理图缩放比例：调整原理图放置时的元件比例。这个属性可以在项目特性里设置，如图4.15所示。

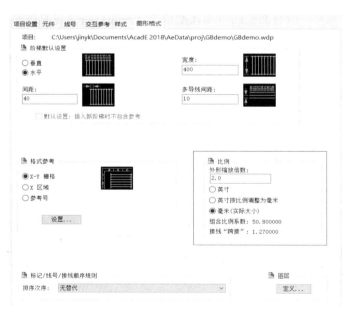

图4.15 原理图比例设置

在图 4.15 的设置中，外形缩放倍数就是默认的图标菜单的比例。由于 ACE 需要支持多标准的情况，因此，在比例的下方有几个设置。

英寸：选择英制图纸，元件也是英制的，就应该选择该项。

英寸按比例调整为毫米：图纸选择公制，元件却是英制的，就选用该项。

毫米：当图纸和元件都是公制的，选择这一项。

由于不同的标准下，元件有的是公制，有的是英制，因此在使用时，一定要注意该项。

⑧ 浏览/请键入：调用已知名称或者自定义的块，选择要用的元件后，默认情况就会跳到插入元件对话框。

（2）插入元件。通过文本区和图标区均可将元件插入到图中。选择插入元件到需要的位置，一般情况都是在导线的某处点选，可以插入元件并打开"插入/编辑元件"对话框，如图 4.16 所示。

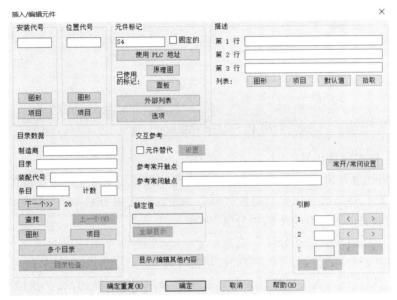

图 4.16 "插入/编辑元件"对话框

图 4.16 中，各个部分都需要按实际情况进行填入，各部分情况如下。

① 安装代号：输入需要的安装代号，可以在图形或项目中选择。

② 位置代号：输入需要的位置代号，可以在图形或项目中选择。

③ 元件标记：给出元件标记，默认的时候，软件会按元件类型自动分配，和线号一样，如果需要保证不会被修改，也需要进行固定。可以按需去查看项目或图纸中已用的元件，元件的命名方式可以在项目特性中设置，如图 4.17 所示。

a. 标记格式：可以根据需要定义默认的标记格式，在对话框中，可以使用以下内容：

%N = 基准元件记号（必需）；

%X = 可选后缀位置（仅基于标记的线参考）；

%F = 元件种类代号；

%S = 页码值；

%D = 图形值；

图4.17 元件标记格式设置

%P = IEC-样式项目代号;
%I = "安装代号"值（如果"安装代号"为空，则使用 IEC-样式安装代号）;
%L = "位置代号"值（如果"位置代号"为空，则使用 IEC-样式位置代号）;
%A = 此图形的项目图纸清单的"分区"值;
%B = 项目图纸清单的"子分区"值。

b. 连续：定义%N 的数字，默认模式按增加 1 个号为原则。如果选择线参考方式，并且按线参考模式绘制图形，就可以按线参考模式放置元件标记。例如，绘制的是阶梯图，就可以按这种线参考方式放置，%N 为线参考号，并在同一条线上放置多个相同元件时，会在元件号后面带 A、B、C…这种模式来完成，样式可以根据后缀设置进行选择，如图 4.18 所示。

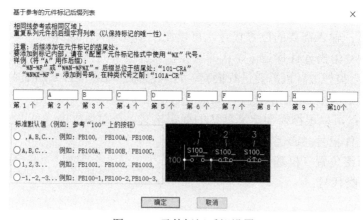

图4.18 元件标记后缀设置

如果不是阶梯图模式,选择的 X–Y 分区模式,这种情况下,%N 就变成了对应的 X–Y 这个部分内容,会按元件所放的区域位置来定 X–Y,并以此来标记这个元件的%N。

c. 元件标记选项:

组合的安装代号/位置代号标记模式:不同安装位置代号下,元件允许相同。

禁止对标记的第一个字符使用短横线:当没有安装代号和位置代号时,标的值为"元件",而不是默认的"–元件"。

对安装代号/位置代号应用标记的格式:就是用 = 安装 + 位置 – 元件这个模式应用到每个元件。

与图形默认设置匹配时在标记中不显示安装代号/位置代号:如果与图形的默认值相匹配,则不显示该元件的位置代号值和安装代号值。

插入时:用图形默认设置或上次使用的设置自动填充安装代号/位置代号:"插入/编辑元件"对话框中的"安装代号/位置代号"内容默认填入,块所在图纸具有的图形默认值或上次使用的值。

④ 描述:给元件添加描述信息,描述信息有三行,可以根据实际需要进行添加,这些描述信息也可以在当前图纸或者项目中获取。

⑤ 目录数据:给选好的元件,给定制造商及型号。目录这一项就是元件型号,可以选择查找,在数据库中进行选择。查找时,"目录浏览器"对话框如图 4.19 所示。

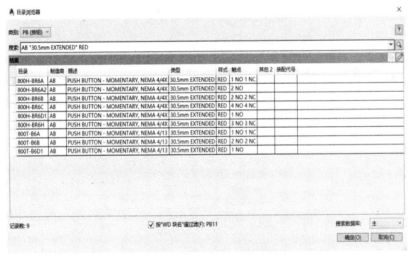

图 4.19 "目录浏览器"对话框

在图 4.19 中,可以通过选择行来选择不同的元件类别,用搜索来查找需要的制造商和型号,有需求也可以添加新的制造商和型号,这个在定义部分会有介绍。

⑥ 引脚:填入所有需要的引脚信息。

⑦ 确定重复:放置这个元件后,重新再放置一个相同元件。

对于元件来说,就是 AutoCAD 中的块文件,因此元件同样有块的一些特性,比如在插入过一个块后,如果再插入一个和这个块名字相同的块,即使这个块模型有所不同,但插入的始终会是第一个块文件。这个特性,对 ACE 来说就有一个问题存在,由于 ACE 在不同的标准下,相同元件,虽然图形不同,但对应的块名都是相同的。例如:不管哪个标准,都有一个叫 VPB11 这个块，那插入一个后，换标准的话，是没有换标准的效果的。要解决这个问题，必须把已经插入的块先删除，然后使用清理工具，清理掉后台存在的这个块，然后再换标准插入，就可以解决这个问题。

3）特殊元件的插入　　　　　　　　　　　　　　　　　视频：特殊元件的插入

在图纸中存在一些特殊元件，如交流接触器和继电器，我们将它们称为父子元件，它们是由父元件（主元件）和子元件（辅元件）组成的，以交流接触器为例，它的父元件（主元件）为线圈，子元件（辅元件）为触点，如图 4.20 和图 4.21 所示。

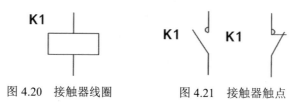

图 4.20　接触器线圈　　　　　　图 4.21　接触器触点

（1）交互参考。这类父子元件在放置到图纸中时，会有一些不同。这类元件有统一的特点，它们都有自身的交互参考，并且需要把元件的触点信息表达在线圈下方。

首先，选择需要插入的交流接触器父元件线圈，出现"插入/编辑元件"对话框，如图 4.22 所示。

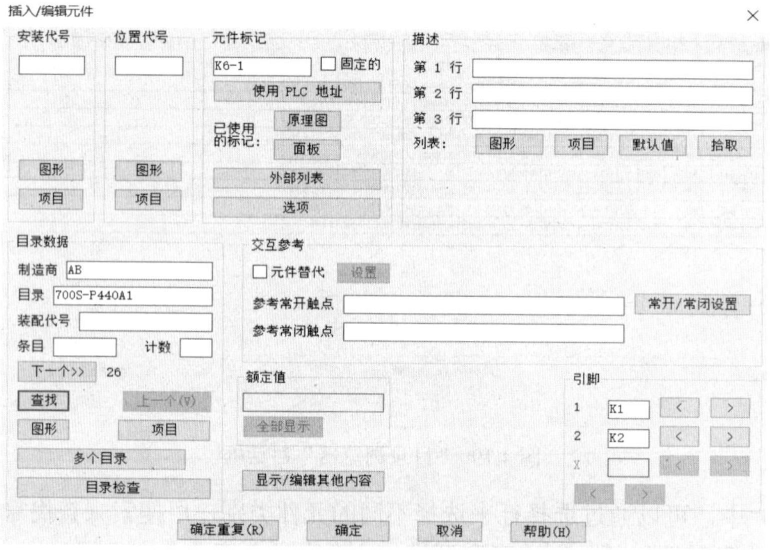

图 4.22　"插入/编辑元件"对话框

选择一个制造商和型号，交流接触器或继电器会自动加载引脚，这是这种元件的基本信息。选择常开/常闭设置，可以看到如图 4.23 所示的对话框。

上述对话框中，可以看到所选型号的交流接触器所带有的常开触点和常闭触点等各种形式，并在下方有对应的引脚列表，这个列表用于后期触点引脚的使用。

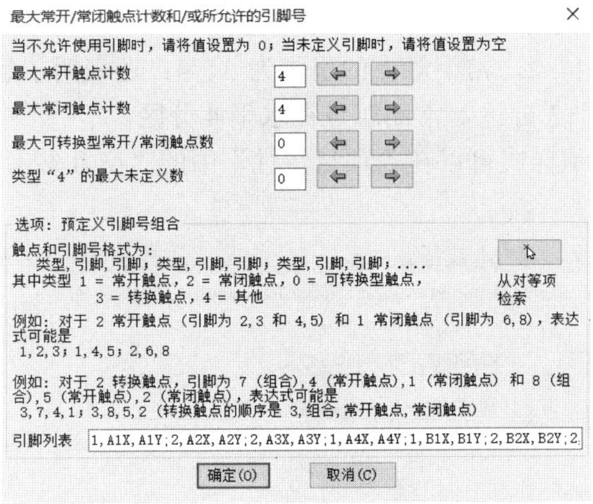

图 4.23 常开常闭触点设置

然后，我们选择并插入交流接触器的子元件常开触点，就可以打开"插入/编辑辅元件"对话框，如图 4.24 所示。

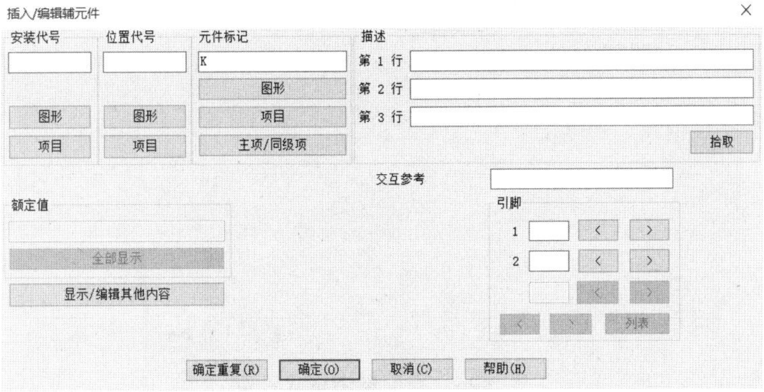

图 4.24 "插入/编辑辅元件"对话框

在这个对话框中，有两种方法可以完成元件主项和辅项之间的连接：一种方法是，在元件标记中填入线圈部分的元件标记；另一种方法是，选择"主项/同级项"，找到对应的线圈单击，就可以完成子元件触点和父元件线圈的连接，这个触点会获取到对应线圈的引脚，并在线圈部分形成信息，如图 4.25 所示。

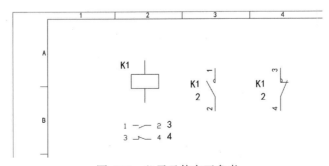

图 4.25 父子元件交互参考

在图 4.25 中，表明这个线圈具有一个常开触点和一个常闭触点，以及每个触点的引脚号，常开触点的引脚为 1、2，常闭触点的引脚为 3、4；还表明了触点所在图纸的位置，即 X 区域，常开触点在水平 3 分区，常闭触点在水平 4 分区。

图 4.26 所示触点显示样式可以在"项目特性"中的"交互参考"里进行更改。

图 4.26　交互参考格式设置

在这个设置中，分成三个部分，具体内容如下。

① 交互参考格式：这个格式属于图形格式，每张图纸可以不同，设置在同一图纸和不同图纸中放置的样式，和信号箭头的设置是相同方式的。

② 交互参考选项：

a. 图形之间实时信号和触点交互参考：在多个图形间交互参考以自动方式更新继电器和导线源符号以及目标符号。

b. 对等：在交互参考中包含跨规定的对等元件，例如：原理图→气动。

c. 与图形默认设置匹配时不显示安装代号/位置代号：如果安装代号/位置代号与图形特性值相同，则在元件上不显示。

③ 元件交互参考显示：也有三种格式，用于主件下方内容的显示。

文字格式：将交互参考显示为文字，可以用任何字串作为相同属性的参考之间的分隔符。文字交互参考格式设置如图 4.27 所示。

图形格式：在新行上显示每个参考时，使用 ACE 图形字体或使用接点映射编辑框显示交互参考。图形交互参考格式设置如图 4.28 所示。

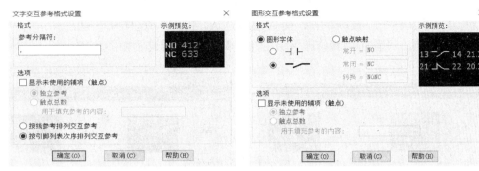

图 4.27 文字交互参考格式设置　　　　图 4.28 图形交互参考格式设置

表格格式：在表格对象中显示交互参考。表格交互参考格式设置如图 4.29 所示。

在这种交互参考下，可以看到相互之间的情况。同样，使用浏览器工具也能看到这些情况，在软件最上方使用这个命令，可以看到父子元件显示列表，如图 4.30 所示。

图 4.29 表格交互参考格式设置

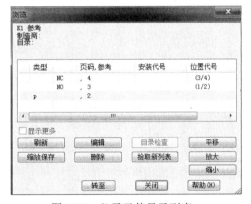

图 4.30 父子元件显示列表

在图 4.30 中，可以看到，P 为主件，也就是线圈部分；NO 为常开触点；NC 为常闭触点。

（2）X 区域设置。如果交流接触器线圈下面显示的触点所在位置和实际触点在图纸上的位置不同，则可以通过修改 X 区域设置进行校准。X 区域是 ACE 图纸的分区设置，用于元件、导线等的定位。

单击"插入导线/线号"面板里的 ，弹出"X 区域设置"对话框，如图 4.31 所示。

① 原点：分区的起点位置，这里输入的是相对 AutoCAD 图纸原点的 XY 值，以这个值为开始划分区域，也可以通过"拾取"图纸的位置来确定原点坐标。

② 间距：以原点开始，每过一定的间距定义一个区，可以通过 AutoCAD 的尺寸标注命令来确定水平分区的间距。因此，原点位置一般是第二个区往回退一个区的位置。这样，就

能保证第一个区和后面区的图形上的差距一样,也能确保位置正确。

③ 区域标签:分区中显示的内容,可以是任何内容来表达每一个区,如果是顺序表达的,1 就标识 1、2、3…一直顺下去,而 A 就表达 A、B、C…这样顺下去。

通过拾取原点、设置间距和修改区域标签,最终 X 区域设置如图 4.32 所示。

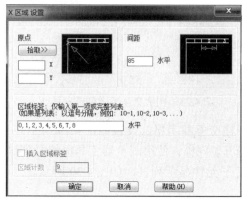 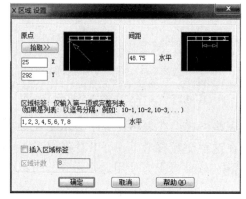

图 4.31 "X 区域设置"对话框　　　　　图 4.32 最终 X 区域设置

(3) 端子的插入。端子是用于实现电气连接的一种元件,是为了方便导线的连接而应用的,两端都有可以插入的导线端子。端子作为一个特别的元器件,在插入到的原理图中也有自身的特点。

在"图标菜单"中选择"端子/连接器",弹出"端子和连接器"对话框,如图 4.33 所示。

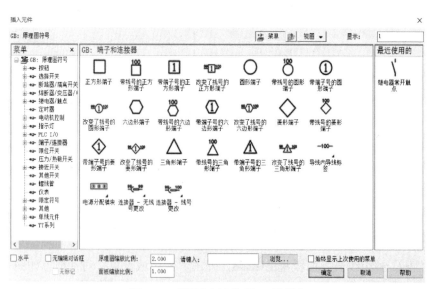

图 4.33 "端子和连接器"对话框

上述的端子分成 4 种,不同的形状只是端子的表达样式不同,端子的类型如下。

图形端子:只是表达有端子存在。

带线号的端子：以线号为端子号。

带端子号的端子：端子有自身的端子号，和线号不同（常用的种类）。

改变线号的端子：这类端子就相当于导线元件，把导线分成两部分不同的线号。

选择插入其中一种类型的端子，就会打开"插入/编辑端子符号"对话框，如图 4.34 所示。

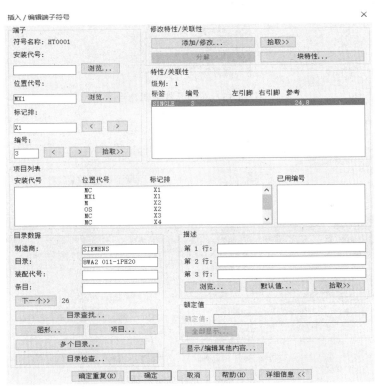

图 4.34 "插入/编辑端子符号"对话框

在这个对话框中，元件标记变成了标记排，引脚也变成了编号。

在项目列表中，点选项目中已有的端子排，选择就能够把当前的标记排和编号跳转到所选端子排及编号上，方便端子排的组建。

和其他元件不同的是，端子可以不用给制造商和目录，可以使用默认的端子，因此图形下方目录数据和描述属于额外扩展部分，可以选用，也可以不选用。如果使用，那就得注意了，由于许多公司制造的端子属于多级方式（多组端子合成一个），在选择时要尽量仔细。

4）元件编辑

针对元件的编辑，有一些常用的命令，在使用中可以用于元件的各种编辑和处理，包括编辑元件、删除元件、快速移动、移动元件、对齐元件、复制元件、反转/翻转元件等，如图 4.35 所示。

（1）编辑元件。这个命令和插入元件的对话框一样，用于编辑元件的各种属性。主、辅元件编辑对话框分别如图 4.36 和图 4.37 所示。

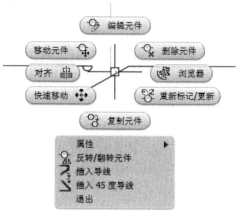

视频：元件编辑

图 4.35　右键元件编辑命令

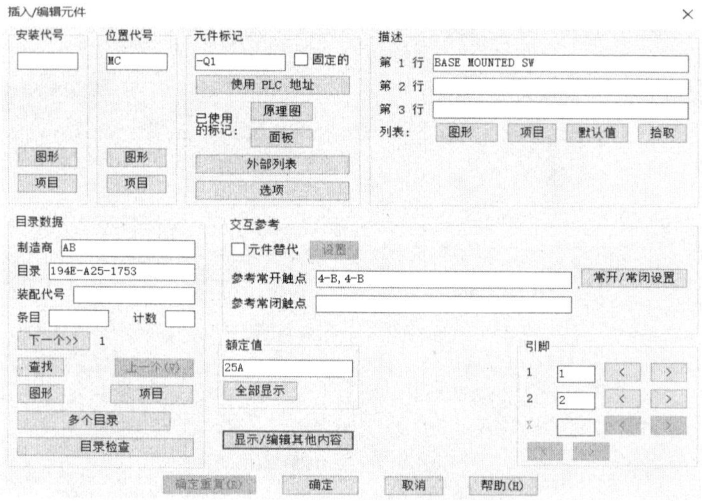

图 4.36　主元件编辑对话框

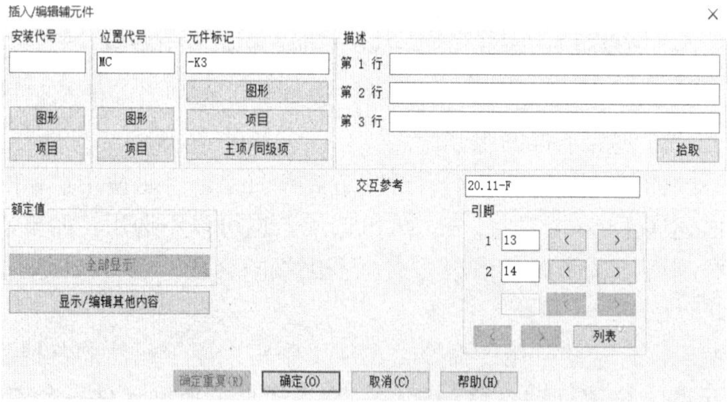

图 4.37　辅元件编辑对话框

在主元件和辅元件的编辑对话框中，可以看到部分内容的不同，并且即使都是主元件，也会有不同的属性，如额定值就不一定都会有。主要是根据在元件定义的时候是否放置了该属性，在辅元件中，引脚上可以打开列表，列表内容如图 4.38 所示。

图 4.38 父元件显示列表

（2）删除元件。删除选定的元件，并纠正因此产生的导线间隙。通过下面的步骤可以删除某个元件。

① 单击"原理图"选项卡→"编辑元件"面板→"删除元件"。

② 选择要删除的元件。

③ 按 ENTER 键。

注意：如果删除的是原理图主元件，则可以选择搜索相关的辅元件，浏览到它们，然后将其删除。

（3）快速移动。快速移动命令只能让元件在当前导线上移动，也只能在当前导线的直线范围内移动。

通过下面的步骤可以快速移动某个元件。

① 单击"原理图"选项卡→"编辑元件"面板→"修改元件"下拉列表→"快速移动"。

② 选择元件以沿着其连接的导线快速移动，或选择导线段以沿着母线快速移动整条导线（包括元件）。

③ 将光标移动到适当的位置，然后单击，选定条目将快速移动并重新连接。

（4）移动元件。移动元件和快速移动都属于移动命令，不同的是，移动元件可以随便移动元件，将在图形上选择的元件移动到指定点，使用中更像是插入一个新元件，然后删除原来的元件。

通过下面的步骤可以移动某个元件。

① 单击"原理图"选项卡→"编辑元件"面板→"修改元件"下拉列表→"移动元件"。

② 选择要移动的元件。

③ 为移动操作选择插入点，该元件将自动移到选定的位置。

（5）对齐元件。对齐元件用于元件的水平或垂直对齐。当选择元件的时候，会按元件对应的方向进行对齐。例如：当是垂直元件时候，就会按水平对齐，对齐的位置为元件的插入点。

通过下面的步骤可以对某些元件进行对齐。

① 单击"原理图"选项卡→"编辑元件"面板→"修改元件"下拉列表→"对齐"。

② 选择要与之对齐的元件，将出现一条显示对齐位置的临时线。

③ 选择要移动到与选定元件对齐的位置的元件，也可以分别选择每个元件，也可以窗

选多个元件。系统将调整所有已连接的导线，并在必要时使线号重新居中。

④ 当不选择元件的时候，可以根据实际需要，进行垂直和水平的选择，通过在命令行输入 V/H 命令，可以实现垂直或水平对齐。

（6）复制元件。将在图形上选择的元件复制到指定点，复制的元件会自动打断导线。

通过下面的步骤可以复制某个元件。

① 单击"原理图"选项卡→"编辑元件"面板→"复制元件"。

② 从图形中选择需要复制的元件。

③ 选择插入点，这将插入所选的元件，并会显示"插入/编辑元件"对话框，可以对元件进行再编辑。

（7）反转/翻转元件。这是两个命令合并到一起的一个命令，在使用时，会有"反转/翻转元件"对话框，如图 4.39 所示。

图 4.39 "反转/翻转元件"对话框

反转：沿导线垂直方向，把元件进行位置镜像。

翻转：沿着导线，把元件进行位置镜像。

仅图形：仅反转或翻转图形，不修改元件属性，也就是相关的各种属性都保持原位。

通过下面的步骤可以反转或翻转某个元件。

① 单击"原理图"选项卡→"编辑元件"面板→"修改元件"下拉列表→"反转/翻转元件"。

② 选择要反转还是翻转（是否仅反转/翻转图形）。

③ 选择是要反转或翻转的元件。

注意：此命令仅适用于具有两条接线的元件。

（8）切换常开/常闭。切换常开/常闭命令可以进行元件（按钮、接触器和继电器触点等）的常开、常闭的切换。

通过下面的步骤可以对某个元件进行状态的切换。

① 单击"原理图"选项卡→"编辑元件"面板→"切换常开/常闭"。

② 选择要切换的元件。

（9）查找/编辑/替换元件文字。通过查找/编辑/替换操作来编辑元件文字，如图 4.40 所示。

① 单击"原理图"选项卡→"编辑元件"面板→"重新标记元件"下拉列表→"查找/编辑/替换元件文字"。

② 选择是处理当前图形还是处理项目，然后单击"确定"按钮。

③ 选择要查找的属性旁边的"查找"复选框。

④ 输入属性值，或单击"列表"按钮以便从当前文字值列表中选择值。

⑤ 选择选定属性对应的"替换"复选框，然后在编辑框中输入一个新的属性值。

⑥ 单击"开始搜索"按钮开始查找和替换操作。找到的每个匹配项都将显示在各自的对话框中。既可以编辑、替换、跳到下一个，也可以替换所有找到的值。

（10）属性编辑。属性编辑命令有一个系列专门用于属性各种状态的处理，大多的情况都属于当前图纸编辑。针对元件的属性，可以进行移动、编辑、显示、隐藏、旋转、更改文件、对正、图层等处理。

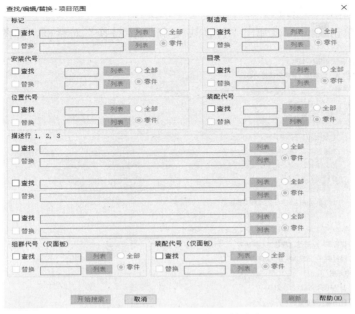

图 4.40　查找/编辑/替换元件文字

① 移动/显示属性：移动选定的属性或显示在图形中选择的所有属性。
② 编辑选定的属性：编辑选定属性的值。
③ 隐藏属性：隐藏选定的元件属性。
④ 添加属性：将新属性添加到块插入的现有实例。
⑤ 重命名属性：重命名插入的块的单个实例上的属性。
⑥ 压缩属性/文字：压缩属性或文字，每重复拾取一次压缩 5%。
⑦ 拉伸属性/文字：拉伸属性或文字，每重复拾取一次拉伸 5%。
⑧ 更改属性大小：通过命名属性标记来更改在窗口中拾取或选择的属性文字或图形范围内属性文字的高度，如图 4.41 所示。

视频：元件属性编辑

图 4.41　更该属性大小

a. 拾取：通过拾取类似的文字或属性来选择新的属性大小。
b. 大小：指定属性的大小值。
c. 宽度：指定属性的宽度值。
d. 应用：将新大小或宽度值应用到选定属性。
e. 单一：选择属性时更改属性的大小。
f. 按名称：更改某一类型的所有属性。
g. 请键入：指定要匹配的属性名，窗选包含要更改的属性的某个区域。系统将找出与所键入名称匹配的所有属性并将它们调整为指定的大小。
⑨ 旋转属性：旋转选定的属性文字，每次旋转 90°。
⑩ 更改属性对正：更改单独选择或通过窗选的属性文字的对正。
⑪ 更改属性图层：更改选定属性图层指定。

（11）替换/更新块/库替换。这个命令用于批量相同元件的替换，在转换标准等工作时，可以时常使用，单击 ![icon]，可以弹出"替换块/更新块/库替换"对话框，如图4.42所示。

图4.42 "替换块/更新块/库替换"对话框

在图4.42中，通过选项A、B可以把替换块分成两部分进行处理。

① 选项A：替换块，可以进行某种块的替换。

a. 替换块：一次一个：一次交换一个块。

b. 替换块：图形范围：当前图形范围内相同块替换。

c. 替换块：项目范围：在项目中替换掉某一种块。

d. 从图标菜单中拾取新块：指定从图标菜单中选择新块。

e. 拾取"类似"新块：指定选择类似于原始块的新块。

f. 从文件选择对话框浏览到新块：指定从文件选择对话框选择新块。

g. 保留原来的属性位置：保留被替换块的属性位置。

h. 保留原有块比例：新块会按旧块的比例值。

i. 允许重新连接未定义的导线类型线条：指在新块插入时包含用于重新连接的非导线线条。

j. 如果主项替换使种类发生了改变，将自动重新标记：如果元件的种类代号因替换发生了改变，则将自动对元件重新标记。否则，即使标记与新元件的种类代号不匹配，标记也将保持不变。

② 选项B：更新块：把所有的块按所选的文件夹进行相同文件名代替。

a. 更新块–将选定块替换为新版本：用相同块名文件更新项目内块的所有实例。

b. 库替换–将全部块替换为新版本：指定新库，用相同文件名的块更新旧块的所有实例，如图4.43所示。

c. 使用相同的属性名：使用原始块中的相同属性名。

d. 使用属性映射文件：允许将某些属性的值映射到不同的属性名。

e. 映射文件：确定 ACE 映射属性的方式。此文件应具有两个属性名列：第一列包含当前的属性名，第二列包含新的属性名。映射文件可以是 Excel 电子表格、以逗号分隔的文件（.CSV）或用空格将当前属性名与新属性名隔开的单个文本文件。

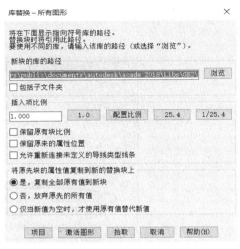

图 4.43　库替换

4.1.3　任务实施

1. 新建项目

（1）打开 AutoCAD Electrical 2017 软件，在软件左侧"项目管理器"中选择"新建项目"，名称命名为"电动机正反转"，单击"确定"按钮，如图 4.44 所示。

图 4.44　新建项目

（2）在"项目管理器"中选择项目"电动机正反转"，单击右键，选择下拉菜单中的"特性"，打开"项目特性"对话框，进行项目特性设置。

① 元件设置。在"项目特性"对话框中，选择"元件"选项卡，进入元件设置界面，在"元件标记选项"中勾选"禁止对标记的第一个字符使用短横线"，如图 4.45 所示。

② 布线样式设置。在"项目特性"对话框中，选择"样式"选项卡，进入样式设置界面，在"布线样式"中，将"导线交叉"样式设置为"实心"，将"导线 T 形相交"样式设置为"点"，如图 4.46 所示。

③ 图形格式设置。在"项目特性"对话框中，选择"图形格式"选项卡，进入图形格式设置界面，在"阶梯默认设置"中将阶梯设置为"水平"放置。在"格式参考"中选择"X 区域"，如图 4.47 所示。

设置完成后单击"确定"按钮，完成项目"电动机正反转"的设置。

2. 新建图形

在"项目管理器"中选择项目"电动机正反转"，单击右键，选择下拉菜单中的"新建图形",弹出"创建新图形"对话框,在对话框中将图形文件名称命名为"电动机正反转";在"模板"这一行单击"浏览"按钮,选择"ACE_GB_a3_a"模板,如图 4.48 和图 4.49 所示。

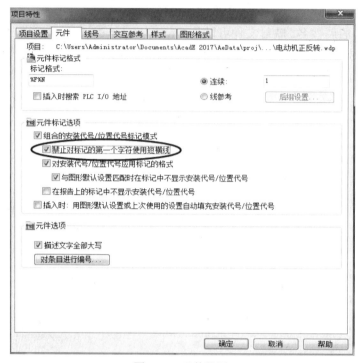

图 4.45　元件设置

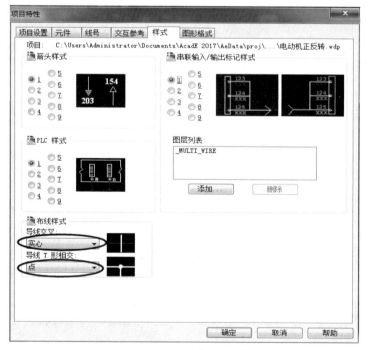

图 4.46　布线样式设置

项目四　电动机正反转控制原理图的绘制

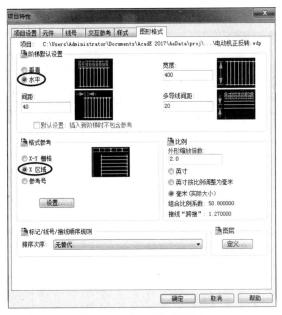

图 4.47　图形格式设置

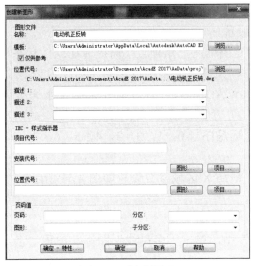

图 4.48　新建图形

图 4.49　图形模板选择

然后单击"确定"按钮，在弹出的对话框"将项目默认值应用到图形设置"中单击"是"按钮，这样前面项目的设置都会应用到新建的图形上，如图 4.50 所示。

在项目管理器中的项目"电动机正反转"下面，可以看到图形"电动机正反转"就建立完成了，图形的文件类型是"dwg"格式。双击图形"电动机正反转.dwg"，就会打开图纸"电动机正反转"的绘图界面。

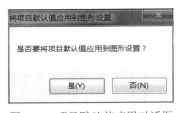

图 4.50　项目默认值应用对话框

3. X 区域设置

在工具栏中选择"原理图"选项卡，然后在面板"插入导线/线号"中，单击"X 区域设置"图标,出现"X 区域设置"对话框,如图 4.51 和图 4.52 所示。

图 4.51　X 区域设置命令

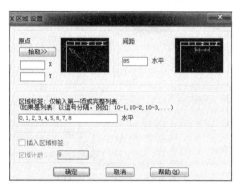

图 4.52　"X 区域设置"对话框

在图 4.52 所示的对话框中,对 X 区域进行设置。

(1) 原点:单击"拾取"按钮,在图纸上指定图框左上角顶点(需提前在软件状态栏打开"对象捕捉"中的"端点"捕捉)。通过拾取原点,X,Y 坐标设置为(25,292)。

(2) 间距:将间距设置为 48.75(通过 AutoCAD 的尺寸标注命令来确定水平分区的间距)。

(3) 区域标签:在区域标签输入框输入水平标签序号 0,1,2,3,4,5,6,7,8,也可以只输入第一项标签序号 1。

通过拾取原点、设置间距和修改区域标签,最终 X 区域参数设置如图 4.53 所示。

4. 主电路

1) 导线

(1) 水平电源线。在面板"插入导线/线号"中,单击"多母线"图标,出现"多导线母线"对话框,如图 4.54 所示。

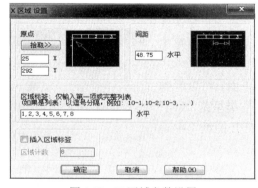

图 4.53　X 区域参数设置

图 4.54　"多导线母线"对话框

在"多导线母线"对话框中,水平间距设置为"10","开始于"下面选择"空白区域,水平走向","导线数"设置为"4",单击"确定"按钮。

在图纸上方绘制水平电源线步骤如下:

① 在命令行输入"T",在"设置导线类型"对话框中,将导线颜色设置为"RED",大小设置为"4.0 mm^2",单击"确定"按钮。

② 在图纸左上方单击空白处,选择第一个相位的起点。

③ 向右拖动鼠标,绘制水平电源线。

④ 在右侧导线终点单击结束多母线绘制。

(2) 主电路垂直线路。在面板"插入导线/线号"中,单击"多母线"图标,在"多导线母线"对话框中,将垂直间距设置为"10","开始于"下面选择"其他母线(多导线)","导线数"设置为"3",单击"确定"按钮。

绘制主电路垂直线路步骤如下:

① 单击水平电源线上方的第一条导线左侧位置,作为开始于水平电源线连接的主电路导线的第一条导线的起点。

② 向下拖动鼠标,依次触碰水平电源线的第二、第三条导线,绘制主电路导线的第二、第三条导线。

③ 继续向下拖动鼠标,绘制主电路导线。

④ 在下方导线终点单击结束主电路垂直线路绘制。

(3) 反转接触器线路。在面板"插入导线/线号"中,单击"多母线"图标,在"多导线母线"对话框中,将水平间距设置为10,垂直间距设置为10,"开始于"下面选择"其他母线(多导线)","导线数"设置为3,单击"确定"按钮。

绘制反转接触器线路步骤如下:

① 单击主电路垂直多母线左侧的第一条导线的中上方位置,作为开始于主电路垂直线路连接的反转接触器导线的第一条导线的起点。

② 向右拖动鼠标,依次触碰垂直多母线的第二、第三条导线,绘制反转接触器线路的第二、第三条导线。

③ 继续向右拖动鼠标,绘制多母线。

④ 然后向下拖动鼠标,绘制多母线。

⑤ 在命令行输入"F",翻转多母线转弯方式。

⑥ 继续向下拖动鼠标,然后在命令行输入"C",向左绘制多母线。

⑦ 在命令行输入"F",翻转多母线转弯方式。

⑧ 当多母线触碰垂直线路左侧第一根导线时,在命令行输入"C",向上绘制多母线。

⑨ 在命令行输入"F",翻转多母线转弯方式。

⑩ 当向上绘制的多母线与垂直线路重合时,单击结束反转接触器线路的绘制,如图4.55所示。

2) 元件插入

(1) 原理图缩放比例设置。单击"原理图"选项卡→"插入元件"面板→"图标菜单",弹出"插入元件"对话框,将"原理图缩放比例"设置为"1.5"。

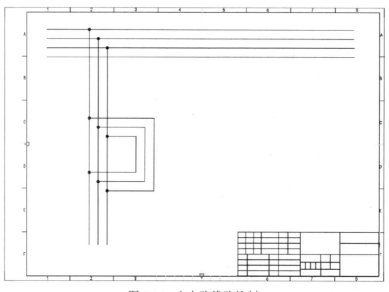

图 4.55　主电路线路绘制

（2）断路器的插入。

① 单击"插入元件"面板→"图标菜单"→"断路器/隔离开关"→"三极断路器"→"断路器"。

② 指定插入点：将元件断路器放置在水平电源线最上方一条导线的左侧位置，在弹出的"向上构建还是向下构建"对话框中选择"向下"。

③ 在弹出的"插入/编辑元件"对话框中，将"元件标记"设置为"QS1"，单击"确定"按钮。

（3）熔断器的插入。

① 单击"插入元件"面板→"图标菜单"→"熔断器/变压器/电抗器"→"熔断器"→"三极熔断器"。

② 指定插入点：将元件熔断器放置在主电路垂直多母线最左侧一条导线的上方位置，在弹出的"构建左侧还是构建右侧"对话框中选择"右"。

③ 在弹出的"插入/编辑元件"对话框中，将"元件标记"设置为FU1，单击"确定"按钮。

（4）正转交流接触器的插入

① 单击"插入元件"面板→"图标菜单"→"电动机控制"→"电动机启动器"→"带三极常开触点的电动机启动器"。

② 指定插入点：将元件交流接触器放置在主电路垂直多母线最左侧一条导线的中间位置，在弹出的"构建左侧还是构建右侧"对话框中选择"右"。

③ 在弹出的"插入/编辑辅元件"对话框中，将"元件标记"设置为"KM1"，"引脚1"设置为"L1"，"引脚2"设置为"T1"，单击"确定"按钮。

④ 单击"编辑元件"面板→"编辑"，单击交流接触器KM1的中间触点，在弹出的"插入/编辑辅元件"对话框中，将"引脚1"设置为"L2"，"引脚2"设置为"T2"，单击"确定"按钮。

⑤ 单击"编辑元件"面板→"编辑",单击交流接触器 KM1 的右侧的触点,在弹出的"插入/编辑辅元件"对话框中,将"引脚 1"设置为"L3","引脚 2"设置为"T3",单击"确定"按钮。

(5) 反转交流接触器的插入。

① 单击"插入元件"面板→"图标菜单"→"电动机控制"→"电动机启动器"→"带三极常开触点的电动机启动器"。

② 指定插入点:将元件交流接触器放置在反转接触器线路最左侧一条导线的中间位置,在弹出的"构建左侧还是构建右侧"对话框中选择"右"。

③ 在弹出的"插入/编辑辅元件"对话框中,将"元件标记"设置为"KM2","引脚 1"设置为"L1","引脚 2"设置为"T1",单击"确定"按钮。

④ 单击"编辑元件"面板→"编辑",单击交流接触器 KM1 的中间的触点,在弹出的"插入/编辑辅元件"对话框中,将"引脚 1"设置为"L2","引脚 2"设置为"T2",单击"确定"按钮。

⑤ 单击"编辑元件"面板→"编辑",单击交流接触器 KM2 的右侧的触点,在弹出的"插入/编辑辅元件"对话框中,将"引脚 1"设置为"L3","引脚 2"设置为"T3",单击"确定"按钮。

(6) 热继电器的插入。

① 单击"插入元件"面板→"图标菜单",打开"插入元件"对话框,将"原理图缩放比例"设置为"1.0"。

② 单击"插入元件"面板→"图标菜单"→"电动机控制"→"三极过载"。

③ 指定插入点:将元件热继电器放置在主电路垂直多母线最左侧一条导线的下方位置,在弹出的"构建左侧还是构建右侧"对话框中选择"右"。

④ 在弹出的"插入/编辑元件"对话框中,将"元件标记"设置为 FR1,单击"确定"按钮。

(7) 三相电动机的插入。

① 单击"插入元件"面板→"图标菜单",打开"插入元件"对话框,将"原理图缩放比例"设置为"1.0"。

② 单击"插入元件"面板→"图标菜单"→"电动机控制"→"三相电动机"→"三相电动机"。

③ 指定插入点:打开状态栏中的"对象捕捉"里的"端点"捕捉,将元件三相电动机的中心,放置在主电路垂直多母线中间导线的下端点上。

④ 在弹出的"插入/编辑元件"对话框中,单击"确定"按钮。

(8) 端子的插入。单击"插入元件"面板→"图标菜单",打开"插入元件"对话框,将"原理图缩放比例"设置为"1.0"。端子的插入有两种方法:分别是单个插入和多次插入。

方法一:

① 单击"插入元件"面板→"图标菜单"→"端子/连接器"→"带端子号的六边形端子"。

② 指定插入点:将端子放置在熔断器 FU1 下方,主电路垂直多母线最左侧导线上。

③ 在弹出的"插入/编辑端子符号"对话框中,将"标记排"设置为"X1","编号"设

置为"1"。

④ 单击"确定重复"按钮,在插入的编号为 1 的端子的右侧,中间导线上放置第二个端子,在弹出的"插入/编辑端子符号"对话框中,将"标记排"设置为"X1","编号"设置为"2"。

⑤ 单击"确定重复"按钮,在插入的编号为 2 的端子的右侧,最右侧导线上放置第三个端子,在弹出的"插入/编辑端子符号"对话框中,将"标记排"设置为"X1","编号"设置为"3",单击"确定"按钮。

⑥ 以同样的方法,在反转接触器线路上方放置"标记排"为"X1","编号"为"4、5、6"的六边形端子。在反转接触器线路下方放置"标记排"为"X1","编号"为"7、8、9"的六边形端子。

⑦ 以同样的方法,在热继电器上方,主电路垂直多母线上,放置"标记排"为"X1","编号"为"10、11、12"的六边形端子。

方法二:

① 单击 "插入元件"面板→"多次插入(图标菜单)"→"端子/连接器"→"带端子号的六边形端子"。

② 元件栏选:单击熔断器 FU1 下方,主电路垂直多母线左侧的空白处,水平向右拖动鼠标,在垂直多母线右侧空白处单击。

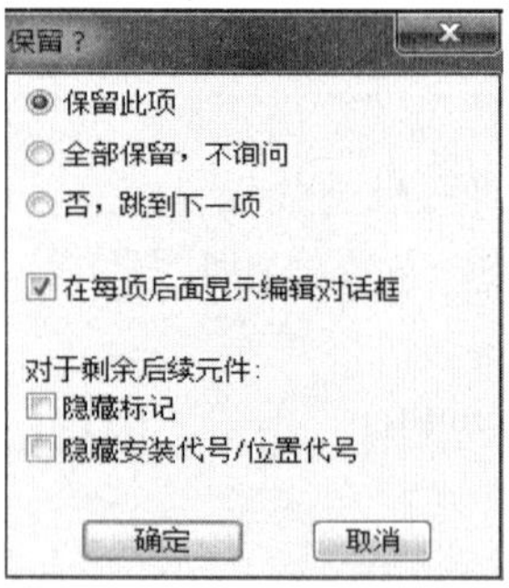

③ 按空格键,在弹出的对话框"保留?"中选择"保留此项"。

④ 在弹出的"插入/编辑端子符号"对话框中,将"标记排"设置为"X1","编号"设置为"1"。

⑤ 单击"确定"按钮,弹出"保留?"对话框,按图 4.56 进行设置。

⑥ 单击"确定"按钮,在弹出的"插入/编辑端子符号"对话框中,将"标记排"设置为"X1","编号"设置为"2"。

⑦ 单击"确定"按钮,弹出"保留?"对话框,按图 4.56 进行设置,单击"确定"按钮,在弹出的"插入/编辑端子符号"对话框中,将"标记排"设置为"X1","编号"设置为"3",单击"确定"按钮。

图 4.56 "保留?"对话框

⑧ 以同样的方法,使用"多次插入(图标菜单)"在反转接触器线路上方放置"标记排"为"X1","编号"为"4、5、6"的六边形端子。在反转接触器线路下方放置"标记排"为"X1","编号"为"7、8、9"的六边形端子。

⑨ 以同样的方法,使用"多次插入(图标菜单)"在热继电器上方,主电路垂直多母线上,放置"标记排"为"X1","编号"为"10、11、12"的六边形端子,如图 4.57 所示。

3)导线和元件编辑

(1)导线编辑。

① 在"编辑导线/线号"面板中,单击"更改/转换导线类型"。

② 在弹出的"更改/转换导线类型"对话框中,选择导线颜色为"YEL",大小为"4.0 mm^2"的选项,单击"确定"按钮。

③ 选择对象:单击断路器 QS1 的左侧,水平电源线最上方的导线,按空格键结束。

④ 以同样的方法,将断路器 QS1 的左侧,水平电源线上方第二条导线的类型,更改为

导线颜色为"GRN",大小为"4.0 mm²"。

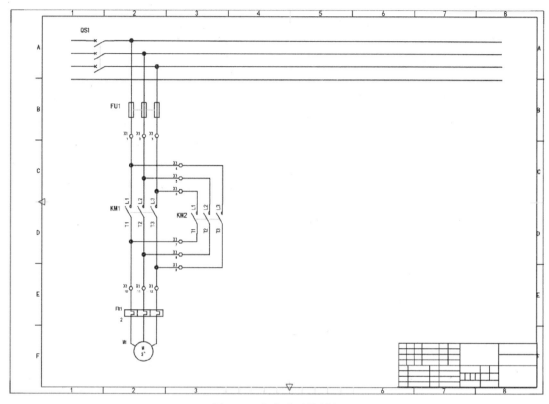

图 4.57 主电路元件插入

(2)元件编辑。

对齐元件:对齐元件交流接触器 KM1 和 KM2。

① 在"编辑元件"面板中,单击"对齐"。

② 选择与之对齐的元件:单击选择交流接触器 KM1。

③ 选择对象:单击选择交流接触器 KM2 三个触点。

④ 按空格键结束,如图 4.58 所示。

5.控制电路

1)导线

(1)插入阶梯。

① 在面板"插入导线/线号"中,单击"插入阶梯"图标,弹出"插入阶梯"对话框,如图 4.59 所示。

② 如图 4.59 所示,在"宽度"一栏,将阶梯宽度设置为"200";在"间距"一栏,将阶梯的间距设置为"45",在"长度"一栏,将横档设置为"4",单击"确定"按钮。

③ 设置导线类型:在命令行输入"T",在"设置导线类型"对话框中,将导线颜色设置为"RED",大小设置为"2.5 mm^2",单击"确定"按钮。

④ 指定第一个横档的起始位置:单击断路器 QS1 右侧,水平电源线的第二条导线,作为阶梯第一个横档的起始位置,自动绘制完成阶梯,如图 4.60 所示。

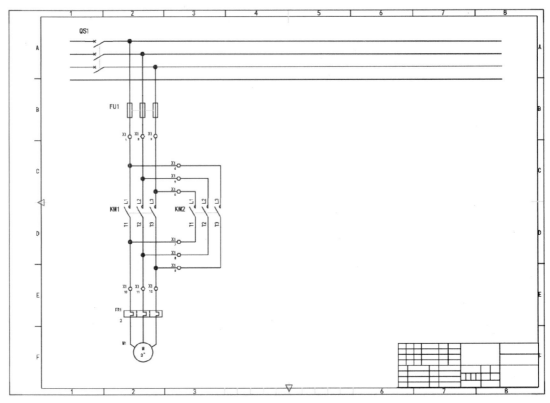

图 4.58 主电路导线和元件编辑

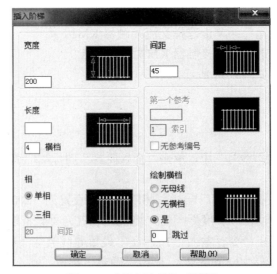

图 4.59 "插入阶梯"对话框

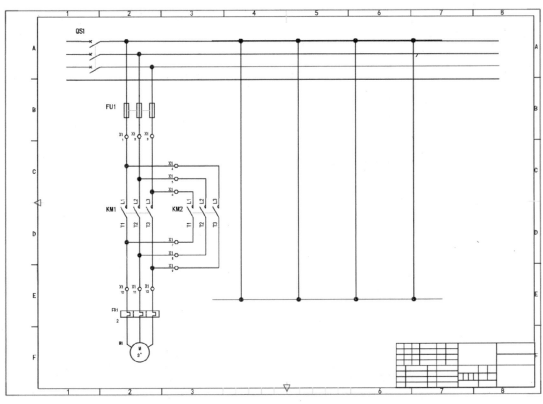

图 4.60　阶梯插入

（2）绘制辅助导线。

① 在面板"插入导线/线号"中，单击"导线"图标。

② 指定导线起点：单击阶梯第一个横档的上方约 1/4 处。

③ 向右水平拖动鼠标，开始绘制导线。

④ 指定导线末端：单击阶梯第二个横档，结束绘制。

⑤ 以同样方法，在第一个和第二个横档中间，横档的 1/2、3/4 处再绘制两条导线。

⑥ 在第二个和第三个横档中间，横档的 1/4 处绘制一条导线。

⑦ 在第三个和第四个横档中间，横档的 1/4、1/2、3/4 处绘制三条导线，如图 4.61 所示。

（3）修剪导线。

① 在面板"编辑导线/线号"中，单击"修剪导线"图标。

② 选择要修剪的导线：将多余的导线修剪掉，如图 4.62 所示。

（4）绘制单导线。

① 在面板"插入导线/线号"中，单击"导线"图标。

② 指定导线起点：单击水平电源线最下面一条导线的右侧。

③ 向下拖动鼠标，开始绘制导线。

④ 指定导线末端：在下方向左继续绘制导线，单击阶梯的右下角，作为导线的终点，结束导线绘制，如图 4.63 所示。

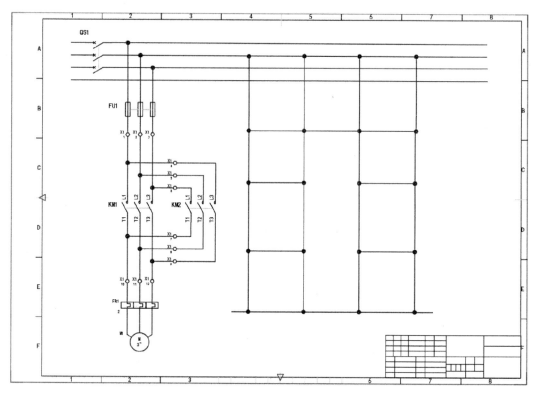

图 4.61　绘制辅助导线

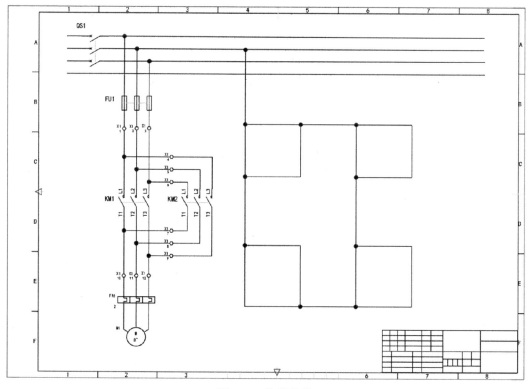

图 4.62　修剪导线

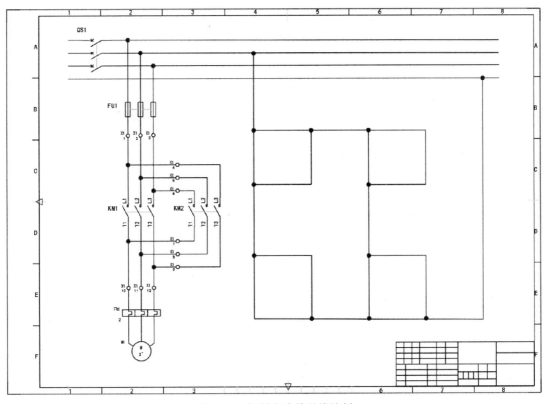

图 4.63 控制电路单导线绘制

2）元件插入

（1）原理图缩放比例设置。单击"原理图"选项卡→"插入元件"面板→"图标菜单"，打开"插入元件"对话框，将"原理图缩放比例"设置为"1.5"。

（2）按钮的插入。

① 停止按钮的插入。

a. 单击"插入元件"面板→"图标菜单"→"按钮"→"瞬动型常闭按钮"。

b. 指定插入点：将按钮放置在控制电路最左侧导线的上方。

c. 在弹出的"插入/编辑元件"对话框中，将"元件标记"设置为"SB3"；将"描述"第一行设置为"电动机正反转"，第二行设置为"停止"；将"引脚1"设置为"1"，"引脚2"设置为"2"，单击"确定"按钮。

② 正转启动按钮的插入。

a. 单击"插入元件"面板→"图标菜单"→"按钮"→"瞬动型常开按钮"。

b. 指定插入点：将按钮放置在控制电路最左侧导线，停止按钮的下方。

c. 在弹出的"插入/编辑元件"对话框中，将"元件标记"设置为"SB1"；将"描述"第一行设置为"电动机正转"，第二行设置为"启动"；将"引脚1"设置为"1"，"引脚2"设置为"2"，单击"确定"按钮。

③ 反转启动按钮的插入。

a. 单击"插入元件"面板→"图标菜单"→"按钮"→"瞬动型常开按钮"。

b. 指定插入点：将按钮放置在控制电路第三条导线的上方。

c. 在弹出的"插入/编辑元件"对话框中，将"元件标记"设置为"SB2"；将"描述"第一行设置为"电动机反转"，第二行设置为"启动"；将"引脚1"设置为"1"，"引脚2"设置为"2"，单击"确定"按钮。

（3）自锁接触器的插入。

① 正转自锁接触器的插入。

a. 单击"插入元件"面板→"图标菜单"→"电动机控制"→"电动机启动器"→"带单极常开触点的电动机启动器"。

b. 指定插入点：将接触器触点放置在正转启动按钮 SB1 的右侧导线上。

c. 在弹出的"插入/编辑辅元件"对话框中，将"元件标记"设置为"KM1"；将"引脚1"设置为"13"，"引脚2"设置为"14"，单击"确定"按钮。

② 反转自锁接触器的插入。

a. 单击"插入元件"面板→"图标菜单"→"电动机控制"→"电动机启动器"→"带单极常开触点的电动机启动器"。

b. 指定插入点：将接触器触点放置在反转启动按钮 SB2 的右侧导线上。

c. 在弹出的"插入/编辑辅元件"对话框中，将"元件标记"设置为"KM2"；将"引脚1"设置为"13"，"引脚2"设置为"14"，单击"确定"按钮。

（4）互锁接触器的插入。

① 正转互锁接触器的插入。

a. 单击"插入元件"面板→"图标菜单"→"电动机控制"→"电动机启动器"→"带单极常闭触点的电动机启动器"。

b. 指定插入点：将接触器触点放置在正转启动按钮 SB1 的下方导线上。

c. 在弹出的"插入/编辑辅元件"对话框中，将"元件标记"设置为"KM2"；将"引脚1"设置为"13"，"引脚2"设置为"14"，单击"确定"按钮。

② 反转自锁接触器的插入。

a. 单击"插入元件"面板→"图标菜单"→"电动机控制"→"电动机启动器"→"带单极常闭触点的电动机启动器"。

b. 指定插入点：将接触器触点放置在反转启动按钮 SB2 的下方导线上。

c. 在弹出的"插入/编辑辅元件"对话框中，将"元件标记"设置为"KM1"；将"引脚1"设置为"13"，"引脚2"设置为"14"，单击"确定"按钮。

（5）接触器线圈的插入。

① 正转接触器线圈的插入。

a. 单击"插入元件"面板→"图标菜单"→"电动机控制"→"电动机启动器"→"电动机启动器"。

b. 指定插入点：将接触器线圈放置在正转互锁接触器的下方导线上。

c. 在弹出的"插入/编辑元件"对话框中，将"元件标记"设置为"KM1"；将"描述"第一行设置为"正转接触器"；将"引脚1"设置为"A1"，"引脚2"设置为"A2"，单击"确定"按钮。

② 反转接触器线圈的插入。

a. 单击"插入元件"面板→"图标菜单"→"电动机控制"→"电动机启动器"→"电

动机启动器"。

b. 指定插入点：将接触器线圈放置在反转互锁接触器的下方导线上。

c. 在弹出的"插入/编辑元件"对话框中，将"元件标记"设置为"KM2"；将"描述"第一行设置为"反转接触器"；将"引脚1"设置为"A1"，"引脚2"设置为"A2"，单击"确定"按钮。

（6）接触器线圈指示灯的插入。

① 正转接触器线圈指示灯的插入。

a. 单击"插入元件"面板→"图标菜单"→"指示灯"→"标准指示灯"→"绿灯"。

b. 指定插入点：将指示灯放置在正转接触器线圈的右侧导线上。

c. 在弹出的"插入/编辑元件"对话框中，将"元件标记"设置为"HL1"；将"描述"第一行设置为"电动机正转"，第二行设置为"运行"；将"引脚1"设置为"1"，"引脚2"设置为"2"，单击"确定"按钮。

② 反转接触器线圈指示灯的插入。

a. 单击"插入元件"面板→"图标菜单"→"指示灯"→"标准指示灯"→"绿灯"。

b. 指定插入点：将指示灯放置在反转接触器线圈的右侧导线上。

c. 在弹出的"插入/编辑元件"对话框中，将"元件标记"设置为"HL2"；将"描述"第一行设置为"电动机反转"，第二行设置为"运行"；将"引脚1"设置为"1"，"引脚2"设置为"2"，单击"确定"按钮。

3）导线和元件编辑

（1）导线编辑。

① 在"编辑导线/线号"面板，单击"更改/转换导线类型"。

② 在弹出的"更改/转换导线类型"对话框中，选择导线颜色为"BLU"，大小为"2.5 mm^2"的选项，单击"确定"按钮。

③ 选择对象：单击水平电源线的最下方一条导线，按空格键结束。

（2）对齐元件。

① 自锁接触器 KM1、KM2 和启动按钮 SB1、SB2 的对齐。

a. 在"编辑元件"面板，单击"对齐"。

b. 选择与之对齐的元件：单击选择正转启动按钮 SB1。

c. 选择对象：依次单击正转自锁接触器 KM1、反转启动按钮 SB2 和反转自锁接触器 KM2。

d. 按空格键结束。

② 互锁接触器 KM1、KM2 的对齐。

a. 在"编辑元件"面板，单击"对齐"。

b. 选择与之对齐的元件：单击选择互锁接触器 KM2。

c. 选择对象：单击选择互锁接触器 KM1。

d. 按空格键结束。

③ 接触器线圈 KM1、KM2 和指示灯 HL1、HL2 的对齐。

a. 在"编辑元件"面板，单击"对齐"。

b. 选择与之对齐的元件：单击选择正转接触器线圈 KM1。

c. 选择对象：依次单击正转接触器线圈指示灯 HL1、反转接触器线圈 KM2 和反转接触器线圈指示灯 HL2。

d. 按空格键结束。

(3) 更改元件属性大小。

① 在"编辑元件"面板中,单击"更改属性大小" 更改属性大小 。

② 在弹出的"更改属性大小"对话框中,将"大小"设置为"3";选择"单一(S)"。

③ 选择对象:单击电动机停止按钮 SB3 的属性"电动机正反转""停止"。

④ 依次单击正转启动按钮 SB1、反转启动按钮 SB2、自锁接触器 KM1 和 KM2、互锁接触器 KM1 和 KM2、接触器线圈 KM1 和 KM2、指示灯 HL1 和 HL2 的属性。

导线和元件编辑如图 4.64 所示。

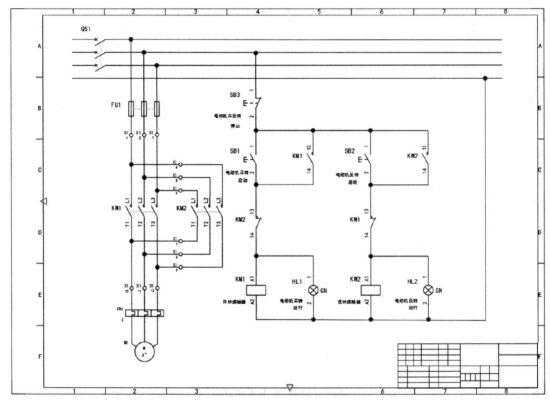

图 4.64 导线和元件编辑

6. 交互参考

1) 正转接触器 KM1 交互参考

(1) 正转接触器 KM1 三相主触点。

① 单击"编辑元件"面板→"编辑",单击主电路正转接触器 KM1,在弹出的"插入/编辑辅元件"对话框中,单击"主项/同级项",如图 4.65 所示。

② 单击控制电路正转接触器线圈 KM1。

③ 在弹出的"插入/编辑辅元件"对话框中,单击"确定"按钮。

(2) 正转接触器 KM1 自锁触点。

① 单击"编辑元件"面板→"编辑",单击控制电路正转自锁接触器 KM1,在弹出的"插入/编辑辅元件"对话框中,单击"主项/同级项"。

图 4.65　接触器主触点交互参考

② 单击控制电路正转接触器线圈 KM1。
③ 在弹出的"插入/编辑辅元件"对话框中，单击"确定"按钮。
（3）正转接触器 KM1 互锁触点。
① 单击"编辑元件"面板→"编辑"，单击控制电路正转互锁接触器 KM1，在弹出的"插入/编辑辅元件"对话框中，单击"主项/同级项"。
② 单击控制电路正转接触器线圈 KM1。
③ 在弹出的"插入/编辑辅元件"对话框中，单击"确定"按钮。
2）反转接触器 KM2 交互参考
（1）反转接触器 KM2 三相主触点。
① 单击"编辑元件"面板→"编辑"，单击主电路反转接触器 KM2，在弹出的"插入/编辑辅元件"对话框中，单击"主项/同级项"。
② 单击控制电路反转接触器线圈 KM2。
③ 在弹出的"插入/编辑辅元件"对话框中，单击"确定"按钮。
（2）反转接触器 KM2 自锁触点。
① 单击"编辑元件"面板→"编辑"，单击控制电路反转自锁接触器 KM1，在弹出的"插入/编辑辅元件"对话框中，单击"主项/同级项"。
② 单击控制电路反转接触器线圈 KM2。
③ 在弹出的"插入/编辑辅元件"对话框中，单击"确定"按钮。
（3）反转接触器 KM2 互锁触点。
① 单击"编辑元件"面板→"编辑"，单击控制电路反转互锁接触器 KM2，在弹出的"插入/编辑辅元件"对话框中，单击"主项/同级项"。
② 单击控制电路反转接触器线圈 KM2。
③ 在弹出的"插入/编辑辅元件"对话框中，单击"确定"按钮。
电动机正反转控制原理图如图 4.66 所示。

4.1.4　任务拓展

绘制电动机星－三角降压启动继电器控制电路原理图，如图 4.67 所示。

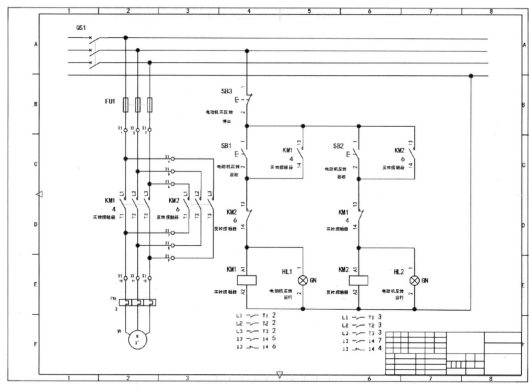

图 4.66　电动机正反转控制原理图

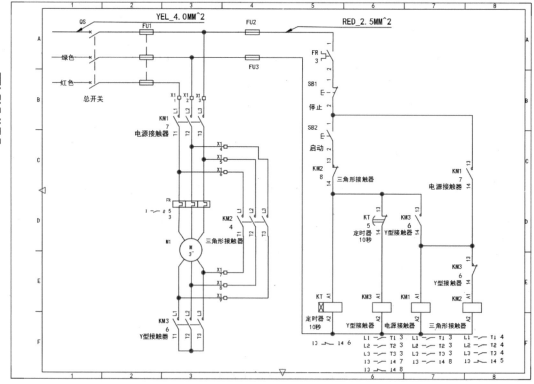

图 4.67　电动机星-三角降压启动继电器控制电路原理图

任务二　带变压器的电动机正反转控制原理图的绘制

4.2.1　任务概述

本学习任务主要介绍带变压器的电动机正反转控制原理图的绘制，如图 4.68 所示。经过任务一的学习，我们学习并掌握了元件的插入和编辑，在本任务中我们重点学习回路的编辑和回路编译器的使用。通过对带变压器的电动机正反转控制原理图的绘制，我们将掌握回路的插入和配置步骤，熟悉电气原理图的绘图技巧。

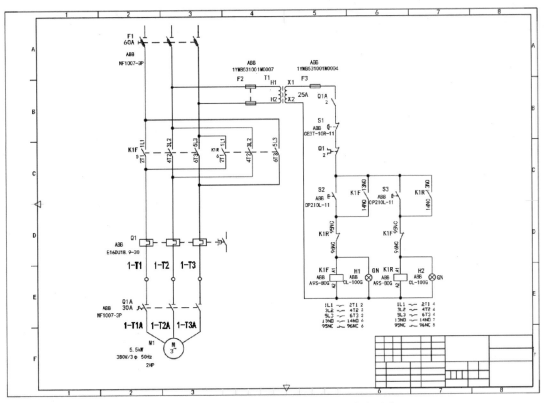

图 4.68　带变压器的电动机正反转控制原理图

知识目标

1. 了解导线尺寸计算方法。
2. 掌握移动和复制回路命令的使用。
3. 掌握保存和插入回路命令的使用。

能力目标

1. 能够掌握回路编译器的使用技巧。
2. 能够独立完成带变压器的电动机正反转控制原理图的绘制。

视频：回路编译器和计算

4.2.2 知识链接

1. 回路编译器和计算

回路编译器和重新计算导线尺寸的命令如图 4.69 所示。

图 4.69 回路编译器和计算导线尺寸的命令

1）回路编译器的插入、配置

回路编译器用于快速生成某些电路图，在图 4.70 中可以看到，可以快速生成的电路有三相电动机回路（包括正反转电路）和三相馈电电路。

回路编译器可以通过插入和配置两种方式将某些回路快速插入图形当中。

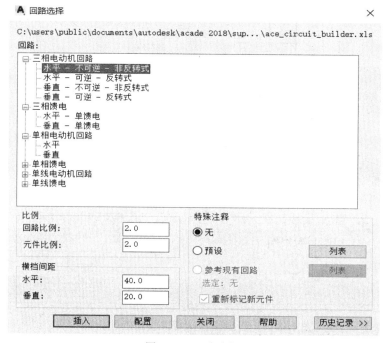

图 4.70 回路选择

（1）回路编译器的插入。选择回路和元件比例，设置水平垂直线的间距，直接插入，就可以把回路完整地插入到需要的地方。具体的插入步骤如下：

① 单击"原理图"选项卡→"插入元件"面板→"回路编译器"下拉列表→"回路编译器"。

② 从"回路"列表中选择相应的回路，也可以从"历史记录"中选择以前配置过的回路。

③ 输入回路比例。此值可以为回路模板图形设置插入比例值。

④ 输入元件比例。此值可以为在编译回路时所插入的各个元件设置插入比例值。

⑤ 输入水平横档间距。

⑥ 输入垂直横档间距。

⑦ 选择特定注释：

预设：在回路编译器电子表格文件的 ANNO_CODE 表中定义，映射至选定回路。

参考现有回路：参考现有回路中的值，该现有回路在提取自激活项目的回路列表中选定。"重新标记新元件"复选框的状态，控制新回路内元件的重新标记。值可以包括目录指定、元件描述、注释值等。

⑧ 选择"插入"。

⑨ 在图形上选择插入点位置。

（2）回路编译器的配置。如果需要逐步设置回路中的元件种类、类型、参数等，可以选择"配置"，这样就可以按需要进行逐步的设置，"回路配置"对话框如图 4.71 所示。

在图 4.71 中，左侧是可以选择的各个部分，右侧是进行的相关设置，左下方可以逐步或完整地插入所有元件和线路。具体的配置步骤如下：

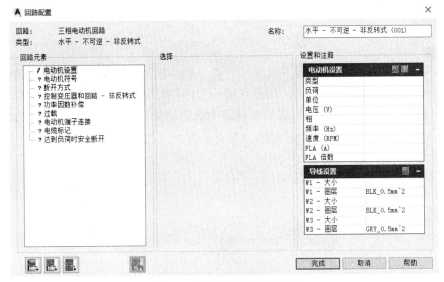

图 4.71 "回路配置"对话框

① 单击"原理图"选项卡→"插入元件"面板→"回路编译器"下拉列表→"回路编译器"。

② 选择"配置"。

③ 在图形上选择插入点位置。选定回路的模板图形将插入到指定位置。模板图形包含标记块。每个块都用代号值进行标记，代号值链接到关于插入元件、线号或调整回路布线的说明。

"回路配置"对话框具有三个区域："回路元素""选择"以及"设置和注释"。根据选定的回路和回路元素，选项会有所不同。

④ 选择一个回路元素，如电动机设置。

⑤ 单击"电动机设置"浏览按钮，以显示"选择电动机"对话框。在该对话框中，可以从 Electrical 标准数据库中选择电动机以及马力或功率大小。对于其他元件，将显示"目

录查找"对话框。

⑥ 单击"导线设置"浏览按钮,以显示"导线尺寸查找"对话框。可以根据负荷和各种安装参数的分析,在该对话框中选择或调整导线尺寸。

⑦ 选择一个回路元素,如断开方式,该回路元素的选项(如回路编译器电子表格中所定义)显示在"选择"分区中。

⑧ 选择此回路元素的选项,如在"主隔离开关"下,选择"断路器";在"包含常开辅助触点"下,单击"是"按钮。

⑨ 在选定回路元素的"设置和注释"分区中选择相应元件的制造商、类型和额定值等。

⑩ 重复操作以配置每个回路元素。

⑪ 输入回路的名称。该名称将添加到"回路选择"对话框上的"历史记录"列表,从而在将来重新插入时更易于查找该相同回路。

⑫ 可以选择以下三种方式之一来插入回路元素。

a. 单击"仅插入亮显的回路元素"。

b. 单击"插入达到亮显回路元素的所有回路元素(包括该亮显回路元素)"。

c. 单击"插入所有回路元素"。

⑬ 单击"完成"按钮。

2)计算

这个命令的全称是:重新计算导线尺寸。在 ACE 中,基本上都是绘图和统计的命令,在分析中,唯一的一个命令就是它,用于在设计原理图时计算一些大容量设备的导线尺寸。

使用"导线尺寸查找"对话框可以修改以前为选定的电动机或馈电负荷表达计算的数据。

(1)单击"原理图"选项卡→"插入元件"面板→"回路编译器"下拉列表→"重新计算导线尺寸"。

(2)如果选定电动机或负荷符号上不存在必需的负荷扩展数据,将首先显示"选择电动机"对话框,如图 4.72 所示。

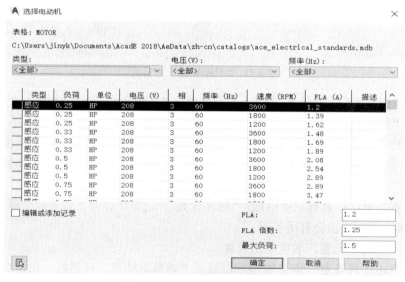

图 4.72 "选择电动机"对话框

在这个对话框中,可以根据需要选择对应的电动机。需要自定义一个负荷,可以勾选"编辑或添加记录"来增加需要的电动机。

选择好电动机后,导线的电流值基本上就可以确定了,其实,选择电动机主要就是为了确定右下角的几个值。单击"确定"按钮,将显示"导线尺寸查找"对话框,这个对话框可以对导线电流大小根据实际情况重新计算,如图 4.73 所示。

(3)根据需要调整参数。

① 负荷。

电压:设置导线导体的电压。

相:设置电源相位。

FLA:设置导线导体承载的全负荷电流。

FLA 倍数:设置与 FLA 值相乘的值,以计算导线导体的最大负荷。

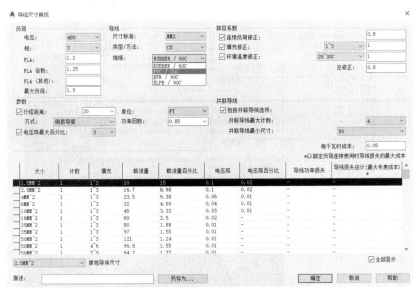

图 4.73 "导线尺寸查找"对话框

其他:设置要与主电动机或负荷组合且从导体的该常用分支回路集馈电的任何附加负荷的电流值。

最大负荷:计算出的导体的最大负荷。

其中,最大负荷 = FLA × FLA 倍数 + 其他。

② 导线。

尺寸标准:选择平方毫米或 AWG(美国导线规格)(公制或英制)。

类型/方法:设置铜或者铝。

绝缘:设置导线绝缘和温度额定值类型。

上述的几个值,都可以在 Electrical 标准数据库文件中修改。在原理图其他工具里的 Electrical 标准数据库(图 4.74)编辑器中可以直接进行修改。

③ 降容系数。

连续负荷修正:指定是否在导线载流量计算中包括连续负荷降容系数。

填充修正：指定是否在导线载流量计算中包括填充修正降容系数。
环境温度修正：指定是否对升高的环境温度使用降容系数。
总修正：根据各个降容设置显示计算的总修正系数。
④ 参数。
行程距离：指定在电压降计算中是否考虑导线行程的长度。
单位：公制或英制单位。
方式：设置会影响电压降计算的导管或管道的类型。
功率因数：设置用于计算电压降的功率因数值。
电压降最大百分比：指定是否对相应的导线尺寸应用电压降最大百分比限制。
⑤ 并联导线。
包括并联导线选项：每个相位中由两个或多个更小尺寸的导体组成的条目，以满足负荷的载流量要求。

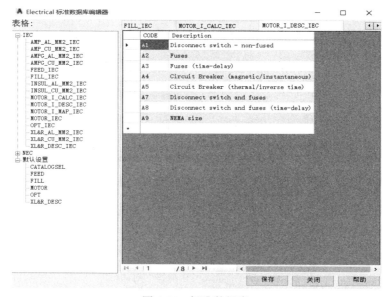

图 4.74 标准数据库

并联导线最大计数：设置在计算和显示中使用的每个相位的最大导体数。
并联导线最小尺寸：设置用于并联导体计算的最小导线尺寸。
每千瓦时成本：设置用于导线损失计算的每千瓦时成本。
（4）从列表中选择导线导体尺寸。
（5）选择接地导体尺寸。系统将预先选择建议的最小尺寸。
（6）输入参数的描述，单击"另存为"，然后输入输出文件的名称、输入参数、导线尺寸以及选定的导线尺寸将保存到外部文件。
（7）单击"确定"按钮。

2. 回路的使用

当需要回路整体进行处理的时候，或者需要整个回路进行调用时，就可以采用复制回路、移动回路、保存回路、插入回路等命令。

视频：回路的使用

1）复制回路

回路的复制命令和直接使用 Ctrl+C 会有区别，采用复制回路命令，会自动把回路内的元件进行自动更新；而用 Ctrl+C 模式，不会更新元件及相关内容，也就是说会出现重复元件等情况。复制回路有两种方法：复制回路和复制选定对象，如图 4.75 和图 4.76 所示。

图 4.75　复制和移动回路命令　　图 4.76　回路剪切板

图 4.75 中的复制回路，用于回路直接的处理。操作时，选择需要处理的部分，确定基点就可以直接进行复制了。由于命令在执行的时候不能切换图纸，因此，这个命令只能在本图纸内操作。

图 4.76 中的复制选定对象，用于图纸间的操作，可以在一张图纸复制，到另外一张图纸完成粘贴，可以跨图纸操作。

（1）复制回路（同一图纸）。

① 单击"原理图"选项卡→"编辑元件"面板→"回路"下拉列表→"复制回路"图标。

② 选择要复制的元件和导线。小心地围绕回路进行窗选，确保捕获接线和接线点。

③ 按 ENTER 键。

④ 按 S 键以创建一个副本（可选）。

⑤ 选择基点，然后选择要复制到的第二点。

⑥ 如果要创建多个副本，请继续选择位置点，并在完成时按 ENTER 键。

⑦ 根据所复制的对象，"复制回路选项"对话框将会显示如下内容：

a. 如果回路包含任何固定线号，请指定保留它们还是清除它们。

b. 如果回路包含任何固定元件标记，请指定保留它们还是重新标记找到的所有标记。指定清除孤立的触点标记还是使其保持不变。

c. 如果回路包含任何端子号，请指定保留它们、清除它们，还是更新它们，以使其在端子排中具有唯一性。

（2）复制回路（跨图纸）。

① 单击"原理图"选项卡→"回路剪贴板"面板→"复制选定对象"图标。

② 选择基点。在粘贴对象时，该基点将变为插入点。

③ 选择要复制的元件和导线。

④ 转至要在其中粘贴对象的图形。

⑤ 单击"原理图"选项卡→"回路剪贴板"面板→"粘贴"图标。

⑥ 从"回路缩放"对话框中选择所需的选项，如图 4.77 所示。

图 4.77　"回路缩放"对话框

a. 自定义缩放：指定插入项比例。
b. 将所有线移动到导线图层：将所有非图层"0"线条图元移动到有效的导线图层上。
c. 保留所有固定线号：指示不删除固定线号。
d. 保留所有源箭头：指示不删除回路的源箭头。
e. 根据需要更新回路的文字图层：根据 ACE 指定来更新回路的图层。
f. 不要清除孤立的触点：如果未找到主项，辅件将不使用标记。
⑦ 单击"确定"按钮。
⑧ 选择插入点。

2）移动回路

移动回路和复制回路类似，不同的是执行移动回路命令后，会删除原回路。移动回路也有两种方法：移动回路和剪切。

移动回路在执行时不能切换图纸，只能在本图纸内操作。

剪切，用于图纸间的操作，从一张图纸移动到另外一张图纸，可以跨图纸操作。

（1）移动回路。

① 单击"原理图"选项卡→"编辑元件"面板→"回路"下拉列表→"移动回路"图标  。

② 选择要移动的回路。小心地窗选（从左到右）回路，确保捕获到垂直母线的接线和接线点。

③ 按 ENTER 键。

④ 选择基点，然后选择要移动到的第二点。

（2）剪切。

① 单击"原理图"选项卡→"回路剪贴板"面板→"剪切"图标  。

② 选择基点。在粘贴对象时，该基点将变为插入点。

③ 选择要剪切的元件和导线，将删除对象，并会根据需要修复导线。

④ 转至要在其中粘贴对象的图形。

⑤ 单击"原理图"选项卡→"回路剪贴板"面板→"粘贴"图标  。

⑥ 从图 4.77"回路缩放"对话框选择所需的选项。

a. 如果存在任何固定线号，请指定是保留它们还是清除它们。

b. 指定清除孤立的触点标记还是使其保持不变。

c. 指定是否保留源箭头。

⑦ 单击"确定"按钮。

⑧ 选择插入点。

3）保存回路

在绘制原理图时，常用的回路可以直接把它单独地保存到图标菜单中，在后续的绘图中，如果有需要就可以直接调用，方便使用。因此，保存回路命令如图 4.78 所示。

图 4.78 保存回路命令

执行该命令，就会弹出"将回路保存到图标菜单"对话框，如图 4.79 所示。

项目四 电动机正反转控制原理图的绘制

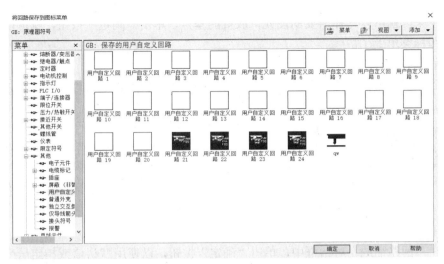

图 4.79 "将回路保存到图标菜单"对话框

该对话框属于图标菜单的一部分，用于回路的保存。在对话框空白处，单击右键，可以看到新建回路，如图 4.80 所示。

在这个对话框中，可以选择查看的模式以及增加需要的二级菜单，当然也能直接新建或添加回路。

添加回路，就是找到已经写成块的文件作为回路增加进来。新建回路，则可以直接在当前图纸选择需要的部分，并作为一个回路进行保存。

图 4.80 新建回路

选择新建回路，弹出"创新新回路"对话框，如图 4.81 所示。

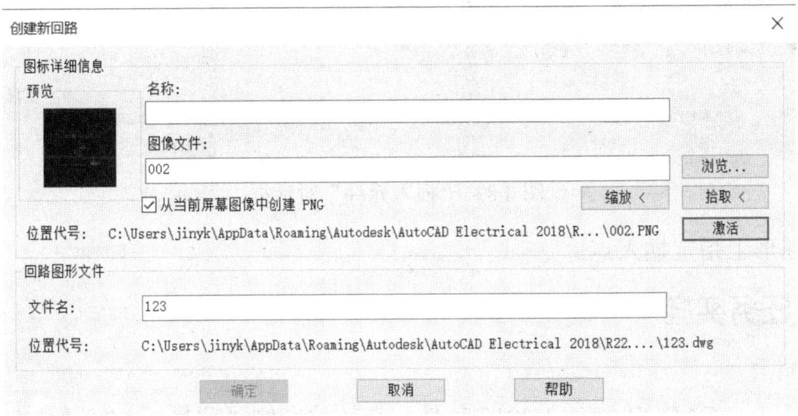

图 4.81 "创建新回路"对话框

名称：填入回路名称，用于后期插入时查看。图像文件是指显示的图形来表达该回路，可选择图像文件；也可以拾取块，把某个块的图形作为当前图形；也可以直接激活，这时就会直接把当前的窗口作为截图用于该图形。

文件名：输入需要保存的名字。这里要注意保存的文件夹，回路需要备份的话，要找该文件所在位置。

确定下来,就可以选择需要的图元,放置的基点,单击"确定"按钮,就可以直接把回路保存到图标菜单上了。

4)插入回路

保存到图标菜单的回路,在后续的绘图中,如果有需要可以通过"插入保存的回路"直接调用,如图4.82所示。

图4.82 插入回路命令

具体的插入回路步骤如下:

(1)单击"原理图"选项卡→"插入元件"面板→"回路"下拉列表→"插入保存的回路"。

(2)在"插入元件"对话框中,从"保存的用户自定义回路"窗口选择要插入图形中的回路,如图4.83所示。

(3)单击"确定"按钮。

(4)在"回路缩放"对话框中,单击"确定"按钮,以使用默认值或指定一个比例,然后单击"确定"按钮,如图4.84所示。

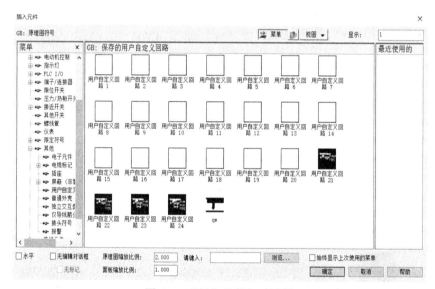

图4.83 "插入元件"对话框

(5)在图形上指定插入点。

4.2.3 任务实施

1. 新建项目

(1)打开 AutoCAD Electrical 2017 软件,在软件左侧"项目管理器"中选择"新建项目",名称命名为"带变压器电动机正反转",单击"确定"按钮,如图4.85所示。

(2)在"项目管理器"中选择项目"带变压器电动机正反转",单击右键,选择下拉菜单中的"特性",弹出"项目特性"对话框,进行项目特性设置。

① 元件设置。在"项目特性"对话框中,选择"元件"选项

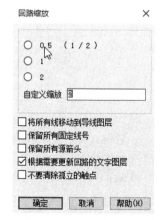

图4.84 "回路缩放"对话框

卡，进入元件设置界面，在"元件标记选项"中勾选"禁止对标记的第一个字符使用短横线"，如图4.86所示。

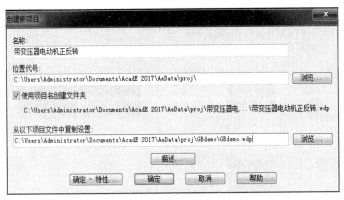

图 4.85　新建项目

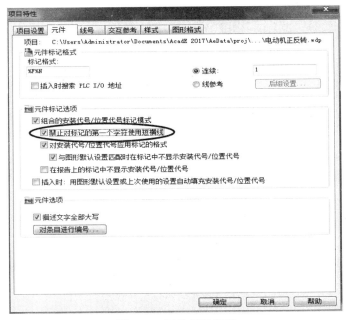

图 4.86　元件标记设置

② 布线样式设置。在"项目特性"对话框中，选择"样式"选项卡，进入样式设置界面，在"布线样式"中，将"导线交叉"样式设置为"实心"，将"导线 T 形相交"样式设置为"点"，如图 4.87 所示。

③ 图形格式设置。在"项目特性"对话框中，选择"图形格式"选项卡，进入图形格式设置界面，在"格式参考"中选择"X 区域"，如图 4.88 所示。

设置完成后单击"确认"按钮，完成项目"带变压器电动机正反转"的设置。

2. 新建图形

在"项目管理器"中选中项目"带变压器电动机正反转"，单击右键，选择下拉菜单中的"新建图形"，出现"创建新图形对话框"，在对话框中将图形文件名称命名为"带变压器正反转";在"模板"这一行单击"浏览"按钮,选择"ACE_GB_a3_a"模板,如图4.89和图4.90所示。

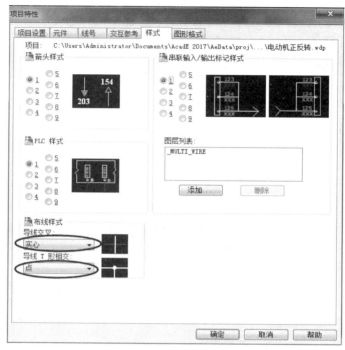

图4.87 布线样式设置

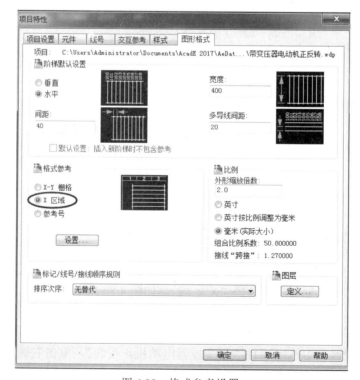

图4.88 格式参考设置

项目四　电动机正反转控制原理图的绘制

图 4.89　新建图形

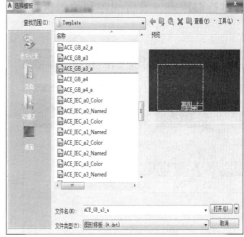

图 4.90　图形模板选择

单击"确定"按钮，在弹出的对话框"将项目默认值应用到图形设置"中单击"是"按钮，这样前面项目的设置都会应用到新建的图形上，如图 4.91 所示。

在项目管理器中项目"带变压器电动机正反转"下面，可以看到图形"带变压器正反转"就建立完成了，图形的文件类型是"dwg"格式。双击图形"带变压器正反转.dwg"，就会打开图纸"带变压器正反转"的绘图界面。

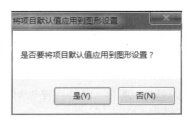

图 4.91　项目默认值应用对话框

3. X 区域设置

在工具栏中选择"原理图"选项卡，然后在面板"插入导线/线号"中，单击"X 区域设置"图标，如图 4.92 所示。

图 4.92　X 区域设置命令

弹出"X 区域设置"对话框，如图 4.93 所示。

在这个对话框中，对 X 区域进行设置。

（1）原点：单击"拾取"按钮，在图纸上指定图框左上角顶点（需提前在软件状态栏打开"对象捕捉"中的"端点"捕捉）。通过拾取原点，X，Y 坐标设置为（25，292）。

（2）间距：将间距设置为 48.75（通过 AutoCAD 的尺寸标注命令来确定水平分区的间距）。

（3）区域标签：在区域标签输入框内输入水平标签序号 0，1，2，3，4，5，6，7，8，也可以只输入第一项标签序号 1。

141

通过拾取原点、设置间距和修改区域标签，最终 X 区域设置如图 4.94 所示。

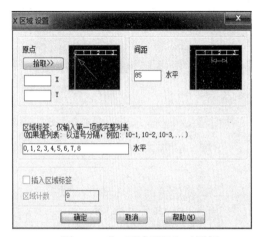
图 4.93 "X 区域设置"对话框

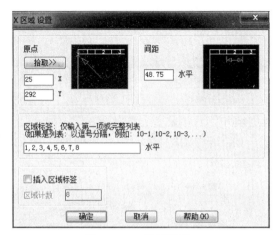
图 4.94 X 区域设置

4．回路编译器设置

（1）单击"原理图"选项卡→"插入元件"面板→"回路编译器"下拉列表→"回路编译器"，弹出"回路选择"对话框，如图 4.95 所示。

图 4.95 "回路选择"对话框

（2）在"三相电动机回路"下拉菜单中选择"垂直－可逆－反转式"。

（3）在"比例"下面将回路比例设置为"1.2"，元件比例设置为"1.0"。

（4）在"横档间距"下面将水平设置为"20.0"，垂直设置为"20.0"。

（5）在"特殊注释"下选择"预设"，单击"列表"，按图 4.96 所示进行设置。

项目四　电动机正反转控制原理图的绘制

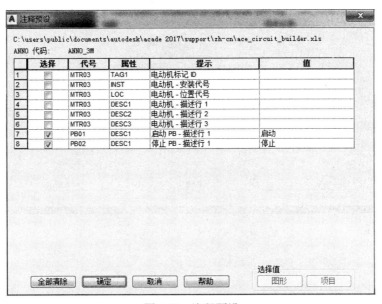

图 4.96　注释预设

5. 主电路插入和配置

（1）回路编译器设置完成后，在"回路选择"对话框单击"配置"按钮。

（2）指定插入点：在图形的左上角单击确定插入点，弹出"回路配置"对话框。

（3）电动机设置：选择"回路元素"分区里的"电动机设置"。

① 电动机设置：在"设置与注释"分区单击"电动机设置浏览"图标，出现"选择电动机"对话框，按图 4.97 所示进行设置，设置完成后单击"确定"按钮。

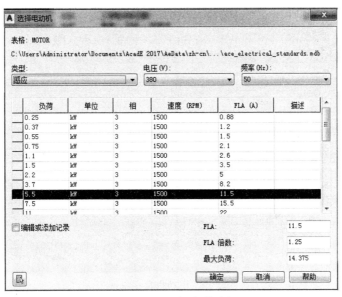

图 4.97　电动机参数选择

② 导线设置：单击"导线设置浏览"图标，出现"导线尺寸查找"对话框，按图 4.98 所示进行设置，设置完成后单击"确定"按钮。

143

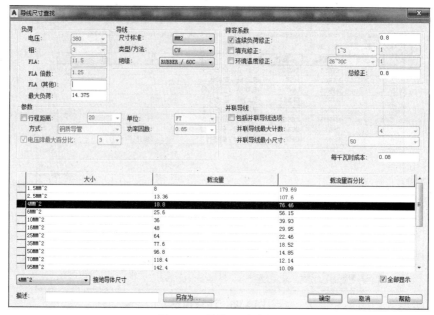

图 4.98　导线尺寸查找

（4）电动机符号：选择"回路元素"分区里的"电动机符号"。

① 在"选择"分区里的"电动机"一栏选择"三相电动机"，在"接地/PE 接线"一栏选择"否"。

② 在"设置与注释"分区单击"电动机浏览"，选择电动机的制造商、类型及电压等参数，设置完成后单击"确定"按钮，如图 4.99 所示。

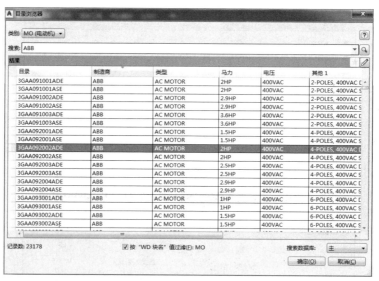

图 4.99　电动机目录选择

（5）断开方式：选择"回路元素"分区里的"断开方式"。

① 在"选择"分区里的"主隔离开关"一栏选择"带熔断器的隔离开关"，"包含常开辅助触点"一栏选择"否"。

② "设置与注释"分区单击"隔离开关浏览"图标■,选择隔离开关的制造商、类型及额定值等参数,设置完成后单击"确定"按钮,如图4.100所示。

图 4.100 隔离开关目录选择

(6)控制变压器和回路:选择"回路元素"分区里的"控制变压器和回路"。

① 在"选择"分区里的"包含控制回路"一栏选择 "带变压器"。

② 在"设置与注释"分区单击"变压器浏览"图标■,选择变压器的制造商、类型及额定值等参数,设置完成后单击"确定"按钮,如图4.101所示。

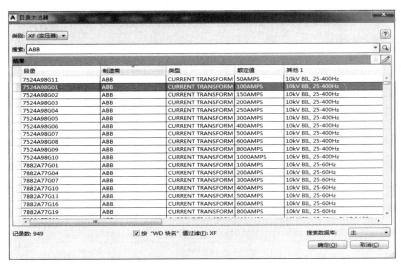

图 4.101 变压器目录选择

(7)功率因数补偿:选择"回路元素"分区里的"功率因数补偿"。

在"选择"分区里的"包含功率因数补偿电容器"一栏选择 "无"选项。

(8)过载:选择"回路元素"分区里的"过载"。

① 在"选择"分区里的"过载元件"一栏选择 "热保护","包含常开辅助触点"一栏

单击"是"按钮。

② 在"设置与注释"分区单击"过载继电器浏览"图标，选择热继电器的制造商、类型及额定值等参数，设置完成后单击"确定"按钮，如图 4.102 所示。

图 4.102　热继电器目录选择

（9）电动机端子连接：选择"回路元素"分区里的"电动机端子连接"。

① 在"选择"分区里的"电动机连接端子"一栏选择"圆形"。

② 在"设置与注释"分区单击"端子浏览"图标，选择端子的制造商、类型及额定值等参数，设置完成后单击"确定"按钮，如图 4.103 所示。

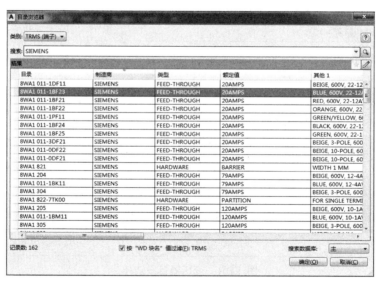

图 4.103　端子目录选择

（10）电缆标记：选择"回路元素"分区里的"电缆标记"。

在"选择"分区里的"电缆"一栏选择"无"。

（11）达到负荷时安全断开：选择"回路元素"分区里的"达到负荷时安全断开"。

① 在"选择"分区里的"安全断开"一栏选择"隔离开关","包含常开辅助触点"一栏选择"否"。

② 在"设置与注释"分区单击"隔离开关浏览"图标■，选择隔离开关的制造商、类型及额定值等参数，设置完成后单击"确定"按钮，如图 4.104 所示。

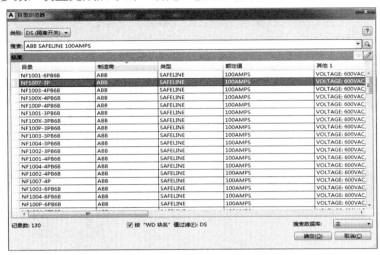

图 4.104　隔离开关目录选择

（12）回路元素都设置完成后，单击"插入所有回路元素"图标■。

6. 控制电路插入和配置

主电路回路要素在图形插入完成后，会自动弹出"回路配置"对话框。在"回路要素"分区打开"控制变压器和回路"下拉菜单，进行控制电路的设置。

（1）双极熔断器主变压器：选择"回路元素"分区里的"双极熔断器主变压器"。

① 在"选择"分区里的"双极熔断器"一栏选择"是"。

② 在"设置与注释"分区单击"熔断器浏览"图标■，选择熔断器的制造商、类型及额定值等参数，设置完成后单击"确定"按钮，如图 4.105 所示。

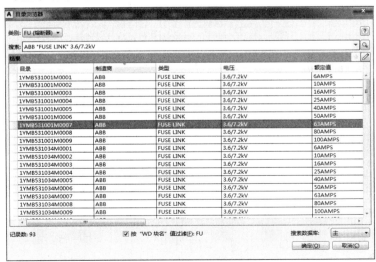

图 4.105　双极熔断器目录选择

（2）单极熔断器二级变压器：选择"回路元素"分区里的"单极熔断器二级变压器"。

① 在"选择"分区里的"单极熔断器"一栏选择"是"。

② 在"设置与注释"分区单击"熔断器浏览"图标，选择熔断器的制造商、类型及额定值等参数，设置完成后单击"确定"按钮，如图 4.106 所示。

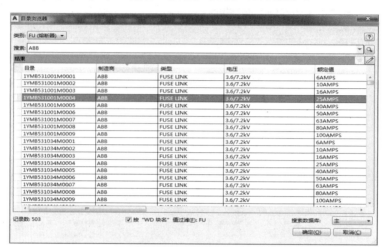

图 4.106　单极熔断器目录选择

（3）停止按钮：选择"回路元素"分区里的"停止"。

① 在"选择"分区里的"停止"一栏选择 "按钮–蘑菇头"。

② 在"设置与注释"分区单击"按钮浏览"图标，选择按钮的制造商、类型及样式等参数，设置完成后单击"确定"按钮，如图 4.107 所示。

图 4.107　停止按钮目录选择

（4）电动机启动器线圈（正转）：选择"回路元素"分区里的"电动机启动器线圈–（正向）"。

① 在"选择"分区里的"电动机启动器线圈"一栏选择"是"。

② 在"设置与注释"分区单击"电动机启动器浏览"图标，选择电动机启动器的制造商、类型及额定值等参数，设置完成后单击"确定"按钮，如图4.108所示。

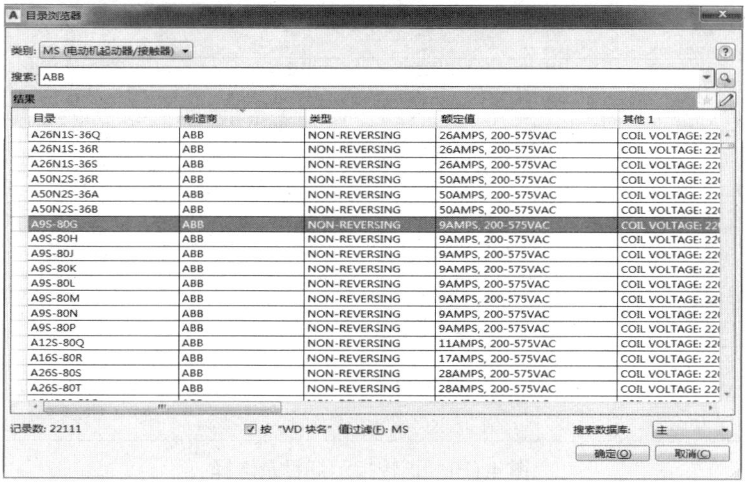

图4.108　正转接触器目录选择

（5）启动按钮（正转）：选择"回路元素"分区里的"启动 –（正向）"。
① 在"选择"分区里的"启动"一栏选择 "按钮 – 标准"。
② 在"设置与注释"分区单击"按钮浏览"图标，选择按钮的制造商、类型及样式等参数，设置完成后单击"确定"按钮，如图4.109所示。

图4.109　正转启动按钮目录选择

（6）指示灯（正转）：选择"回路元素"分区里的"灯 –（正向）"。
① 在"选择"分区里的"灯"一栏选择 "绿色标准"。
② 在"设置与注释"分区单击"灯浏览"图标，选择指示灯的制造商、类型及电压等参数，设置完成后单击"确定"按钮，如图4.110所示。

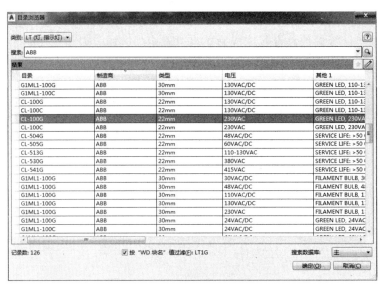

图 4.110　正转指示灯目录选择

（7）电动机启动器线圈（反转）：选择"回路元素"分区里的"电动机启动器线圈 –（反向）"。

① 在"选择"分区里的"电动机启动器线圈"一栏选择"是"。

② 在"设置与注释"分区单击"电动机启动器浏览"图标，选择电动机启动器的制造商、类型及额定值等参数，设置完成后单击"确定"按钮，如图 4.111 所示。

图 4.111　反转启动器目录选择

（8）启动按钮（反转）：选择"回路元素"分区里的"启动 –（反向）"。

① 在"选择"分区里的"启动"一栏选择"按钮 – 标准"。

② 在"设置与注释"分区单击"按钮浏览"图标，选择按钮的制造商、类型及样式等参数，设置完成后单击"确定"按钮，如图 4.112 所示。

（9）指示灯（反转）：选择"回路元素"分区里的"灯 –（反向）"。

① 在"选择"分区里的"灯"一栏选择"绿色标准"。

项目四　电动机正反转控制原理图的绘制

图 4.112　反转启动按钮目录选择

② 在"设置与注释"分区单击"灯浏览"图标，选择指示灯的制造商、类型及电压等参数，设置完成后单击"确定"按钮，如图 4.113 所示。

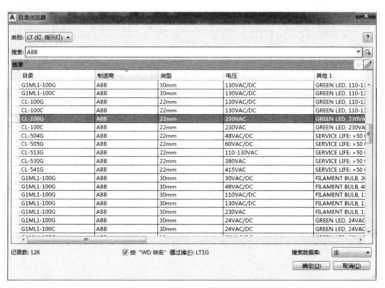

图 4.113　反转指示灯目录选择

回路元素都设置完成后，单击"插入所有回路元素"图标。

控制电路回路要素在图形插入完成后，会自动弹出"回路配置"对话框，单击对话框中的"完成"按钮，完成带变压器的电动机正反转原理图的绘制，如图 4.114 所示。

4.2.4　任务拓展

使用回路编译器功能绘制三相电动机回路：水平–不可逆–非反转式控制电路，如图 4.115 所示。

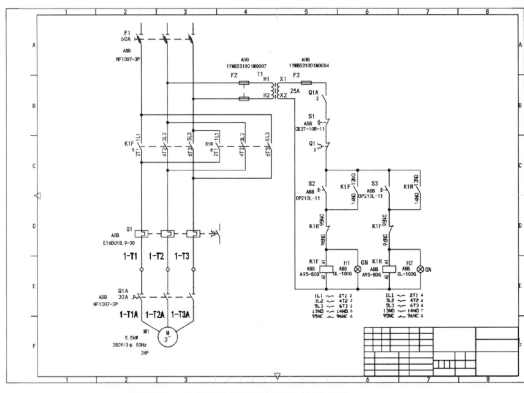

图 4.114 带变压器的电动机正反转原理图

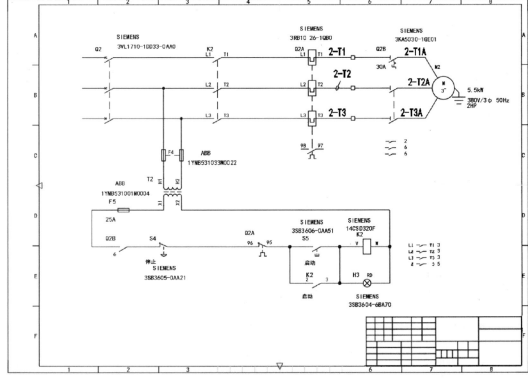

图 4.115 水平-不可逆-非反转式控制电路

项目五

能耗制动电路原理图的绘制

5.1 任务概述

工业生产中,生产机械的运动部件往往要求实现制动控制,为了避免较大的反接制动电流,三相交流异步电动机常采用能耗制动控制电路。能耗制动是指电动机在刚切除三相电源后,立即在定子绕组中接入直流电源产生一固定磁场,使转动着的转子切割固定磁场的磁力线产生制动力矩,使电动机的动能转换成电能并消耗在转子上的制动方法。

任务说明

本学习任务主要介绍电动机能耗制动电路原理图的绘制,如图5.1所示,此电路包括主电路和控制电路两部分。在本任务中我们重点学习线号、标题栏、导线箭头和交互参考。通过对电动机能耗制动电路原理图的绘制,我们将逐步认识到ACE软件的丰富功能,掌握电气原理图的绘图技巧和绘图步骤。

知识目标

1. 了解电动机能耗制动电路的原理;
2. 认识元件库的电气元件;
3. 掌握线号的插入和编辑;
4. 掌握标题栏的更新方法;
5. 掌握导线箭头的插入。

能力目标

1. 能够掌握不同页图纸的父子元件的交互参考方法;
2. 能够独立完成电动能耗制动电路原理图的绘制。

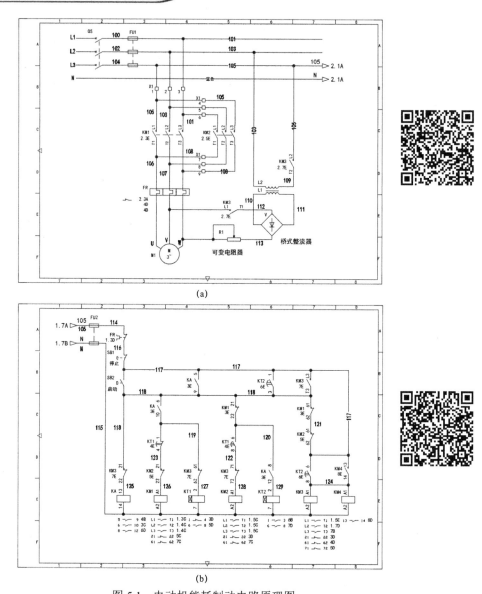

图 5.1 电动机能耗制动电路原理图
（a）电动机能耗制动主电路原理图；（b）电动机能耗制动控制电路原理图

5.2 知识链接

5.2.1 线号

线号命令可以在已经完成的导线上放置线号，线号可以根据实际的需求，去编制各种线号，常用的有普通导线、三相线以及 PLC。在使用过程中，线号和其他的元件一样都属于块属性，因此，所有元件可以使用的命令，线号均可

视频：线号

以使用。常用的线号命令如图 5.2 所示。

1. 线号插入

1）线号

普通的线号命令，可以放置常规线号，如图 5.3 所示。

图 5.2 常用的线号命令

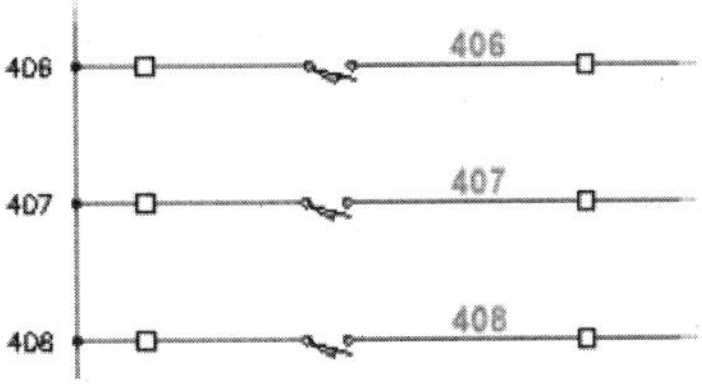

图 5.3 线号举例

在"原理图"选项卡中的"插入导线/线号"面板，单击"线号"图标，弹出"线号设置"对话框，如图 5.4 所示。

图 5.4 "线号设置"对话框

在这个命令中，线号包含几个部分，如要执行的操作、导线标记模式和格式替代等。

（1）要执行的操作：选择需要进行线号标注的导线。仅标记新项/未编号项，会对所有没有线号的导线进行标识，已有线号的导线不进行处理。标记/重新标记所有项，会对所有的导线进行标注，"固定"状态的除外。

（2）导线标记模式：定义线号的开始序号，并设置增量，如图 5.5 所示。由于增量基本上是项目里统一的，因此，需要在项目特性里进行设置。

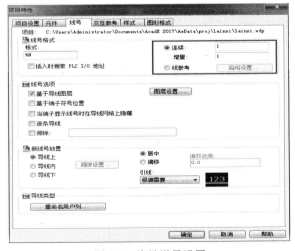

图 5.5 线号增量设置

（3）格式替代：定义需要的线号样式。%N 代表前面说的导线的连续号，%S 可以使用页码，其他的值也都可以引用。例如：如果想把线号设置为："页码－连续号"，连续号从 1 000 起，就可以在格式替代中写入 "%S－%N"，在导线标记模式里输入 1 000，那第一页的第一个线号就为 1－1 000，第二页第一个线号为 2－1 000，以此类推（N%：连续号，S%：页码，D%：图形值，%A：图纸分区，%B：图纸子分区）。格式默认值，可以在项目特性里设置。线号格式如图 5.6 所示。

图 5.6　线号格式

（4）使用导线图层格式替代：这个命令可以对每一个图层，设置各自的线号。由于 ACE 中的图层表达的是每种导线的线粗和颜色，所以该命令就是针对导线的线粗和颜色来定义线号的，如图 5.7 所示。

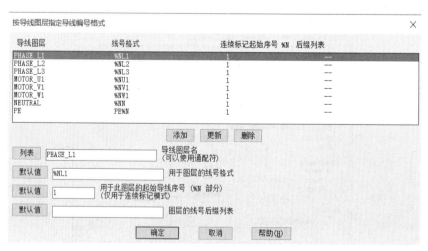

图 5.7　按导线图层指定导线编号

（5）插入为"固定"项：把本次的插入导线直接转为"固定"项。当线号为固定后，这些线号将不受重编线号的影响，除了单独修改或撤销"固定"外，其余各种更新都不能改变线号。

（6）交互参考信号：更新线号的交互参考信号（源、目标箭头）。

（7）刷新数据库（用于信号）：更新项目数据库。

（8）项目范围：整个项目或多张图纸进行线号标记。

（9）拾取各条导线：在当前图纸选择部分导线，进行线号放置。

（10）图形范围：当前图纸全图进行线号处理。

2）三相

三相线在放置线号时和普通线号是不同的，如图 5.8 所示。

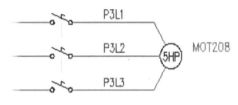

图 5.8 三相线号举例

在"原理图"选项卡中的"插入导线/线号"面板，单击"三相"图标 ，弹出"三相导线编号"对话框，如图 5.9 所示。

图 5.9 "三相导线编号"对话框

在"三相导线编号"对话框中，分为前缀、基点、后缀三段，用于设置三相线的样式。

（1）前缀：指定线号的前缀值。输入值或单击"列表"从默认拾取列表中选择。

（2）基点：指定线号的基点起始编号。输入值或单击"拾取"在激活图形上选择现有属性值。

（3）后缀：指定线号的后缀值。输入值或单击"列表"从默认拾取列表中选择。

（4）保留/增量：指定是保留还是递增输入到图形上的线号的前缀、基点和后缀值。例如，如果设置基点 = 100/增量，后缀 = L1/保留，则线号将为 100L1、101L1、102L1。

（5）线号：显示要插入到图形上的线号的预览。

（6）最大值：指定线号的最大数。选择新选项（3、4 或无）时，"线号"区域将与预览一同自动更新。该更新基于与为前缀值、基准值和后缀值指定的选项相关的选定值。

2．线号编辑

线号有许多的编辑命令，但在使用中都比较简单，常用的有编辑、复制、移动等，在线号编辑上掌握一个原则，就是选择导线相当于选择了线号。和导线一样，也可以在右键上选

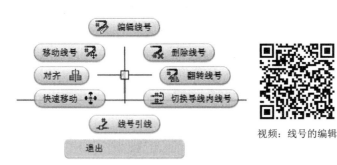

图 5.10　右键线号编辑命令

视频：线号的编辑

择命令，如图 5.10 所示。

（1）编辑线号：在"原理图"选项卡中的"编辑导线/线号"面板，单击"编辑线号"图标，弹出"编辑线号/属性"对话框，如图 5.11 所示。

① 线号：指定线号。如果在插入/编辑过程中输入现有线号，则系统将显示警告对话框。告知存在重复，并根据用户定义的格式建议其他线号。

② 拾取文字：用所选择的文字图元预填充线号编辑框。使用"向上"或"向下"可以快速递增或递减线号。

③ 固定：固定线号，以便将来自动线号实用程序处理线号时，该线号不会更改。

④ 可见/隐藏：在图形中显示或隐藏线号。设置为隐藏的线号仍存在并显示在导线报告中。

⑤ 编辑属性：编辑 W01USER－W10USER 属性，这些属性值可以包含在各种报告中。

⑥ 缩放：如果视图在调整后使导线显示在屏幕之外，使用"缩放"可以恢复先前的屏幕视图。

（2）固定线号：框选线号，把这些线号都转为固定状态。

① 单击"原理图"选项卡→"编辑导线/线号"面板→"编辑线号"下拉列表→"固定"图标。

② 选择要固定的线号。

③ 选择完导线之后，单击鼠标右键。可以通过单击"编辑线号"工具，选择导线，然后查看对话框来检查导线是否固定。

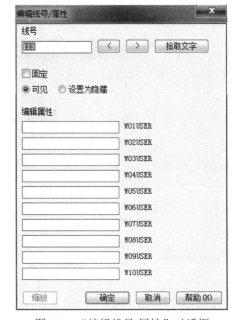

图 5.11　"编辑线号/属性"对话框

（3）替换：选择两根导线或线号，交换两者的线号，如图 5.12 所示。

① 单击"编辑导线/线号"面板→"编辑线号"下拉列表→"替换"图标。

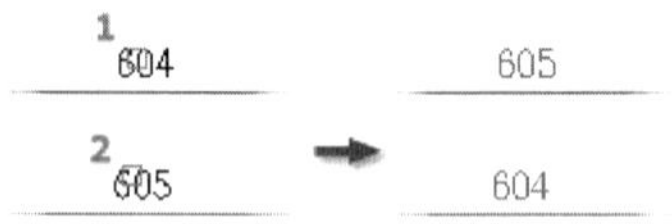

② 选择第一个导线或线号，然后选择第二个导线或线号，这两个线号将自动替换位置。

（4）查找/替换：通过查找和替换操作编辑线号。

单击"编辑导线/线号"面板→"编辑线号"下拉列表→"查找/替换"图标，弹出"查找/替换线号"对话框，如图 5.13 所示。

图 5.12　替换线号

① 全部，准确匹配：指定仅当整个文字值与查找值完全匹配时，才替换该文字。

② 部分，子串匹配：指定如果文字值的任意部分与查找值相匹配，那么就替换该文字。

③ 仅匹配首次出现的项：指定以仅替换文字值中首次出现的项。

④ 查找：指定要查找的值。

⑤ 替换：指定用来替换查找值的文字字符串。

（5）隐藏：让框选的线号不显示。

① 单击"编辑导线/线号"面板→"编辑线号"下拉列表→"隐藏"图标。

② 选择线号或与之关联的导线。AutoCAD Electrical 将线号移到特定的隐藏图层上，该线号将不再显示在屏幕上。

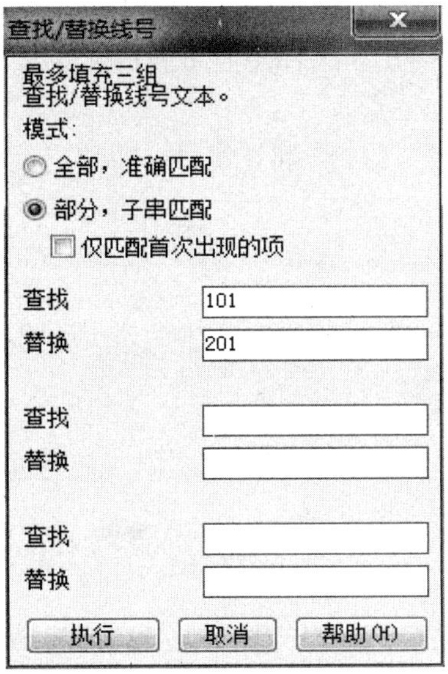

（6）取消隐藏：选择导线，让有线号的导线显示出线号。

图 5.13 "查找/替换线号"对话框

① 单击"编辑导线/线号"面板→"编辑线号"下拉列表→"取消隐藏"图标。

② 选择线号或与隐藏线号关联的导线。AutoCAD Electrical 将线号移到特定的隐藏图层上，该线号将显示在屏幕上。

注意：请勿对导线内线号使用"隐藏线号"和"取消隐藏线号"工具。

（7）删除线号：删除选定的线号。

① 单击"编辑导线/线号"面板→"删除线号"图标。

② 选择线号或在网络中拾取任意导线。

③ 按 ENTER 键，将自动删除该线号，额外的线号副本也被同时删除。

（8）复制线号：复制等电位的线号。

① 单击"编辑导线/线号"面板→"复制线号"下拉列表→"复制线号"图标。

② 选择要插入额外线号的导线位置。

（9）复制线号（导线内）：在导线内的拾取点处插入线号的额外副本，将线号放置在导线内，而不是导线上或导线下，如图 5.14 所示。

① 单击"编辑导线/线号"面板→"复制线号"下拉列表→"复制线号（导线内）"。

② 指定线号的插入点。

③ 如果不存在线号，则在"编辑线号/属性"对话框中输入线号。使用"拾取文字"从图形中选择相似文字，或者单击箭头递增或递减线号。

④ 单击"确定"按钮，线号将自动插入到导线上。

（10）移动线号：将现有线号移动到同一导线上的选定位置，如图 5.15 所示。

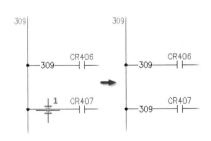

图 5.14 复制线号（导线内）举例

① 单击"编辑导线/线号"面板→"移动线号"图标。
② 选择想要重新放置线号的导线段，无须先在现有线号上拾取，线号将自动移至选定的位置。

（11）翻转线号：将选定线号移动到导线另一侧的相同位置，如图 5.16 所示。

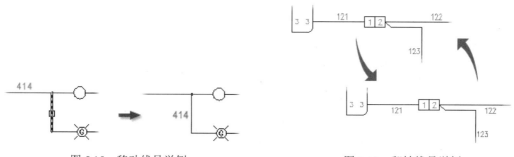

图 5.15　移动线号举例　　　　　　　图 5.16　翻转线号举例

① 单击→"编辑导线/线号"面板→"翻转线号"图标。
② 选择要翻转的线号。每个选定的线号都将镜像到其关联导线的另一侧。

（12）切换线号位置：切换图形特性之间的线号位置，导线上方或下方以及导线内。

如果选择的线号在导线内，则它会基于图形特性切换到导线上方或下方。如果线号开始于导线上方或下方，则选定的线号将切换到导线内，如图 5.17 所示。

图 5.17　切换导线内线号举例

① 单击"编辑导线/线号"面板→"切换导线内线号"图标。
② 选择要切换的线号，可以在线号上选择，也可以在导线本身上选择。

5.2.2　标题栏

1. 标题栏的性质

ACE 的标题栏本质上就是一个块，在需要填入内容的各个位置，就是对应的块属性，用链接的方式可以把需要的内容填入到对应的块属性上。

链接的方式有两种：一种是利用 WDT 文件做链接；另一种是在标题栏内增加一个 WD_TB 属性，用它做链接。

WDT 文件是一个扩展名为 wdt 的文件，如果放到项目中，直接命名为：项目.wdt，或者是 default.wdt，或者是默认位置的 default.wdt，就可以根据图 5.18 所示来选择使用哪一个。

图 5.18 中，是在项目选项卡，标题栏设置里的对话框就是对这个链接的指定，默认是<项目>.WDT 文件，其含义是找项目内和当前项目名字相同的 WDT 文件，这个文件里记录着标题栏的块名称，以及每个属性是和谁关联的。

项目五 能耗制动电路原理图的绘制

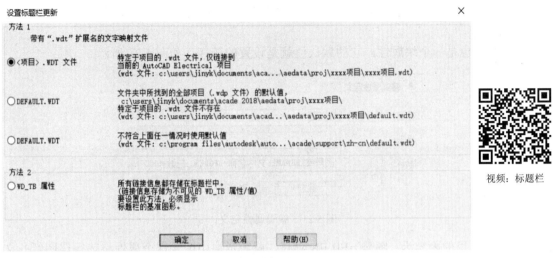

视频：标题栏

图 5.18 设置标题栏更新

2. 标题栏块

视频：标题栏

使用标题栏块，也就是上述的"WD_TB 属性"有它独特的便利，如图 5.19 所示。当图纸使用这种模式时，只要有这样的标题栏在就可以随意复制标题栏。只要块相同，就不用担心链接内容问题。因此，这种模式更为简单，不容易出错。

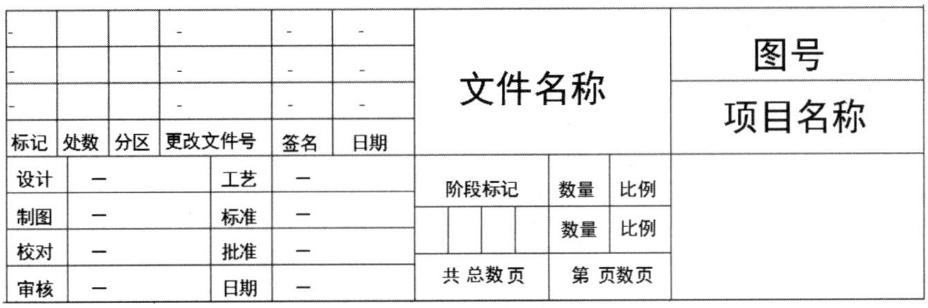

图 5.19 标题栏块

图 5.19 就是默认的 GB 图纸标题栏，默认图纸带的都是这个，由于选择了 WD_TB 模式，可以不用去管链接文件的问题。

3. 标题栏的编辑

标题栏就是一个块，因此就是按块模式进行编辑。图 5.20 中，红色字体的就是块属性，

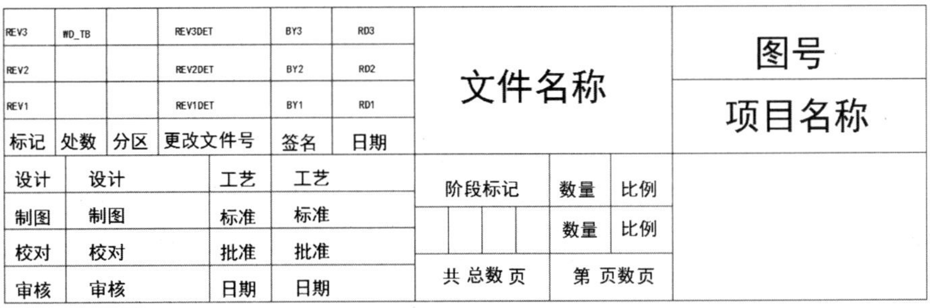

图 5.20 标题栏编辑

只要放置该属性就可以了，不需要设置它的默认值等内容。紫色文字就是普通文字，按需要直接填入即可。

WD_TB 也是一个块属性，它的默认值就是设置的链接，如图 5.21 所示。

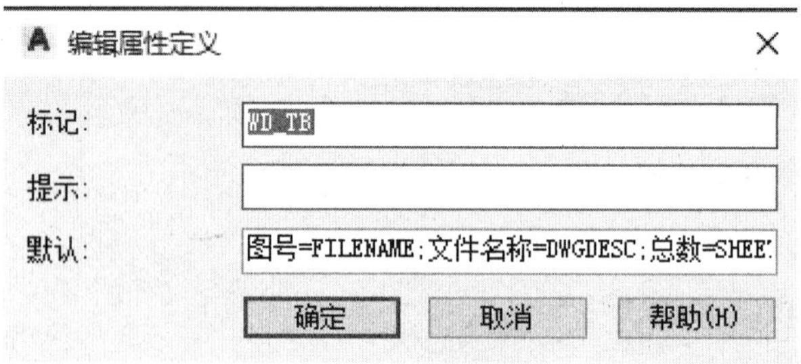

图 5.21　编辑属性定义

如果默认里的内容为：图号 = FILENAME，就表示块中图号这个属性将获得该图纸的文件名。

4. 标题栏的更新

当前的激活项目上选择项目，右键上选择"标题栏更新"，就可以在后续的对话框上进行标题栏内容的更新，"更新标题栏"对话框如图 5.22 所示。

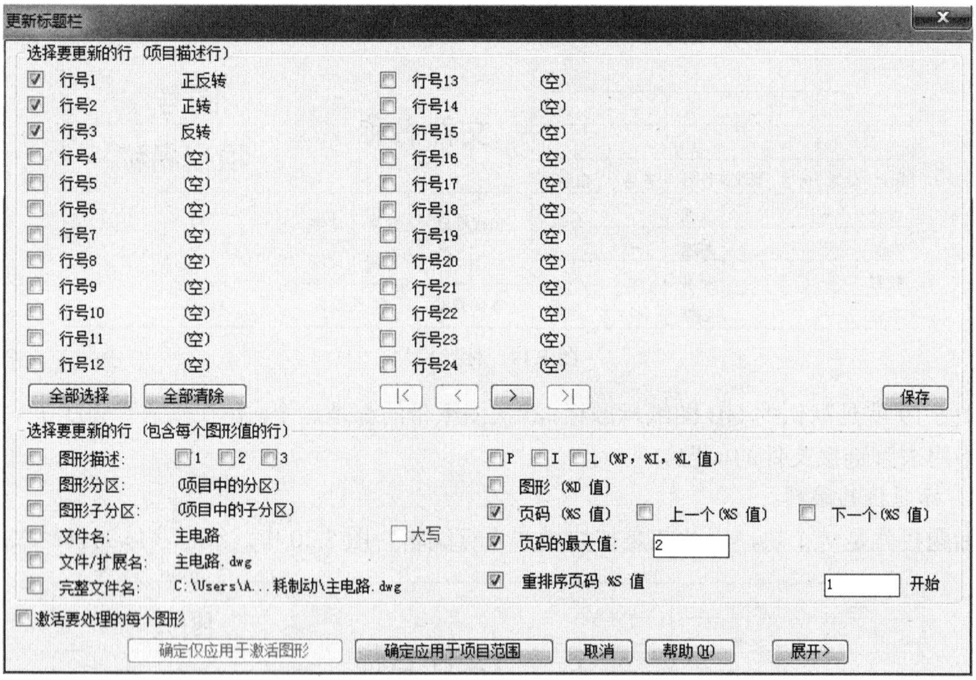

图 5.22　"更新标题栏"对话框

在需要更新的内容上打"√"符号，选择"应用于激活图形"，或"应用于项目范围"就可以完成对应内容，在选择图纸的标题栏上更新。页码最大值是软件按当前项目下的图纸数量直接获得的，允许进行修改。

5.2.3 导线箭头

当导线在使用时，既要表达出是同一条导线，又要跨图纸，或者中间有断开的，那么导线箭头就是解决这个问题的工具，导线箭头一共有 5 个命令：一对用于单线，一对用于多线，还有一个命令用于做一些描述。导线箭头命令如图 5.23 所示。

视频：导线箭头

图 5.23 导线箭头命令

1. 源箭头/目标箭头

源箭头就是导线连接的源，表示该导线有后续的连接，一根导线只有一个源箭头，如果需要一根导线到多根导线，可以把这个源箭头进行重复使用，或者也可以把导线绘制出一条分叉线再进行源箭头的放置。源箭头设置如图 5.24 所示，目标箭头设置如图 5.25 所示。

如图 5.24 和图 5.25 所示，源箭头和目标箭头在使用时基本相同，由于是完全一套模式，在这里把它们合并介绍。

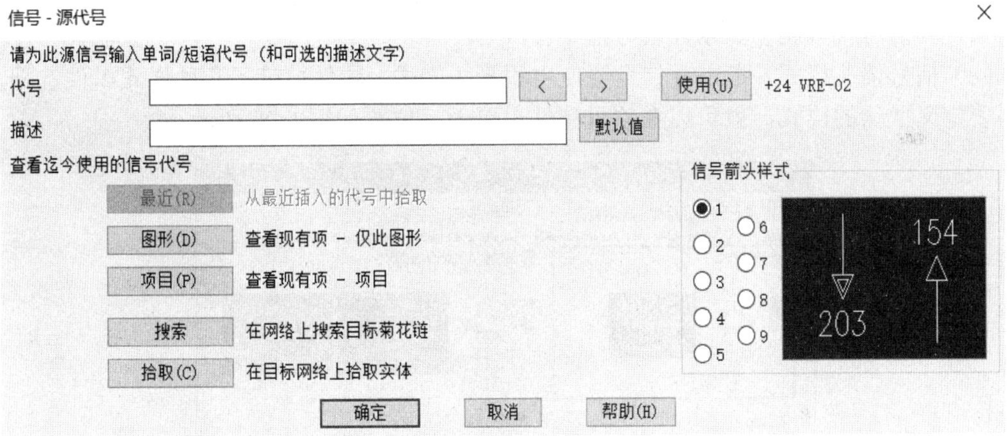

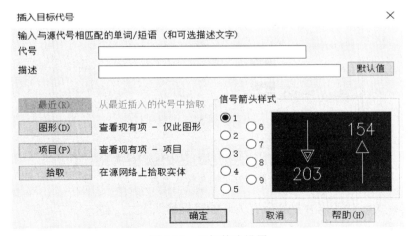

图 5.24 源箭头设置

图 5.25 目标箭头设置

单击"原理图"选项卡→"插入导线/线号"面板→"源箭头"下拉列表→"源箭头"

图标 源箭头 或"目标箭头"图标 目标箭头 ，选择导线的一个端部，就可以打开上述的其中一个对话框了。

（1）代号：在源箭头及目标箭头上输入相同的代码，就表达这一组导线连接合成。代号用什么内容都可以，只要不出现重复，就没有任何问题。由于源箭头是代号的产生点，因此，源箭头的代号一般都是各自唯一的，而目标箭头属于跟随的，可以根据实际需要，允许重复。目标箭头重复时，表达一根导线连接到多根导线上。

（2）描述：这个属于在图纸上显示的内容，针对当前导线做一些描述，比如电压 220 V。一般成对的时候，描述内容会自动相同。

（3）最近：显示此任务中使用的代号的选择列表。

（4）图形：显示激活图形上使用的代号的选择列表。

（5）项目：显示激活项目中使用的代号的选择列表。

（6）搜索：沿着导线网络，查看另一端是否存在目标箭头。如果存在，其信号代号会显示在代号框中。

（7）拾取：暂时关闭对话框，以便在现有的导线网络上进行拾取。如果找到了现有的目标箭头，其信号代号就会显示在代号框中。

（8）信号箭头样式：指定源信号要使用的箭头样式。软件自带了几种样式以供选择，如果需要定义默认的样式，就可以在项目特性里更改，位置如图 5.26 所示。

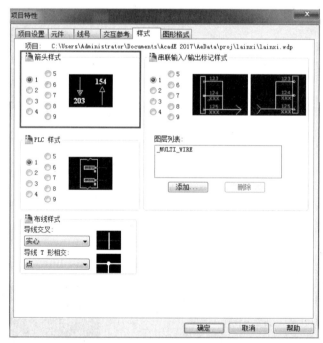

图 5.26 箭头样式设置

（9）确定：关闭对话框并更新所有关联的目标箭头。

2. 分区设置

1）分区

默认 ACE 的图纸上都会用到分区，用于元件、导线等的定位，如图 5.27 所示。

信号箭头就是其中需要定位的一个，它需要在源箭头和目标箭头之间，相互放置一个定位，用于图形中相互间查询。默认的信号箭头就有这个定义，其默认样式如图 5.28 所示。

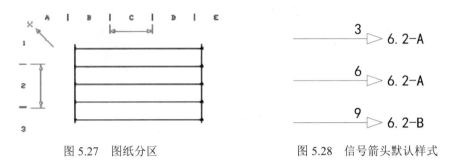

图 5.27　图纸分区　　　　　　　　图 5.28　信号箭头默认样式

图 5.28 中，6.2-A 表达的就是这个源箭头的目标箭头在第 6 页，2-A 区。这个模式是项目特性中指定的，指定内容如图 5.29 所示。

图 5.29　交互参考格式设置

在这个设置中，%S 就是页码，%N 就是分区号。但是要注意，这个分区号和图纸的分区不存在关系，图纸上的那个水平 1、2、3…，竖直 A、B、C…只是一个内容显示，和绘图的位置无关。如果有需要，可以进行设置，才能使分区对应起来。设置实际分区的位置是项目特性中的格式参考，如图 5.30 所示。

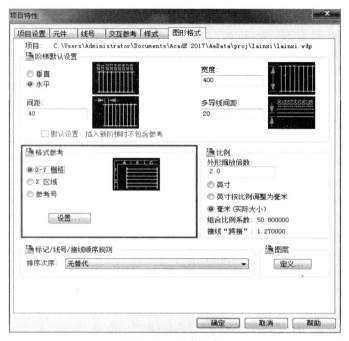

图 5.30　格式参考

在这个设置中，分成 X-Y 栅格、X 区域、参考号。

（1）X-Y 栅格：就是常用图纸默认的样式，水平、垂直都进行分区。

（2）X 区域：单独水平分区，没有垂直分区。

（3）参考号：以导线的参考号（阶梯图会使用），每一根导线给一个号，用它们进行区域划分。

2）X-Y 栅格

当在图 5.30 格式参考中选择 X-Y 栅格后，单击"原理图"选项卡→"插入导线/线号"面板→"插入阶梯"下拉列表→"XY 栅格设置"，弹出"X-Y 夹点设置"对话框，如图 5.31 所示。

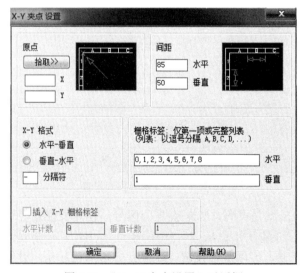

图 5.31　"X-Y 夹点设置"对话框

（1）原点：指定 XY 栅格的原点。单击"拾取"在图形上选择原点，或者输入 X 和 Y 值。

（2）间距：指定栅格列之间的间距，输入水平值和垂直值。以原点开始，每过一定的间距定一个区。因此，原点位置一般是第二个区往回退一个区的位置。这样，就能保证第一个区和后面区的图形上的差距不同，也能确保位置正确。

（3）X–Y 格式：定义分区在图纸上的样式，XY 的前后顺序以及定义中间的分隔符。如果将此选项设置为"水平–垂直"，栅格的水平值将用作第一部分，垂直值用作第二部分。如果选择了"垂直–水平"，垂直值将用作第一部分，水平值用作第二部分。

（4）栅格标签：分区中显示的内容，可以是任何内容来表达每一个区，如果是顺序表达的，1 就标识 1、2、3…一直顺下去，而 A 就表达 A、B、C…这样顺下去。

分区设置可以是项目设置，也可以是每张图纸各自设置，项目设置就是项目特性，单独图纸设置就是图纸特性。如果没有修改图纸特性，默认使用就是项目特性。其他的一些设置也具有这个特点。

5.2.4 交互参考

在项目四的任务一"电动机正反转控制原理图"的绘制中，我们介绍了同一图纸中特殊元件的交互参考。这些特殊元件有交流接触器和继电器等，它们是由父元件（主元件）和子元件（辅元件）组成的，我们将它们称为父子元件。

这类父子元件有自身的交互参考，在放置到图纸中时，通常把元件的触点（子元件）信息表达在线圈（父元件）下方，如图 5.32 所示。

图 5.32 中，父元件接触器 KM1 线圈下方就是其子元件触点的信息。它有 3 个常开触点和 2 个常闭触点，3 个常开触点为接触器的主触点，引脚分别为（L1、T1），（L2、T2）和（L3、T3），它们分别在本页图纸的 3C 分区、4C 分区和 4C 分区；2 个常闭触点为辅助触点，引脚分别为（21、22）和（61、62），分别在本页图纸的 5D 分区和 7F 分区。

前面介绍的是针对在同一图纸的父子元件的交互参考，也就是父元件接触器线圈和子元件触点在同一张图纸上。下面介绍父子元件不在同一图纸的情况下，如何交互参考。以分别在两个图形"父元件"和"子元件"的接触器线圈与其常开触点为例，进行它们的交互参考，如图 5.33 和图 5.34 所示。

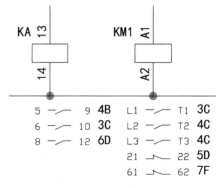

图 5.32 父子元件交互参考

图 5.33 父元件和子元件图形

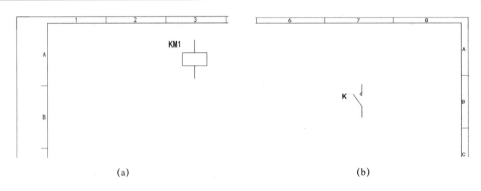

图 5.34 父子元件
(a) 接触器线圈（父元件）；(b) 接触器触点（子元件）

1. 标题栏页码更新

因为父子元件分别在两页图纸上，所以我们首先要对这两页图纸进行页码更新，为这两页图纸添加页码。

鼠标右键单击项目"父子元件"，单击下拉菜单中的"标题栏更新"，在弹出的"更新标题栏"对话框中，勾选"页码（%S 值）"，勾选"页码的最大值"，并设为"2"，勾选"重排序页码%S 值"，并设为"1"，然后单击"确定应用于项目范围"，如图 5.35 所示。

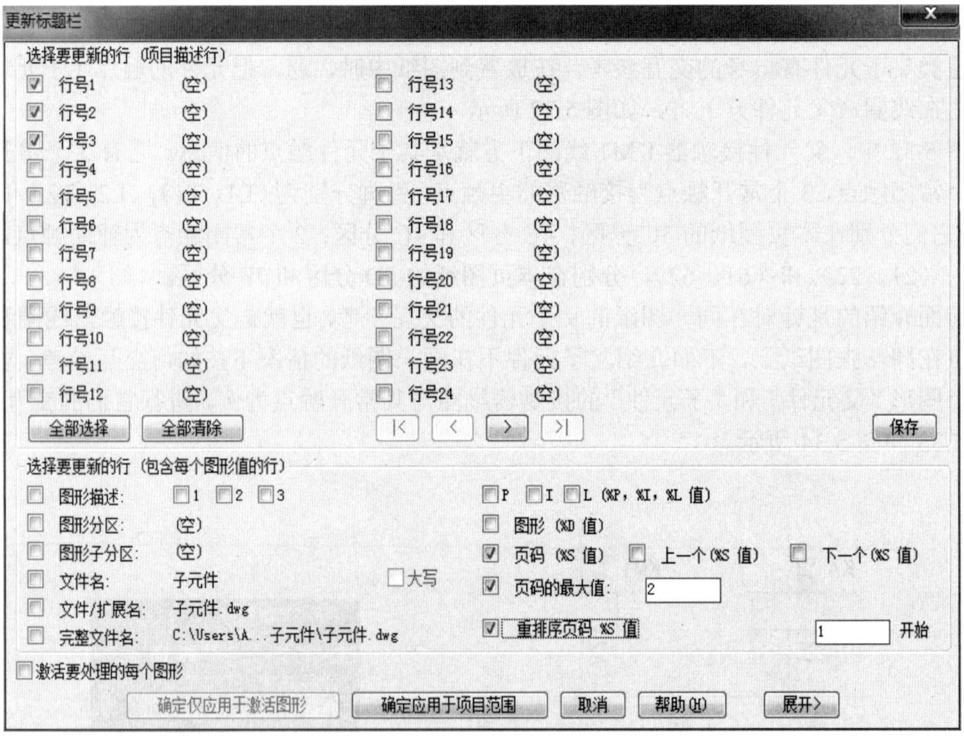

图 5.35 更新标题栏

在弹出的对话框"选择要处理的图形"中，单击"全部执行"，将图形父元件和子元件放进处理区，单击"确定"按钮，页码更新完成。可以看到图纸父元件为第 1 页，图纸子元件为第 2 页，如图 5.36 所示。

图 5.36 标题栏页码更新

(a) 图纸父元件页码；(b) 图纸子元件页码

2. XY 栅格设置

在页码更新完成后，为了保证父子元件交互参考后，父元件接触器线圈下方显示的子元件分区号准确，需要分别对这两页图纸进行 XY 栅格设置。

鼠标右键单击项目"父子元件"，单击下拉菜单中的"特性"，在弹出的"项目特性"对话框的"图形格式"一栏中，在格式参考下，选择"X-Y 栅格"，单击"确定"按钮，如图 5.37 所示。

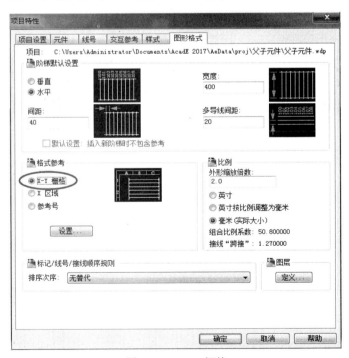

图 5.37 X-Y 栅格

图 5.38 XY 栅格命令

打开图形"父元件",单击"原理图"选项卡→"插入导线/线号"面板→"XY 栅格设置",如图 5.38 所示。

打开"X-Y 夹点设置"对话框,在这个对话框中,分别对原点、间距、X-Y 格式和栅格标签进行设置,如图 5.39 所示。

同样方法,打开图形"子元件",对 X-Y 栅格进行同图形"父元件"一样的设置。

3. 交互参考

标题栏页码和 XY 栅格设置完成后,我们就要对父子元件进行交互参考。在图形"子元件"中,单击"编辑元件"面板→"编辑"命令,单击接触器常开触点 K,在弹出的"插入/编辑辅元件"对话框中,单击"项目"按钮,如图 5.40 所示。

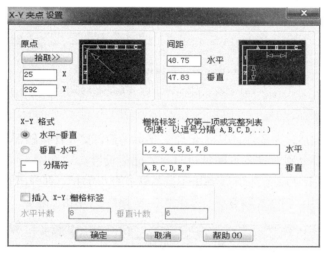

图 5.39 XY 栅格设置

图 5.40 插入/编辑辅元件对话框

在弹出的"种类='MS'的完整项目列表"对话框中,选择页码为 1 的 KM1,也就是图形"父元件"中的接触器线圈 KM1,单击"确定"按钮,如图 5.41 所示。

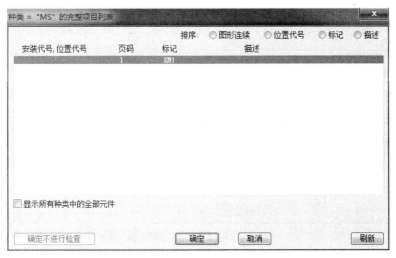

图 5.41　接触器完整项目列表

在弹出的"插入/编辑辅元件"对话框中,确定元件参数后,单击"确定"按钮,完成父子元件的交互参考。

在图 5.42 中可以看到,父元件接触器 KM1 线圈下方是其子元件的信息,表明其子元件常开触点在第 2 页的 7－B 分区。

在图 5.43 中可以看到,子元件接触器 KM1 常开触点左侧是其父元件的信息,表明其父元件接触器线圈在第 1 页的 3－A 分区。

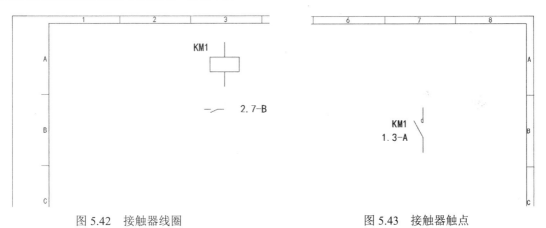

图 5.42　接触器线圈　　　　　　　　图 5.43　接触器触点

5.3　任务实施

1. 新建项目

(1) 打开 AutoCAD Electrical 2017 软件,在软件左侧"项目管理器"中选择"新建项目",名称命名为"电动机能耗制动",单击"确定"按钮,如图 5.44 所示。

图 5.44　新建项目

(2) 在"项目管理器"中选择项目"电动机能耗制动",单击右键,选择下拉菜单中的"特性",打开"项目特性"对话框,进行项目特性设置。

① 元件设置。在"项目特性"对话框中,选择"元件"选项卡,进入元件设置界面,在"元件标记选项"中勾选"禁止对标记的第一个字符使用短横线",如图 5.45 所示。

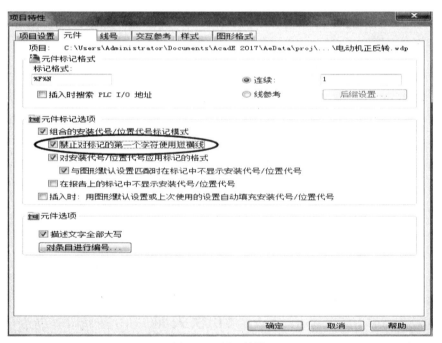

图 5.45　项目特性

② 布线样式设置。在"项目特性"对话框中,选择"样式"选项卡,进入样式设置界面,在"布线样式"中,将"导线交叉"样式设置为"实心",将"导线 T 形相交"样式设置为"点",如图 5.46 所示。

项目五　能耗制动电路原理图的绘制

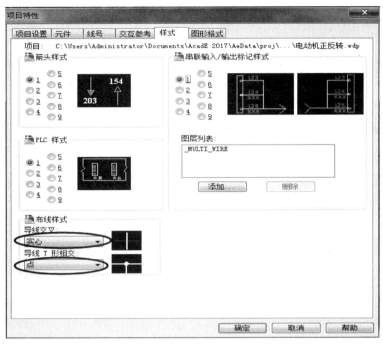

图 5.46　布线样式设置

③ 图形格式设置。在"项目特性"对话框中，选择"图形格式"选项卡，进入图形格式设置界面，在"阶梯默认设置"中将阶梯设置为"水平"放置。在"格式参考"中选择"X-Y 栅格"设置，如图 5.47 所示。

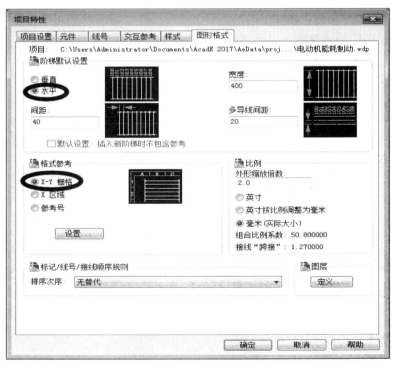

图 5.47　图形格式设置

设置完成后单击"确认"按钮,完成项目"电动机能耗制动"的设置。

2. 新建图形

在"项目管理器"中选择项目"电动机能耗制动",单击右键,选择下拉菜单中的"新建图形",出现"创建新图形"对话框,在对话框中将图形文件名称命名为"主电路";在"模板"这一行单击"浏览"按钮,选择"ACE_GB_a3_a"模板,如图 5.48 所示。

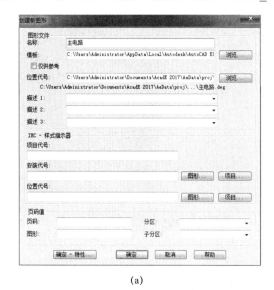 

(a) (b)

图 5.48 创建图形

(a)"创建新图形"对话框;(b)选择模板

然后单击"确定"按钮,在弹出的对话框"将项目默认值应用到图形设置"中单击"是"按钮,这样前面项目的设置都会应用到新建的图形上,如图 5.49 所示。

相同步骤,在项目"电动机能耗制动"下,创建图形"控制电路"。

在"项目管理器"中项目"电动机能耗制动"下面,可以看到图形"主电路"和"控制电路"建立完成了,如图 5.50 所示。

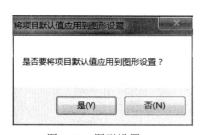 

图 5.49 图形设置　　图 5.50 创建图形主电路和控制电路

3. 标题栏更新

鼠标右键单击项目"电动机能耗制动",单击下拉菜单中的"标题栏更新",在弹出的"更新标题栏"对话框中,勾选"页码(%S 值)",勾选"页码的最大值",并设为"2",勾选"重排序页码%S 值",并设为"1",然后单击"确定应用于项目范围",如图 5.51 所示。

项目五 能耗制动电路原理图的绘制

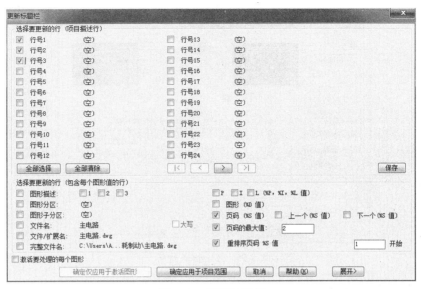

图 5.51 更新标题栏

弹出对话框"选择要处理的图形",单击"全部执行",将图形主电路和控制电路放进处理区,单击"确定"按钮,页码更新完成,如图 5.52 和图 5.53 所示。

图 5.52 选择要处理的图形

图 5.53 将图形放进处理区

4. XY 栅格设置

打开图形"主电路",单击"原理图"选项卡→"插入导线/线号"面板→"XY 栅格设置",如图 5.54 所示。

打开"X–Y 夹点设置"对话框,在这个对话框中,对 XY 栅格进行设置,如图 5.55 所示。

(1)原点:单击"拾取"按钮,在图纸上指定图框左上角顶点(需提前在软件状态栏打开"对象捕捉"中的"端点"捕捉)。通过拾取原点,X,Y 坐标设置为(25,292)。

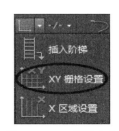

图 5.54 XY 栅格命令

175

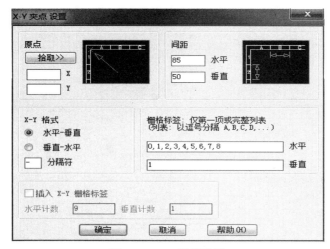

图 5.55 XY 栅格设置

（2）间距：将水平间距设置为"48.75"，垂直间距设置为"47.83"（通过 AutoCAD 的尺寸标注命令来确定水平和垂直分区的间距）。

（3）栅格标签：在栅格标签水平输入框输入标签序号 1，2，3，4，5，6，7，8，也可以只输入第一项标签序号 1；在垂直输入框输入标签序号 A，B，C，D，E，F，也可以只输入第一项标签序号 A。

（4）通过拾取原点、设置间距和修改栅格标签，最终图形"主电路"的 X–Y 栅格设置如图 5.56 所示。

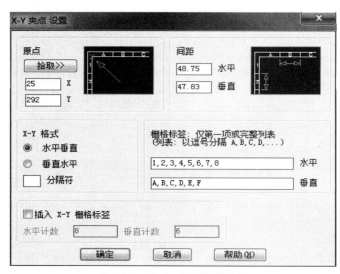

图 5.56 X–Y 栅格设置完成

同样方法，打开图形"控制电路"，对 X–Y 栅格进行同"主电路"一样的设置。

5. 主电路

1）导线

（1）水平电源线。在面板"插入导线/线号"中，单击"多母线"图标，弹出"多导线母线"对话框，如图 5.57 所示。

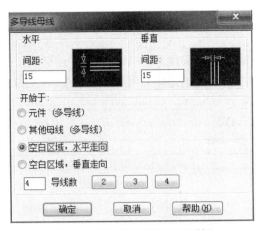

图 5.57 “多导线母线”对话框

在“多导线母线”对话框中，“水平间距”设置为“15”，“开始于”下面选择“空白区域，水平走向”，“导线数”设置为“4”，单击“确定”按钮。

在图纸上方绘制水平电源线步骤如下：

① 在命令行输入“T”，在“设置导线类型”对话框中，将导线颜色设置为“RED”，大小设置为“4.0 mm^2”，单击“确定”按钮，如图 5.58 所示。

	已使用	导线颜色	大小	图层名称	导线编号	用户1	用户2
45		RED	2.5mm^2	RED_2.5mm^2	是		
46		RED	4.0mm^2	RED_4.0mm^2	是		
47		RED	6.0mm^2	RED_6.0mm^2	是		
48		TAN	0.5mm^2	TAN_0.5mm^2	是		
49		TAN	0.75mm^2	TAN_0.75mm^2	是		
50		TAN	1.0mm^2	TAN_1.0mm^2	是		
51		TAN	1.5mm^2	TAN_1.5mm^2	是		
52		TAN	10.0mm^2	TAN_10.0mm^2	是		
53		TAN	16.0mm^2	TAN_16.0mm^2	是		
54		TAN	2.5mm^2	TAN_2.5mm^2	是		
55		TAN	4.0mm^2	TAN_4.0mm^2	是		
56		TAN	6.0mm^2	TAN_6.0mm^2	是		
57		VIO	0.5mm^2	VIO_0.5mm^2	是		
58		VIO	0.75mm^2	VIO_0.75mm^2	是		

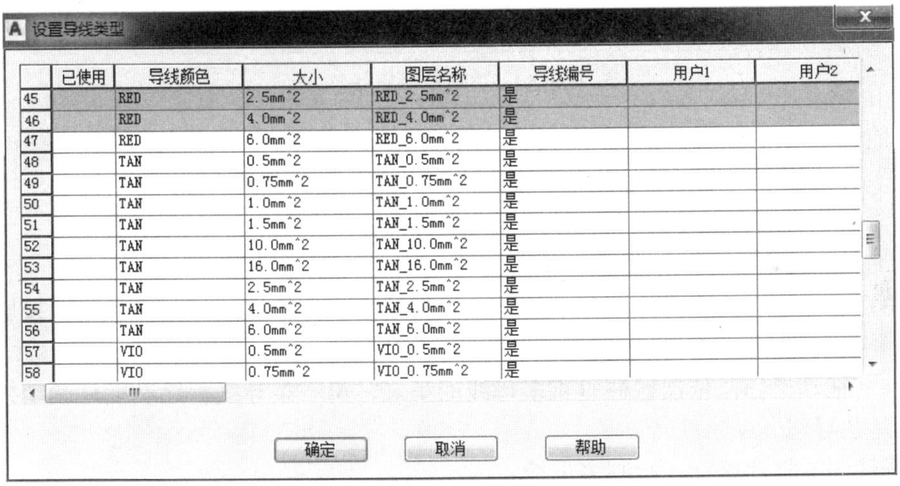

图 5.58　导线类型设置

② 在图纸左上方单击空白处，选择第一个相位的起点。

③ 向右拖动鼠标，绘制水平电源线。

④ 在右侧导线终点单击结束多母线绘制。

（2）主电路垂直线路。在面板“插入导线/线号”中，单击“多母线”图标，在“多导线母线”对话框中，将“垂直间距”设置为“15”，“开始于”下面选择“其他母线（多导线）”，“导线数”设置为“3”，单击“确定”按钮。

绘制主电路垂直线路步骤如下：

① 单击水平电源线上方的第三条导线左侧位置，作为开始于水平电源线连接的主电路导线的第一条导线的起点。

② 向上拖动鼠标，依次触碰水平电源线的第二、第一条导线，绘制主电路导线的第二、第三条导线。

③ 向下拖动鼠标，绘制主电路导线。

④ 在下方导线终点单击结束主电路垂直线路绘制，如图 5.59 所示。

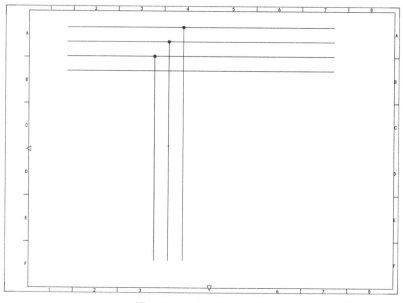

图 5.59 主电路垂直线路

（3）能耗制动接触器线路。在面板"插入导线/线号"中，单击"多母线"图标，在"多导线母线"对话框中，将"水平间距"设置为"10"，"垂直间距"设置为"15"，"开始于"下面选择"其他母线（多导线）"，"导线数"设置为3，单击"确定"按钮。

绘制能耗制动接触器线路步骤如下：

① 单击主电路垂直多母线左侧的第一条导线的中上方位置，作为能耗制动接触器线路的第一条导线的起点。

② 向右拖动鼠标，依次触碰垂直多母线的第二、第三条导线，绘制能耗制动接触器的第二、第三条导线。

③ 继续向右拖动鼠标，绘制多母线。

④ 然后向下拖动鼠标，绘制多母线。

⑤ 在命令行输入"F"，翻转多母线转弯方式。

⑥ 继续向下拖动鼠标，然后命令行输入"C"，向左绘制多母线。

⑦ 在命令行输入"F"，翻转多母线转弯方式。

⑧ 当多母线触碰垂直线路左侧第一根导线时，在命令行输入"C"，向上绘制多母线。

⑨ 在命令行输入"F"，翻转多母线转弯方式。

⑩ 当向上绘制的多母线与垂直线路重合时，单击结束反转接触器线路的绘制，如图 5.60 所示。

（4）能耗制动回路。

① 绘制能耗制动回路垂直线路步骤如下：

a. 在面板"插入导线/线号"中,单击"导线"图标。

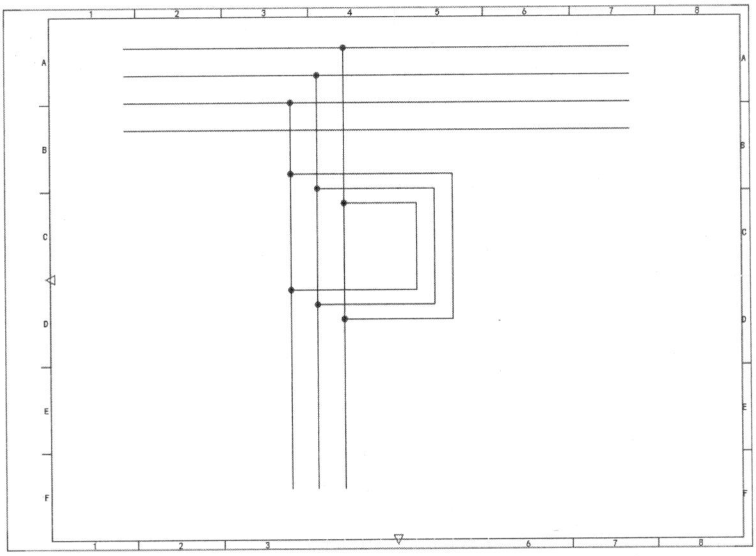

图 5.60　能耗制动接触器线路

b. 指定导线起点：单击水平电源线上方的第二条导线右侧位置，作为能耗制动回路垂直线路的起点。

c. 向下拖动鼠标，开始绘制导线。

d. 在图纸下方，向右拖动鼠标，继续绘制导线。

e. 在命令行输入 C，按空格键，向上绘制导线。

f. 当导线绘制到水平电源线的第三条导线时，单击结束导线绘制。

② 绘制能耗制动回路水平线路步骤如下：

a. 在面板"插入导线/线号"中，单击"导线"图标。

b. 指定导线起点：单击主电路垂直线路的第二条导线下方位置，作为能耗制动回路水平线路的起点。

c. 向右拖动鼠标，开始绘制导线。

d. 在图纸右侧，向下拖动鼠标，继续绘制导线。

e. 在命令行输入 C，按空格键，向左绘制导线。

f. 当导线绘制到主电路垂直线路的第三条导线时，单击结束导线绘制。

③ 绘制能耗制动回路其他线路步骤如下：

a. 在面板"插入导线/线号"中，单击"导线"图标。

b. 指定导线起点：单击能耗制动回路垂直线路下方的左侧，作为导线绘制的起点。

c. 向右拖动鼠标，开始绘制导线。

d. 在能耗制动回路垂直线路下方的右侧位置，向下拖动鼠标继续绘制导线。

e. 在命令行输入 C，按空格键，向左绘制导线。

f. 在命令行输入 C，按空格键，向上绘制导线。

g. 当绘制到与导线起点重合时，单击结束导线绘制，如图 5.61 所示。

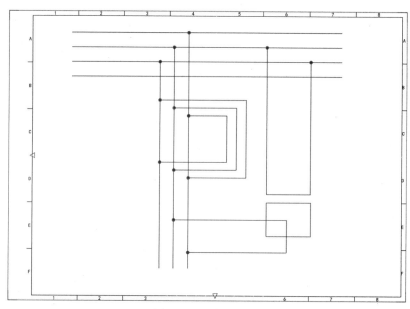

图 5.61 主电路线路

2）元件插入

（1）原理图缩放比例设置。单击"原理图"选项卡→"插入元件"面板→"图标菜单"，弹出"插入元件"对话框，将"原理图缩放比例"设置为"1.5"。

（2）断路器的插入。

① 单击"插入元件"面板→"图标菜单"→"断路器/隔离开关"→"三极断路器"→"断路器"。

② 指定插入点：将元件断路器放置在水平电源线最上方一条导线的左侧位置，在弹出的"向上构建还是向下构建"对话框中选择"向下"。

③ 在弹出的"插入/编辑元件"对话框中，将"元件标记"设置为 QS，单击"确定"按钮。

（3）熔断器的插入。

① 单击"插入元件"面板→"图标菜单"→"熔断器/变压器/电抗器"→"熔断器"→"三极断路器"。

② 指定插入点：将元件熔断器放置在断路器的右侧，在弹出的"向上构建还是向下构建"对话框中选择"向下"。

③ 在弹出的"插入/编辑元件"对话框中，将"元件标记"设置为"FU1"，单击"确定"按钮。

（4）主交流接触器的插入。

① 单击"插入元件"面板→"图标菜单"→"电动机控制"→"电动机启动器"→"带三极常开触点的电动机启动器"。

② 指定插入点：将元件交流接触器放置在主电路垂直多母线最左侧一条导线的中间位置，在弹出的"构建左侧还是构建右侧"对话框中选择"右"。

③ 在弹出的"插入/编辑辅元件"对话框中，将"元件标记"设置为"KM1"，"引脚 1"

设置为"L1","引脚 2"设置为"T1",单击"确定"按钮。

④ 单击"编辑元件"面板→"编辑",单击交流接触器 KM1 的中间触点,在弹出的"插入/编辑辅元件"对话框中,将"引脚 1"设置为"L2","引脚 2"设置为"T2",单击"确定"按钮。

⑤ 单击"编辑元件"面板→"编辑",单击交流接触器 KM1 的右侧的触点,在弹出的"插入/编辑辅元件"对话框中,将"引脚 1"设置为"L3","引脚 2"设置为"T3",单击"确定"按钮。

(5) 能耗制动交流接触器的插入。

① 单击"插入元件"面板→"图标菜单"→"电动机控制"→"电动机启动器"→"带三极常开触点的电动机启动器"。

② 指定插入点:将元件交流接触器放置在能耗制动接触器线路最左侧一条导线的中间位置,在弹出的"构建左侧还是构建右侧"对话框中选择"右"。

③ 在弹出的"插入/编辑辅元件"对话框中,将"元件标记"设置为"KM2","引脚 1"设置为"L1","引脚 2"设置为"T1",单击"确定"按钮。

④ 单击"编辑元件"面板→"编辑",单击交流接触器 KM2 的中间的触点,在弹出的"插入/编辑辅元件"对话框中,将"引脚 1"设置为"L2","引脚 2"设置为"T2",单击"确定"按钮。

⑤ 单击"编辑元件"面板→"编辑",单击交流接触器 KM2 的右侧的触点,在弹出的"插入/编辑辅元件"对话框中,将"引脚 1"设置为"L3","引脚 2"设置为"T3",单击"确定"按钮。

(6) 热继电器的插入。

① 单击"插入元件"面板→"图标菜单"→"电动机控制"→"三极过载"。

② 指定插入点:将元件热继电器放置在主电路垂直多母线最左侧一条导线的下方位置,在弹出的"构建左侧还是构建右侧"对话框中选择"右"。

③ 在弹出的"插入/编辑元件"对话框中,将"元件标记"设置为"FR1",单击"确定"按钮。

(7) 三相电动机的插入。

① 单击"插入元件"面板→"图标菜单"→"电动机控制"→"三相电动机"→"三相电动机"。

② 指定插入点:将元件三相电动机放置在主电路垂直多母线最下方位置。

③ 在弹出的"插入/编辑元件"对话框中,单击"确定"按钮。

(8) 接触器 KM3 的插入。

① 接触器 KM3 常开触点 1 的插入。

a. 单击"插入元件"面板→"图标菜单"→"电动机控制"→"电动机启动器"→"带单极常开触点的电动机启动器"。

b. 指定插入点:将接触器常开触点放置在能耗制动回路水平线路上方导线的中间位置。

c. 在弹出的"插入/编辑辅元件"对话框中,将"元件标记"设置为"KM3";将"引脚 1"设置为"L1","引脚 2"设置为"T1",单击"确定"按钮。

② 接触器 KM3 常开触点 2 的插入。

a. 单击"插入元件"面板→"图标菜单"→"电动机控制"→"电动机启动器"→"带单极常开触点的电动机启动器"。

b. 指定插入点：将接触器常开触点放置在能耗制动回路垂直线路右侧导线的下方位置。

c. 在弹出的"插入/编辑辅元件"对话框中，将"元件标记"设置为"KM3"；将"引脚1"设置为"L2"，"引脚2"设置为"T2"，单击"确定"按钮。

（9）变压器的插入。

① 变压器上半部分插入。

a. 单击"插入元件"面板→"图标菜单"→"熔断器/变压器/电抗器"→"电抗器－常规"。

b. 指定插入点：将电抗器放置在能耗制动回路垂直线路的下方水平导线上。

c. 在弹出的"插入/编辑元件"对话框中，将"元件标记"设置为"L2"，单击"确定"按钮。

e. 单击"编辑元件"面板→"反转/翻转元件"。

f. 在弹出的"反转/翻转元件"对话框中，选择翻转，并勾选"仅图形"，单击"确定"按钮。

g. 选择要翻转的元件：单击已插入的电抗器 L2。

② 变压器下半部分插入。

a. 单击"插入元件"面板→"图标菜单"→"熔断器/变压器/电抗器"→"电抗器－铁芯"。

b. 指定插入点：将电抗器放置在电抗器 L2 的下方水平导线上。

c. 在弹出的"插入/编辑元件"对话框中，将"元件标记"设置为"L1"，单击"确定"按钮。

（10）可变电阻器 *R*1 的插入。

① 可变电阻器元件插入。

a. 单击"插入元件"面板→"图标菜单"→"其他"→"电子元件"→"可变电阻器"（箭头在右侧）。

b. 指定插入点：将元件可变电阻器放置在能耗制动回路水平线路的下方导线上。

c. 在弹出的"插入/编辑元件"对话框中，将"元件标记"设为"R1"，描述第一行设为可变电阻器，单击"确定"按钮。

② 可变电阻器导线插入。

a. 在面板"插入导线/线号"中，单击"导线"图标。

b. 指定导线起点：单击滑动变阻器 *R*1 的上方接线端子，作为导线的起点。

c. 向上拖动鼠标，开始绘制导线。

d. 然后向左拖动鼠标，继续绘制导线。

e. 在命令行输入 C，按空格键，向下绘制导线。

f. 当导线绘制到能耗制动回路水平线路的下方导线时，单击结束导线绘制。

（11）桥式整流器 V 的插入。

① 单击"原理图"选项卡→"插入元件"面板→"图标菜单"，弹出"插入元件"对话框，将"原理图缩放比例"设置为"1.0"。

② 单击"插入元件"面板→"图标菜单"→"其他"→"电子元件"→"桥式整流器"。

③ 指定插入点：将桥式整流器放置在能耗制动回路水平线路的右侧导线十字交叉处。

④ 在弹出的"插入/编辑元件"对话框中,将"元件标记"设置为"V",描述第一行设为桥式整流器,单击"确定"按钮。

(12) 端子的插入。

① 单击"插入元件"面板→"图标菜单",弹出"插入元件"对话框,将"原理图缩放比例"设置为"1.5"。

② 单击"插入元件"面板→"多次插入(图标菜单)"→"端子/连接器"→"带端子号的正方形端子"。

③ 元件栏选:单击接触器 KM1 上方,主电路垂直多母线左侧的空白处,水平向右拖动鼠标,在垂直多母线右侧空白处单击鼠标。

④ 按空格键,在弹出的"保留?"对话框中选择"保留此项"。

⑤ 在弹出的"插入/编辑端子符号"对话框中,将"标记排"设置为"X1","编号"设置为"1"。

⑥ 单击"确定"按钮,弹出"保留?"对话框,按图 5.62 进行设置。

⑦ 单击"确定"按钮,在弹出的"插入/编辑端子符号"对话框中,将"标记排"设置为"X1","编号"设置为"2"。

⑧ 单击"确定"按钮,弹出"保留?"对话框,按图 5.62 进行设置,单击"确定"按钮,在弹出的"插入/编辑端子符号"对话框中,将"标记排"设置为"X1","编号"设置为"3",单击"确定"按钮。

⑨ 同样的方法,使用"多次插入(图标菜单)"在能耗制动接触器线路上方放置"标记排"为"X1","编号"为"4,5,6"的正方形端子。在能耗制动接触器线路下方放置"标记排"为"X1","编号"为"7,8,9"的正方形端子,如图 5.63 所示。

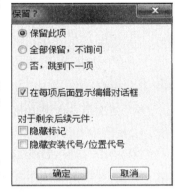

图 5.62 "保留?"对话框

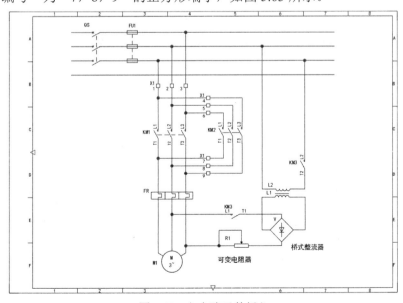

图 5.63 主电路元件插入

3)线号的插入

(1)三相电源线线号插入。

① 单击"插入导线/线号"面板→"三相"图标。

② 在弹出的"三相导线编号"对话框中,单击"前缀"下的"列表",选择"L1,L2,L3,N",单击"确定"按钮。

③ 在"最大值"一栏选择"4",单击"确定"按钮,如图5.64所示。

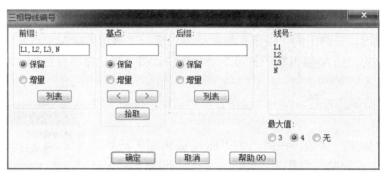

图 5.64 三相电源线线号设置

④ 依次单击水平电源线最左侧的四条导线。

(2)三相电动机电源线线号插入。

① 单击"插入导线/线号"面板→"三相"图标。

② 在弹出的"三相导线编号"对话框中,单击"前缀"下的"列表",选择"U,V,W",单击"确定"按钮。

③ 在"最大值"一栏选择"3",单击"确定"按钮,如图5.65所示。

图 5.65 三相电动机电源线线号设置

④ 依次单击电动机 M1 上方的三条垂直导线。

(3)线号插入。

① 单击"插入导线/线号"面板→"线号"图标。

② 在弹出的"导线标记"对话框中,在"导线标记模式"一栏,设为从"100"开始。

③ 单击"图形范围"按钮,线号会自动插入到主电路,如图5.66和图5.67所示。

图5.66　线号设置

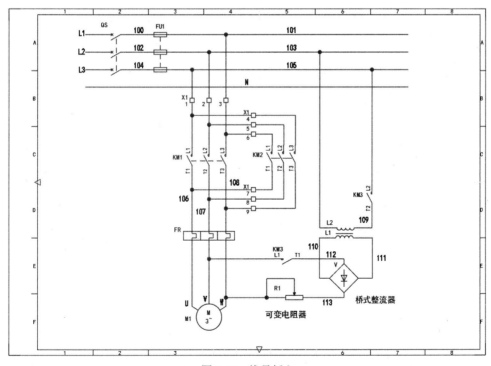

图5.67　线号插入

4)源箭头插入

(1) 单击"插入导线/线号"面板→"源箭头"图标。

(2) 选择源的导线末端:单击主电路水平电源线第三条导线末端。

(3) 在弹出的"信号-源代号"对话框中,将"代号"设置为火线。

(4) 单击"确定"按钮,如图5.68所示。

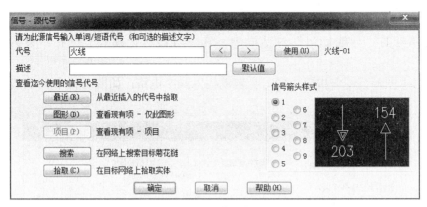

图 5.68　源箭头插入

（5）在弹出的"源/目标信号箭头"对话框中，单击"否"按钮，如图 5.69 所示。

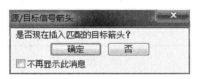

图 5.69　"源/目标信号箭头"对话框

（6）同样方法，在主电路水平电源线最下方导线末端插入"代号"为零线的源箭头，如图 5.70 所示。

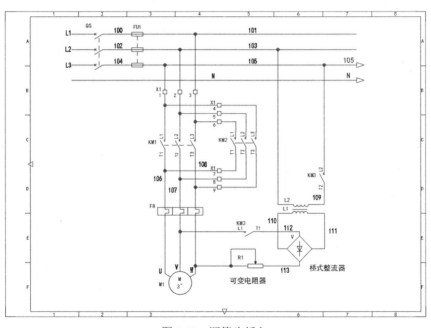

图 5.70　源箭头插入

5）导线、元件和线号编辑
（1）导线编辑。
① 导线类型编辑：

a. 在"编辑导线/线号"面板，单击"更改/转换导线类型"。
　　b. 在弹出的"更改/转换导线类型"对话框中，选择导线颜色为"YEL"，大小为"4.0 mm^2"的选项，单击"确定"按钮。
　　c. 选择对象：单击断路器 QS 的左侧，水平电源线最上方的导线，按空格键结束。
　　d. 同样的方法，将断路器 QS1 的左侧，水平电源线上方第二条导线的类型，更改为导线颜色为"GRN"，大小为"4.0 mm^2"。
　　e. 同样的方法，将水平电源线最下方导线的类型，更改为导线颜色为"BLU"，大小为"4.0 mm^2"。
　② 导线标签插入：
　　a. 在"编辑导线/线号"面板，单击"导线内导线标签"图标 。
　　b. 在弹出的"插入元件"对话框中，选择蓝色。
　　c. 指定插入点：单击水平电源线的最下方一条导线的中间位置。
（2）元件编辑。
对齐元件：
① 在"编辑元件"面板，单击"对齐"图标。
② 选择与之对齐的元件：单击选择交流接触器 KM1。
③ 选择对象：单击选择交流接触器 KM2 三个触点，按空格键结束。
④ 按上述方法，对齐电抗器 L1 和 L2。
⑤ 对齐可变电阻器 R1 和接触器 KM3 的常开触点 1。
（3）线号编辑。
① 移动线号：
　　a. 在"编辑导线/线号"面板，单击"移动线号"图标 。
　　b. 单击水平电源线的最下方一条导线的左侧边缘，将线号"N"移动到最左侧。
② 切换导线内线号：
　　a. 在"编辑导线/线号"面板，单击"切换导线内线号"图标 。
　　b. 选择要切换的线号：单击线号 101。
　　c. 单击线号 105。
③ 复制线号：
　　a. 在"编辑导线/线号"面板，单击"复制线号"图标 。
　　b. 单击接触器 KM1 上方的左侧导线，和编号为 4 的端子的右侧导线，复制线号 105。
　　c. 单击接触器 KM1 上方的中间导线，复制线号 103。
　　d. 单击接触器 KM1 上方的右侧导线，复制线号 101。
④ 复制线号（导线内）：
　　a. 在"编辑导线/线号"面板，单击"复制线号（导线内）"图标 。
　　b. 单击能耗制动回路垂直线路的左侧导线中间位置，复制线号 103。
　　c. 单击能耗制动回路垂直线路的右侧导线中间位置，复制线号 105。
　　d. 单击编号为 9 的端子的右侧导线，复制线号 108。
⑤ 翻转线号：
　　a. 在"编辑导线/线号"面板，单击"翻转线号"图标 。

b. 单击接触器 KM1 上方的线号 101，翻转线号 101 到导线另一侧，如图 5.71 所示。

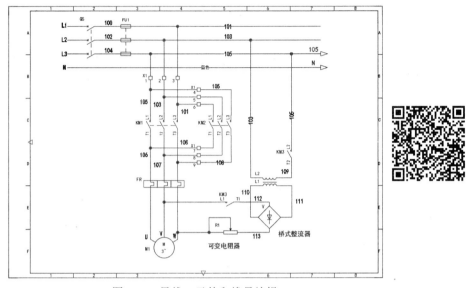

图 5.71　导线、元件和线号编辑

6. 控制电路

1）导线

（1）插入阶梯。

① 在面板"插入导线/线号"中，单击"插入阶梯"图标，弹出"插入阶梯"对话框。

② 在"宽度"一栏，将阶梯宽度设置为"165"；在"间距"一栏，将阶梯的间距设置为"43"；在"长度"一栏，将阶梯的横档设置为"7"，单击"确定"按钮，如图 5.72 所示。

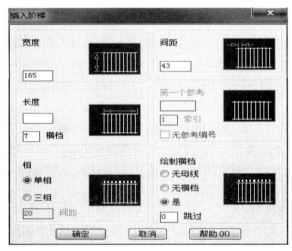

图 5.72　阶梯设置

③ 设置导线类型：在命令行输入"T"，在"设置导线类型"对话框中，将导线颜色设置为"RED"，大小设置为"2.5 mm^2"，单击"确定"按钮。

④ 如图 5.73 所示，绘制阶梯。

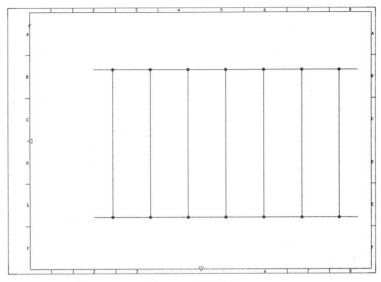

图 5.73 绘制阶梯

（2）绘制辅助导线。

① 在面板"插入导线/线号"中，单击"导线"图标。
② 指定导线起点：单击阶梯第一个横档的上方约 1/5 处。
③ 向右水平拖动鼠标，开始绘制导线。
④ 指定导线末端：单击阶梯第二个横档，结束绘制。
⑤ 同样方法，在第二个和第三个横档中间，横档的 1/5、2/5 处绘制两条导线。
⑥ 在第三个和第四个横档中间，横档的 1/5 处绘制一条导线。
⑦ 在第四个和第五个横档中间，横档的 1/5、2/5 处绘制两条导线。
⑧ 在第五个和第六个横档中间，横档的 1/5 处绘制一条导线。
⑨ 在第六个和第七个横档中间，横档的 3/5、4/5 处绘制两条导线，如图 5.74 所示。

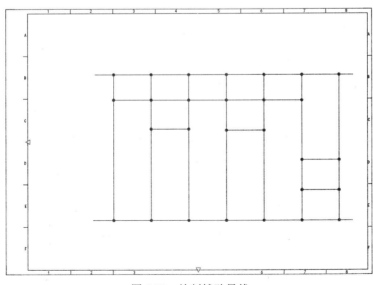

图 5.74 绘制辅助导线

（3）修剪导线。

① 在面板"编辑导线/线号"中，单击"修剪导线"图标。

② 选择要修剪的导线：将多余的导线修剪掉，如图 5.75 所示。

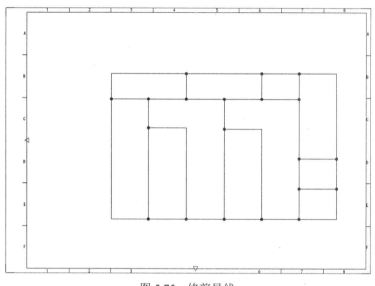

图 5.75　修剪导线

（4）单导线绘制。

通过面板"插入导线/线号"中的"导线"命令，绘制阶梯左侧的两根导线，如图 5.76 所示。

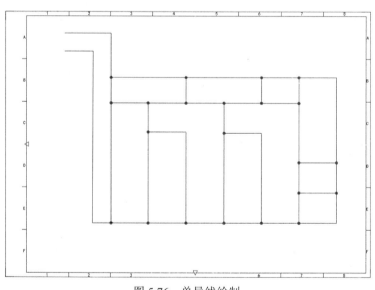

图 5.76　单导线绘制

2）元件插入

（1）原理图缩放比例设置。单击"原理图"选项卡→"插入元件"面板→"图标菜单"，弹出"插入元件"对话框，将"原理图缩放比例"设置为"1.5"。

（2）熔断器的插入。

① 单击"图标菜单"→"熔断器/变压器/电抗器"→"熔断器"→"双极熔断器"。

② 指定插入点：将熔断器放置在图 5.77 中指定位置。

③ 在弹出的"插入/编辑元件"对话框，将"元件标记"设置为"FU2"。

（3）热继电器的插入。

① 单击"图标菜单"→"电动机控制"→"多极过载，常闭触点"。

② 指定插入点：将热继电器触点放置在图 5.77 中指定位置。

③ 在弹出的"插入/编辑元件"对话框，将"元件标记"设置为"FR"。

（4）按钮的插入。

① 停止按钮的插入：

a. 单击"图标菜单"→"按钮"→"瞬动型常闭按钮"。

b. 指定插入点：将按钮放置在图 5.77 中指定位置。

c. 在弹出的"插入/编辑元件"对话框中，将"元件标记"设置为"SB1"，"描述"第 1 行设为停止。

② 启动按钮的插入：

a. 单击"图标菜单"→"按钮"→"瞬动型常开按钮"。

b. 指定插入点：将按钮放置在图 5.77 中指定位置。

c. 在弹出的"插入/编辑元件"对话框中，将"元件标记"设置为"SB2"，"描述"第 1 行设为启动。

（5）继电器的插入。

① 继电器线圈：

a. 单击"图标菜单"→"继电器/触点"→"继电器线圈"。

b. 指定插入点：将继电器线圈放置在图 5.77 中指定位置。

c. 在弹出的"插入/编辑元件"对话框中，将"元件标记"设置为"KA"，将"引脚 1"设置为"13"，"引脚 2"设置为"14"，单击"确定"按钮。

② 继电器触点：

a. 单击"图标菜单"→"继电器/触点"→"继电器常开触点"。

b. 指定插入点：将继电器触点（3 个）放置在图 5.77 中指定位置。

c. 在弹出的"插入/编辑辅元件"对话框中，将"元件标记"均设置为"KV"；将三个继电器触点的"引脚 1"和"引脚 2"分别设为（5，9）、（6，10）和（8，12）。

（6）定时器的插入。

① 定时器线圈：

a. 单击"图标菜单"→"定时器"→"吸合时-延时线圈"。

b. 指定插入点：将定时器线圈放置在图 5.77 中指定位置。

c. 在弹出的"插入/编辑元件"对话框中，将"元件标记"设置为"KT1"，将"引脚 1"设置为"2"，"引脚 2"设置为"7"。

d. 单击"确定重复"按钮，在图 5.77 中指定位置插入定时器线圈 KT2，并将"引脚 1"设置为"2"，"引脚 2"设置为"7"。

② 定时器延时常开触点：

a. 单击"图标菜单"→"定时器"→"吸合时－延时常开触点"。

b. 指定插入点：将定时器延时常开触点放置在图5.77中指定位置。

c. 在弹出的"插入/编辑辅元件"对话框中，将"元件标记"设置为"KT1"；将"引脚1"设置为"6"，"引脚2"设置为"8"。

d. 单击"确定重复"按钮，在图5.77中指定位置插入定时器延时常开触点KT2（2个），将这两个延时常开触点的"引脚1"和"引脚2"分别设为（1，3）和（6，8）。

③ 定时器延时常闭触点：

a. 单击"图标菜单"→"定时器"→"吸合时－延时常闭触点"。

b. 指定插入点：将定时器延时常闭触点放置在图5.77中指定位置。

c. 在弹出的"插入/编辑辅元件"对话框中，将"元件标记"设置为"KT1"；将"引脚1"设置为"1"，"引脚2"设置为"4"。

（7）接触器的插入。

① 接触器线圈：

a. 单击"图标菜单"→"电动机控制"→"电动机启动器"→"电动机启动器"。

b. 指定插入点：将接触器线圈放置在图5.77中指定位置。

c. 在弹出的"插入/编辑元件"对话框中，将"元件标记"设置为"KM1"，将"引脚1"设置为"A1"，"引脚2"设置为"A2"。

d. 单击"确定重复"按钮，在图5.77中指定位置插入接触器线圈KM2，并将"引脚1"设置为"A1"，"引脚2"设置为"A2"。

e. 以同样方法，在图5.77中依次插入接触器线圈KM3、KM4，均将"引脚1"设置为"A1"，"引脚2"设置为"A2"。

② 接触器常闭触点：

a. 单击"图标菜单"→"电动机控制"→"电动机启动器"→"带单极常闭触点的电动机启动器"。

b. 指定插入点：将接触器常闭触点放置在图中指定位置。

c. 在弹出的"插入/编辑辅元件"对话框中，将"元件标记"设置为"KM1"；将"引脚1"设置为"21"，"引脚2"设置为"22"。

d. 单击"确定重复"按钮，在图5.77中指定位置放置另一个接触器常闭触点KM1，将"引脚1"设置为"61"，"引脚2"设置为"62"。

e. 同样方法，在图5.77中依次插入接触器常闭触点KM2（2个）、KM3（3个），并按图5.77中所示，设置其引脚。

③ 接触器常开触点：

a. 单击"图标菜单"→"电动机控制"→"电动机启动器"→"带单极常开触点的电动机启动器"。

b. 指定插入点：将接触器常开触点放置在图5.77中指定位置。

c. 在弹出的"插入/编辑辅元件"对话框中，将"元件标记"设置为"KM4"；将"引脚1"设置为"13"，"引脚2"设置为"14"，如图5.77所示。

3）目标箭头插入

（1）单击"插入导线/线号"面板→"目标箭头"图标。

（2）选择目标的导线末端：单击控制电路最上方导线末端。

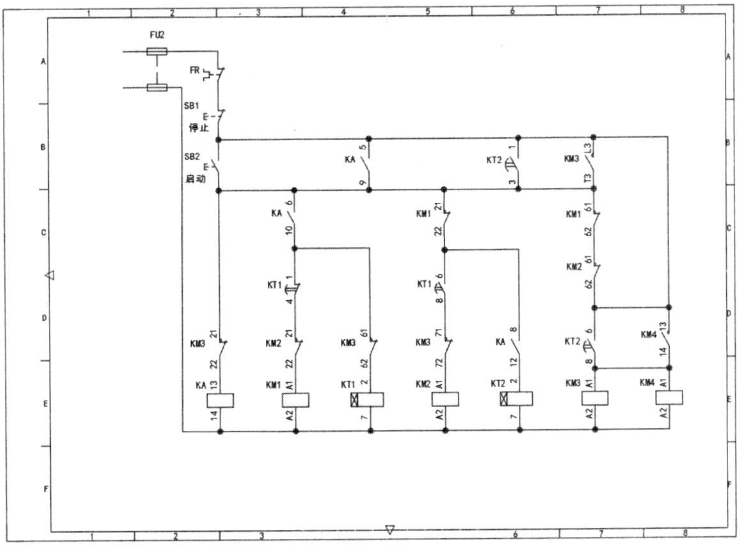

图 5.77 控制电路元件插入

（3）在弹出的"插入目标代号"对话框中，在"代号"一栏输入"火线"。
（4）单击"确定"按钮。
（5）同样方法，在控制电路最上方第二条导线末端插入"代号"为零线的目标箭头。
（6）在弹出的"更改目标导线图层？"对话框中，单击"是"按钮，如图 5.78 所示。

图 5.78 "更改目标导线图层？"对话框

注意：如果源箭头和目标箭头插入后，位置分区号显示不正确，可以通过单击"编辑导线/线号"面板中的"更新线号参考"图标 ，进行交互参考和线号标记的更新，如图 5.79 和图 5.80 所示。

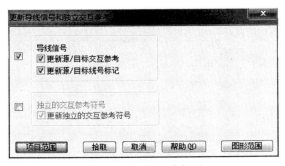

图 5.79 更新导线信号

4）线号的插入
（1）单击"插入导线/线号"面板→"线号"图标 。
（2）在弹出的"导线标记"对话框中，在导线标记模式一栏，设为从"114"开始。
（3）单击"图形范围"按钮，线号自动插入到控制电路，如图 5.81 和图 5.82 所示。

193

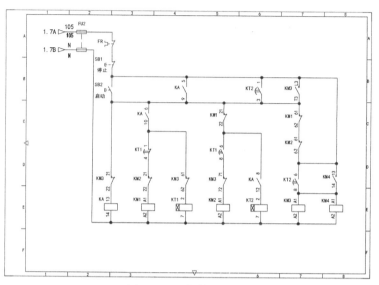

图 5.80　目标箭头插入

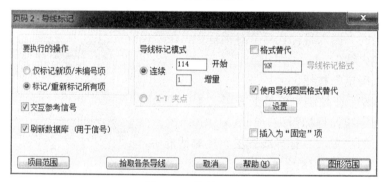

图 5.81　线号设置

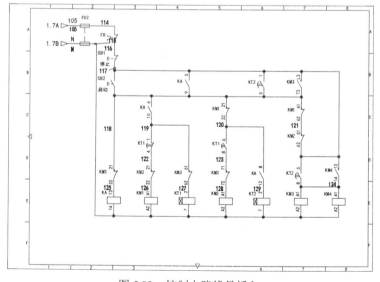

图 5.82　控制电路线号插入

5）元件和线号编辑

（1）元件对齐。

① 在"编辑元件"面板，单击"对齐"图标。

② 选择与之对齐的元件：单击选择按钮 SB2。

③ 选择对象：依次单击选择元件 KA、KT2、KM3。

④ 按空格键结束。

⑤ 按上述方法，将触点 KA、KM1、KM1 对齐。

⑥ 将触点 KT1、KT1、KM2 对齐。

⑦ 将触点 KM3、KM2、KM3、KM3、KA、KT2、KM4 对齐。

⑧ 将线圈 KA、KM1、KT1、KM2、KT2、KM3、KM4 对齐。

（2）线号编辑

① 移动线号：

a. 在"编辑导线/线号"面板，单击"移动线号"图标。

b. 单击最左侧导线的中间位置，将线号 115 移动到此处。

c. 同样方法，将线号 119、120 和 124 移动到图 5.83 中的指定位置。

② 翻转线号：

a. 在"编辑导线/线号"面板，单击"翻转线号"图标。

b. 单击线号 121，翻转线号 121 到导线另一侧。

c. 同样方法，将线号 125、126、127、128 和 129 翻转到导线另一侧。

③ 复制线号：

a. 在"编辑导线/线号"面板，单击"复制线号"图标。

b. 将线号 118 复制到图 5.83 中指定位置。

④ 复制线号（导线内）：

a. 在"编辑导线/线号"面板，单击"复制线号（导线内）"图标。

b. 将线号 117 复制到图 5.83 中指定位置。

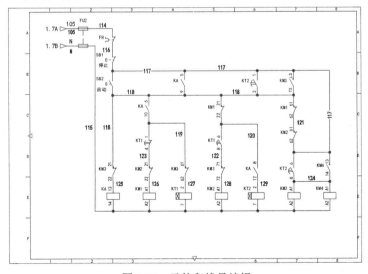

图 5.83　元件和线号编辑

7. 交互参考

1）继电器 KA 交互参考

（1）单击"编辑元件"面板→"编辑"，单击控制电路中，引脚号为（5，9）的继电器触点 KA，在弹出的"插入/编辑辅元件"对话框中，单击"主项/同级项"。

（2）单击控制电路继电器线圈 KA。

（3）在弹出的"插入/编辑辅元件"对话框中，单击"确定"按钮。

（4）同样方法，对引脚号为（6，10）和（8，12）的继电器触点 KA，同继电器线圈 KA 进行交互参考。

2）定时器 KT1、KT2 交互参考

（1）单击"编辑元件"面板→"编辑"，单击控制电路中定时器常开触点 KT1，在弹出的"插入/编辑辅元件"对话框中，单击"主项/同级项"。

（2）单击控制电路定时器线圈 KT1。

（3）在弹出的"插入/编辑辅元件"对话框中，单击"确定"按钮。

（4）同样方法，对控制电路中定时器常闭触点 KT1 同定时器线圈 KT1 进行交互参考。

（5）同样方法，对控制电路中定时器常开触点 KT2（2 个）同定时器线圈 KT2 进行交互参考。

3）接触器 KM1 交互参考

（1）接触器 KM1 三相主触点。

① 单击"编辑元件"面板→"编辑"，单击主电路接触器 KM1，在弹出的"插入/编辑辅元件"对话框中，单击"项目"，如图 5.84 所示。

图 5.84 "插入/编辑辅元件"对话框

② 在弹出的"种类='MS'的完整项目列表"对话框中，选择页码为"2"的 KM1，单击"确定"按钮，如图 5.85 所示。

③ 在弹出的"插入/编辑辅元件"对话框中，确定元件参数后，单击"确定"按钮。

（2）接触器 KM1 辅助触点

① 单击"编辑元件"面板→"编辑"，单击控制电路中引脚号为（21，22）的接触器常

闭触点 KM1，在弹出的"插入/编辑辅元件"对话框中，单击"主项/同级项"。

② 单击控制电路接触器线圈 KM1。

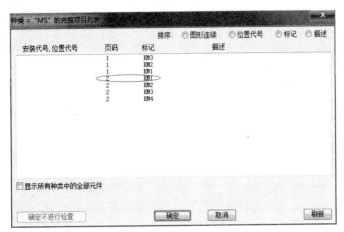

图 5.85 接触器完整项目列表

③ 在弹出的"插入/编辑辅元件"对话框中，单击"确定"按钮。

④ 同样方法，对引脚号为（61，62）的接触器常闭触点 KM1，同接触器线圈 KM1 进行交互参考。

4）接触器 KM2、KM3、KM4 交互参考

（1）同接触器 KM1 三相主触点交互参考方法，分别对主电路中接触器 KM2 三相主触点、接触器 KM3 常开触点（2 个），同控制电路中其对应的接触器线圈进行交互参考。

（2）同接触器 KM1 辅助触点交互参考方法，分别对控制电路中接触器 KM2、KM3、KM4 的辅助触点，同其对应的接触器线圈进行交互参考，如图 5.86 所示。

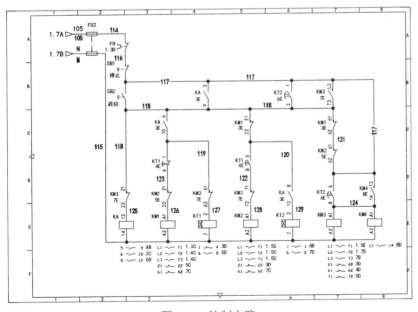

图 5.86 控制电路

5.4 任务拓展

绘制钻床电路原理图，如图 5.87 和图 5.88 所示。

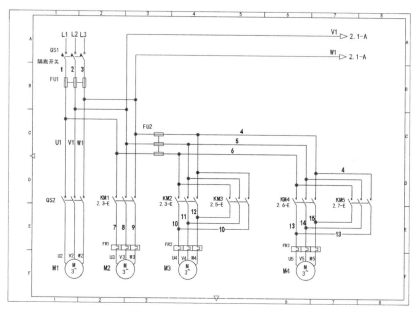

图 5.87　钻床电路原理图主电路

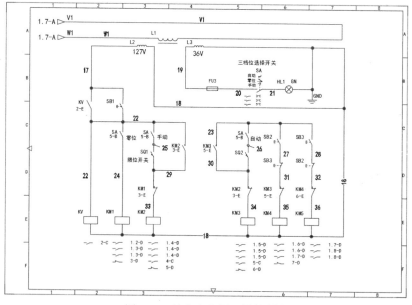

图 5.88　钻床电路原理图控制电路

项目六

M7120 平面磨床电路原理图的绘制

6.1 任务概述

磨床是用磨具和磨料（如砂轮、砂带、油石、研磨剂等）对工件的表面进行磨削加工的一种机床，它可以加工各种表面，如平面、内外圆柱面、圆锥面和螺旋面等，通过磨削加工，使工件的形状及表面的精度、光洁度达到预期的要求。同时，它还可以进行切断加工。根据用途和采用的工艺方法不同，磨床可以分为平面磨床、外圆磨床、内圆磨床、工具磨床和各种专用磨床（如螺纹磨床、齿轮磨床、球面磨床、导轨磨床等），其中以平面磨床使用最多。

任务说明

本学习任务主要介绍 M7120 平面磨床电路原理图的绘制。M7120 型平面磨床由主电路、控制电路(液压泵电动机控制电路、砂轮电动机冷却泵电动机控制电路和电磁吸盘控制电路)组成。如图 6.1 所示，主电路中有 4 台电动机，M1 为液压泵电动机，它在工作中起工作台往复的作用；M2 为砂轮电动机，可带动砂轮旋转，起磨削加工工件作用；M3 为冷却泵电动机，为砂轮磨削工作起冷却作用；M4 为砂轮升降电动机，用于调整砂轮与工件的位置，对升降电动机要求它正反方向均能旋转。如图 6.2 所示，控制电路采用 220 V 交流电压供电，并设置有电磁吸盘，用来吸住工件以便进行磨削。

控制电路中的电气元件桥式整流器和电磁吸盘，在 ACE 的符号库中是找不到的，这就需要我们自己制作这些电气元件。在本任务中，我们重点学习元件的制作。通过对 M7120 平面磨床电路原理图的绘制，我们将认识到 ACE 元件的命名规则，逐步掌握元件的制作方法。

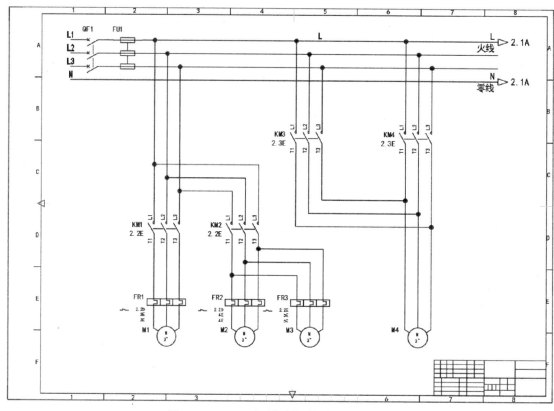

图 6.1　M7120 平面磨床控制原理图主电路

知识目标

1. 了解 M7120 平面磨床控制电路的原理；
2. 了解元件的命名规则；
3. 了解元件属性的含义；
4. 掌握电气元件的制作方法。

能力目标

1. 能够完成电气元件的制作；
2. 能够独立完成平面磨床控制原理图的绘制。

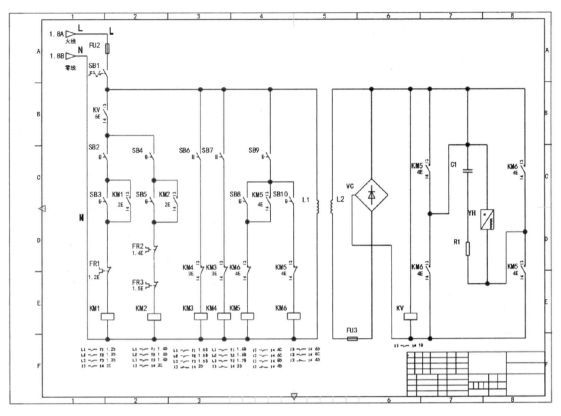

图 6.2 M7120 平面磨床控制电路

6.2 知识链接

6.2.1 元件命名规则

ACE 软件中图标菜单里的元件，实际是 AutoCAD 的块文件，描述了一个原理图符号。当我们往原理图中插入元件时，就是找到对应的块文件插入到原理图中。

一个 ACE 软件中的原理图符号，就是一个纯粹的 AutoCAD 块。ACE 软件的电气特性就是建立在块上的，主要就是利用了块文件的名字和块本身所带的属性来设计软件以实现电气绘图所需的功能。那么块文件的取名和块属性的取名就必须遵守一定的规则才能让 ACE 软件识别。图 6.3 所示为瞬动型常开按钮的命名。

原理图元件如继电器、按钮开关、指示灯、电动机控制元件等的块文件取名规则如图 6.4 所示。

（1）元件方向：元件名中第一个字符 H 或 V 表示元件的接线方向，H（Horizontal）表示水平接线的元件，V（Vertical）表示垂直接线的元件。

（2）元件种类代号：紧跟 H 或 V 后的字母表示元件的类别 family，比如 PB 表示按钮（Push Button），CR 表示控制继电器（Control Relay），LS 表示限位开关（Limit Switch）。至于表示元

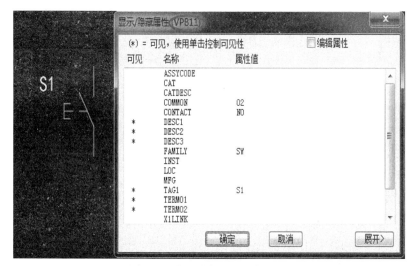

图 6.3　瞬动型常开按钮的命名

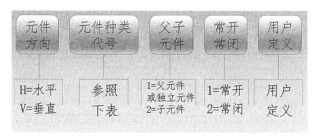

图 6.4　元件取名规则

件种类的字母，ACE 并没有强制规定必须是什么，但 ACE 软件的库文件中已经有了一些既有的命名，自制元件命名时不要与之冲突。ACE 软件库文件中已经定义的元件种类代号如图 6.5 所示。

AutoCAD Electrical -- 自定义元件

元件代号对照表

代号	元件名称	代号	元件名称	代号	元件名称
AM	电流表	PW	电源	PM	功率表
AN	蜂鸣器，电铃	PX	接近开关	IN	测量仪表
CB	断路器	RE	电阻器	PLCIO	可编程逻辑控制器
CR	控制继电器	SU	浪涌抑制器	PNEU-ACT	传动装置
DR	传动器	SW	双稳开关	PNEU-ALU	空气添加器
DS	隔离开关	TD	时间继电器	PNEU-CYL	气缸
EN	机柜/硬件	LR	闭锁式继电器	PNEU-FLC	流向控制
FM	频率表	VM	电压表	PNEU-FLT	过滤器
FS	流量传感器	WO	电缆	PNEU-MET	仪表
FU	熔断器	WW	导线槽	PNEU-MFL	消声器
LS	限位开关	XF	变压器	PNEU-MNF	支路
LT	灯，指示灯	TRMS	端子	PNEU-MOT	气动电动机
MO	电动机	DI	DIN 导轨	PNEU-NOZ	喷嘴
MS	接触器	CA	电容器	PNEU-OPR	操作器
OL	过载	HZ	转换开关	PNEU-PMP	泵
PB	按钮	NP	铭牌	PNEU-TNK	容器
SS	选择开关	MISC	其他	PNEU-VAC	吸盘夹子
TS	热敏开关	CO	连接器/引脚	PNEU-VLV	阀
PS	压力开关	DN	装置网络		
PE	光控开关				

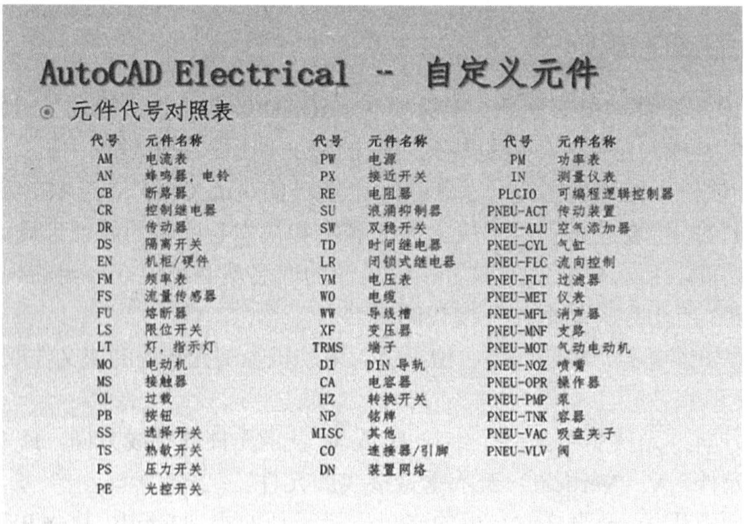

图 6.5　ACE 软件库文件中已经定义的元件种类代号

（3）父子元件：元件文件名中第三部分父子元件总是为 1 或 2，为 2 则表示该元件是一个子元件，为 1 则表示其他元件如父元件或独立元件。比如接触器线圈为父元件，元件命名为 1；接触器触点为子元件，元件命名为 2。

（4）常开常闭：如果元件是一个触点类型元件，则元件文件名中第四个字母用 1 表示常开触点类元件，用 2 表示常闭触点类元件。

（5）用户定义：元件文件名中最后一部分 ACE 软件没有定义，自制元件时也可用来标识元件的一些其他属性，也可以没有。

例 6.1 瞬动型常开按钮：VPB11 命名如图 6.6 所示。

图 6.6　瞬动型常开按钮命名
（a）元件符号；（b）元件命名

例 6.2 继电器线圈：HCR1 命名如图 6.7 所示。

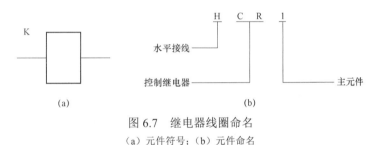

图 6.7　继电器线圈命名
（a）元件符号；（b）元件命名

例 6.3 继电器常闭触点：VCR22 命名如图 6.8 所示。

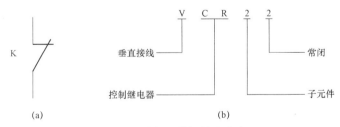

图 6.8　继电器常闭触点命名
（a）元件符号；（b）元件命名

6.2.2　元件属性

在项目四中已经介绍了元件属性的编辑，图 6.9 所示为"插入/编辑元件"对话框，包括安装代号、位置代号、元件标记及描述行等属性。

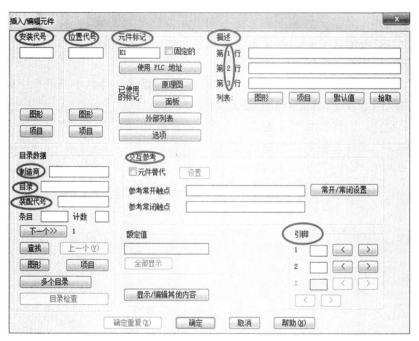

图 6.9 "插入/编辑元件"对话框

元件属性和元件类似,属性的取名也是有规定的,有些属性是父元件所独有的,有些是子元件所独有的,还有一些是两类元件都有的。这里所谓父元件也包括没有子元件的独立元件。图 6.10 所示为接触器线圈属性代码。

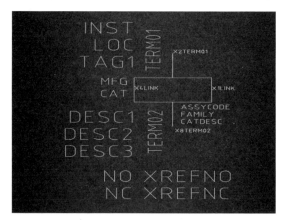

图 6.10 接触器线圈属性代码

1. TAG1

TAG1 属性是父元件独有的,对应元件编辑对话框中的元件标记,用来保存元件的名字。比如在原理图中插入一个接触器线圈,取名 KM1,则 KM1 就是存在于该图形块的 TAG1 属性中。

双击图中 TAG1 属性,会弹出"编辑属性定义"对话框,图中"标记"一栏中就是属性的名字,而"默认"一栏中的"K"是属性的默认值,因此,在 ACE 中插入此元件时,ACE 总是自动给元件取名为 K1 或 K2 等形式,后面的数字是系统分配的序号。因此,如果要让 ACE 自动取 KM1 或 KM2 等形式的名字，只要将此默认值改为 KM 保存即可，如图 6.11 所示。

图 6.11　"编辑属性定义"对话框

2. TAG2

TAG2 属性是子元件独有的，用来存放其所属父元件的 TAG1 属性的一个复制，TAG2 属性的值是在给子元件指定父元件时，ACE 软件从父元件的 TAG1 属性值复制过来的，如果在绘图时还没有指定父元件，则显示 TAG2 的默认值。

3. MFG

MFG 属性是父元件独有的，对应元件编辑对话框中的制造商，用来存放 Manufacturer，即元件制造公司的名称，比如图形选择的 SIEMENS 元件，这里存放的就是 SIEMENS，最长只能到 24 个字符。这个属性默认是不可见的，主要用来生成明细表。

在插入元件到原理图中时弹出的元件编辑对话框中，MFG 属性值一般是从数据库中抓取来的。当数据库中没有所需要的内容时，也可临时手工录入，这并不影响明细表的生成。

4. CAT

CAT 属性是父元件独有的，CAT 是 Catalog 的缩写，对应元件编辑对话框中的目录，用来存放元件的型号，这个属性默认是不可见的，最长只能有 60 个字符，同样主要用来生成元件明细表。

与 MFG 属性一样，在插入元件到原理图中时弹出的元件编辑对话框中，是从数据库中抓取来的。当数据库中没有所要的内容时，也可临时手工录入，这并不影响明细表的生成。

5. ASSYCODE

ASSYCODE 属性是父元件独有的，ASSYCODE 是 assembly code 的缩写，对应元件编辑对话框中的装配代号，存放的是该元件的子装配件的代号，最长 24 个字符。这个代号主要是 ACE 软件自己产生的，用来在生成元件明细表时将元件的子装配件也列出来。比如一个接触器 KM1，还加了一块辅助触点模块，因为这个辅助触点模块是单独购买的，所以明细表中也要列出来，就可用此方法。

6. FAMILY

FAMILY 属性默认是不显示的，用来存放元件的类别名称，比如 CR 表示控制继电器，PB 表示按钮。一般情况下，FAMILY 的默认值与 TAG1、TAG2 的默认值是一样的。

7. DESC1、DESC2、DESC3

这三个属性是元件的描述属性，DESC 是 Description 的缩写，对应元件编辑对话框中的

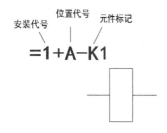

图 6.12 元件安装代号

描述第 1 行、第 2 行、第 3 行，每个属性值最长 60 个字符。

8. INST

INST 是 Installation 的缩写，对应元件编辑对话框中的安装代号，INST 实际上就是存储 IEC 标准中高层代号，即＝号所表达的内容，其内容最长不能超过 24 个字符，如图 6.12 所示。

9. LOC

LOC 是 Location 的缩写，对应元件编辑对话框中的位置代号，LOC 实际上就是存储 IEC（国际电工委员会）标准中的位置代号，即＋号所表达的内容，其内容最长不能超过 16 个字符。LOC 在元件编辑对话框中是由用户录入或指定的。

10. XREFNO、XREFNC

这两个属性用于父元件，其中 XREFNO 属性用来显示常开触点交互参考，XREFNC 用来显示常闭触点交互参考，对应元件编辑对话框中的参考常开触点和参考常闭触点，它们不是由用户输入，而是当用户指定父子元件关联后由 ACE 软件自动生成和维护的。注意 ACE 有时并不是实时生成交互参考，比如当用户将一个接触器的子触点符号删除后或给其新加一个子触点，父元件处要刷新一下才会得到正确的交互参考结果，这项功能可以在项目文件的特性对话框中设定。

图 6.13 所示为父元件接触器线圈的常开和常闭触点交互参考，4D 表示其子元件常闭触点在 4D 分区，7E 和 8C 表示其两个子元件常开触点在 7E 和 8C 分区。

11. XREF

XREF 用在子元件中，用来记录其父元件的所在位置。在元件编辑对话框中，交互参考一项就是显示的 XREF 内容。它也不是由用户输入，而是 ACE 软件自动根据父子关系维护的。

图 6.14 所示为子元件接触器常开触点的交互参考，5E 表示其父元件接触器线圈在 5E 分区。

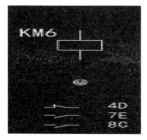

图 6.13 父元件交互参考显示

图 6.14 子元件交互参考显示

12. TERMn、X?TERMn

TERMn 属性是描述元件的端子的，n 的取值为 2 个字符或数字，我们通常将 n 编号 01，02，03，…，11，12，13，…。在一个原理图符号块中，我们会看到 TERM01，TERM02，…这样的属性，一个这样的属性就表示元件的一个端子。符号块中有几个 TERMn 属性，就表示元件有几个端子，但端子的名字不是 TERMn，TERMn 中的内容才是显示在原理图上的元件端子名。比如一个接触器线圈，它的 TERM01 属性值为 A1，TERM02 属性值为 A2，表示线圈的端子名为 A1，A2，如图 6.15 所示。

X?TERMn 属性是描述元件的接线的。每一个 X?TERMn 属性必定有一个 TERMn 属性与之配对，它们的 n 取值也表示配对关系。比如，X2TERM02 就可能有一个 TERM02 与之配对。

X?TERMn 属性不仅表达了接线的方向，而且定义了接线所在位置。这个位置就是 X?TERMn 属性本身左下角的起点。? 号的取值为 0，1，2，4，8。

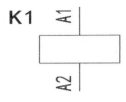

图 6.15　元件端子

（1）1 表示导线从右边连接到元件端子。
（2）2 表示导线从上边连接到元件端子。
（3）4 表示导线从左边连接到元件端子。
（4）8 表示导线从下边连接到元件端子。
（5）0 表示导线可根据实际情况改变连接角度。

13．X?LINK

X?LINK 中的? 号也是一个变量，取值为 0，1，2，4，8。即在块中可能出现的这类属性是 X0 LINK，X1LINK，X2LINK，X4LINK，X8LINK。0，1，2，4，8 所定义的连接方向参见 X?TERMn。这类属性用来告诉 ACE 软件用虚线将相关元件如父子元件之间连接起来，同时子元件的元件名称和交互参考自动隐藏。这对于相邻的关联元件在绘图时表达会更清晰。

这些属性定义了虚线连接的方向和连接点的位置。图 6.16 所示为元件连接线，这三个常开触点是通过虚线连接起来的，第二个、第三个常开触点的元件名称和交互参考已自动隐藏。

6.2.3　元件制作

在用 ACE 软件进行电气设计的过程中，尽管在 ACE 软件的图标菜单中存放了大量的元件符号，但也会有些电气元件在 ACE 软件中是没有的，这就需要我们自己制作这些电气元件。自制元件不像 AutoCAD 那样仅仅绘制某种图形，ACE 软件中的元件带有一定的逻辑性，可以自动打断导线，以及进行元件属性的编辑。

ACE 软件提供了一个符号编译器，通过它我们可以制作带有一定逻辑性的电气元件。下面我们以制作极性电容（图 6.17）为例，详细讲解一下制作元件的方法。

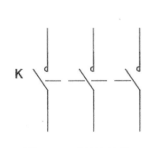

图 6.16　元件连接线

图 6.17　极性电容

视频：元件的制作

1．建库流程

建库流程如图 6.18 所示。

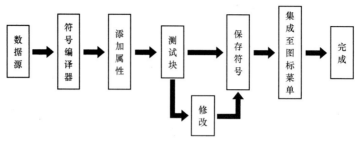

图 6.18 建库流程

2．数据源

数据源是无属性的 AutoCAD 图形，就是使用 AutoCAD 基本绘图命令绘制的基本图形。我们制作极性电容的第一步就是利用 AutoCAD 中的直线、矩形命令绘制极性电容的图形，如图 6.19 所示，这就是数据源。

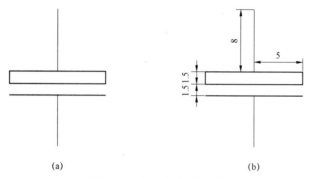

图 6.19 极性电容数据源
（a）极性电容符号；（b）极性电容尺寸

3．符号编译器

1）进入符号编译器

单击"原理图"选项卡→"其他工具"面板→"符号编译器"下拉列表→"符号编译器"图标，弹出"选择符号/对象"对话框，如图 6.20 所示。

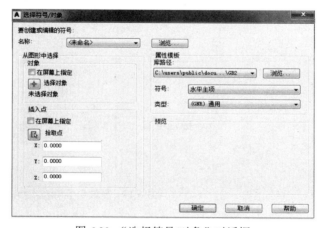

图 6.20 "选择符号/对象"对话框

（1）选择对象：单击"选择对象"，在图纸上框选极性电容的图形。
（2）插入点：单击"拾取点"，如图 6.21 所示，打开"对象捕捉"中的"端点"，单击拾取极性电容图形的上端点，定义元器件的插入点。

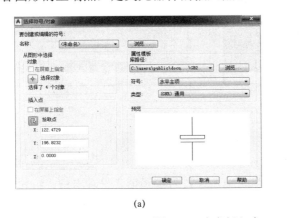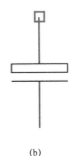

图 6.21 定义插入点

(a) 选择拾取点；(b) 拾取上端点

（3）符号。

水平与垂直：根据极性电容图形延伸出的导线接线方向判断，该图形为垂直。

主项与子项：根据是否有重复的元器件（父元件或子元件）进行判断，该图形为独立元件，所以为主项。

也就是我们制作的极性电容为垂直主项，所以在"符号"下拉列表选择"垂直主项"，如图 6.22 所示。

（4）类型选定：根据该元器件的种类进行选择，极性电容为"通用"，如图 6.23 所示。

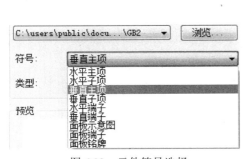

图 6.22 元件符号选择　　　　图 6.23 元件类型选择

单击"确定"按钮，进入符号编译器环境。

2）添加属性

（1）插入属性：在"符号编译器属性编辑器"的"需要的空间"中，选择属性 TAG1（元件标记）、MFG（制造商）、CAT（目录）、ASSYCODE（装配代号）、FAMILY（元件的种类）、DESC1～3（描述 1～3）、INST（安装代号）、LOC（位置代号），再单击"插入属性"图标，将属性插入到图形中；在"可选"中选择属性"CATDESC"，再单击"插入属性"图标，将属性插入到图形中，如图 6.24 所示。也可以单击鼠标右键然后选择"插入属性"，或拖动

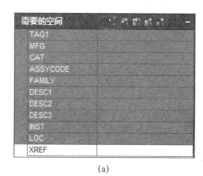 

图 6.24　添加属性

（a）必选属性；（b）可选属性

属性以将其插入，如图 6.25 所示。

如果符号编译器属性编辑器不可见，单击"符号编译器"选项卡→"编辑"面板→"选项板可见性切换"。

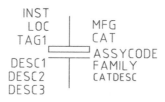

图 6.25　插入属性

（2）特性：在"符号编译器属性编辑器"的"需要的空间"中，按住键盘的 Ctrl 键，依次单击选择属性 INST、LOC、TAG1、DESC1～3，再单击"特性"图标，在打开的"插入/编辑属性"对话框中，"对正"选择"R＝右（R）"，"高度"设置为"2"，设置完成后单击"确定"按钮，如图 6.26 所示。

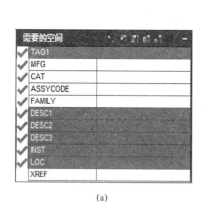 

图 6.26　TAG1 等属性特性修改

（a）属性特性；（b）编辑属性

同样方法，选择属性 MFG、CAT、ASSYCODE、FAMILY、CATDESC，在"插入/编辑属性"对话框中，"对正"选择"L=左（L）"，"高度"设置为"1.5"，如图 6.27 所示。

(a)　　　　　　　　　　　　(b)

图 6.27　MFG 等属性特性修改

（a）属性特性；（b）编辑属性

特性设置完成后，极性电容属性如图 6.28 所示。

3）插入接线属性

用于打断导线和添加端子号。极性电容导线为上下断开方式，单击"接线"下拉列表，选择"T=上（T）/None"，再单击"插入接线"图标，将属性插入到极性电容的上端点，如图 6.29 和图 6.30 所示。

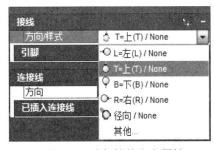

图 6.28　编辑属性

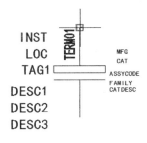

图 6.29　选择接线方向属性　　　　图 6.30　插入上接线属性

同样方法，再选择"B=下（B）/None"，将属性插入到极性电容的下端点，如图 6.31 所示。

4）赋予属性参数

（1）元件标记：双击图形中属性 TAG1，弹出"编辑属性定义"对话框，在对话框中的"默认"栏中输入：CP，如图 6.32 所示。

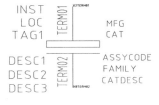

图 6.31　插入下接线属性

211

图 6.32　编辑元件标记属性定义

（2）引脚：双击图形中属性"TERM01"，弹出"编辑属性定义"对话框，在对话框中的"默认"栏中输入"1"；双击属性 TERM02，在"编辑属性定义"对话框中的"默认"栏中输入"2"，如图 6.33 和图 6.34 所示。

图 6.33　编辑引脚 1 属性定义　　　　　图 6.34　编辑引脚 2 属性定义

5）符号核查及测试

（1）符号核查：单击"符号编译器"选项卡→"编辑"面板→"符号核查"，弹出"符号核查"对话框，查看是否缺少必需的属性、属性是否重复和接线是否正确等，如图 6.35 所示。

因为制作的极性电容是独立元件，没有对应的父元件，所以属性"XREF"不用添加，"符号检查"对话框中的"缺少必需的属性——XREF"这个错误可以忽略。

（2）测试块：单击"块编辑器"选项卡→"打开/保存"面板→"测试块"，查看极性电容的整体布局，检查字体大小、字体对正方式，微调属性至合适的位置，完成后单击"关闭测试块"，如图 6.36 所示。

图 6.35　符号核查　　　　　　　　　图 6.36　测试块

6）保存符号

确认无误后单击符号编译器中的"完成"图标，弹出"关闭块编辑器：保存符号"对话框，如图 6.37 所示。

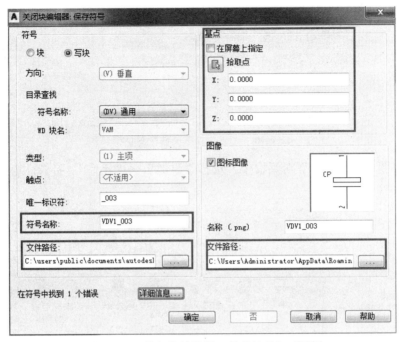

图 6.37 "关闭块编辑器：保存符号"对话框

（1）符号名称：元器件块名称。根据元件命名规则，将极性电容的名称命名为 VCP1（垂直接线、极性电容、独立元件）。

（2）文件路径（左边）：元器件块所保存的位置。为了方便查找，将其保存到计算机桌面。

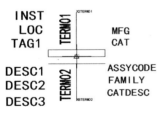

图 6.38 元件插入点

（3）文件路径（右边）：元器件块示意图保存的位置。为了方便查找，将其保存到计算机桌面。

（4）基点：元器件插入点。单击"拾取点"，在极性电容图形中单击中心点，作为极性电容的插入点，如图 6.38 所示。

设置完成后单击"确认"按钮，在弹出的"关闭块编辑器"对话框中，单击"否"按钮，如图 6.39 所示。

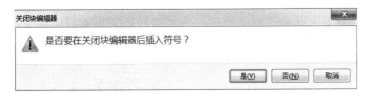

图 6.39 "关闭块编辑器"对话框

4. 集成到图标菜单

使用图标菜单向导，可将自定义后的元器件符号块集成到图标菜单，方便调取。

（1）单击"原理图"选项卡→"其他工具"面板→"图标菜单向导"，在弹出的"选择菜单文件"对话框，单击"确定"按钮，如图 6.40 所示。

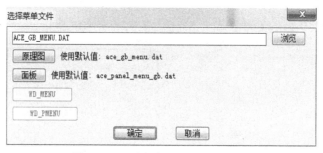

图 6.40 "选择菜单文件"对话框

（2）在"图标菜单向导"对话框中，选择"添加"→"元件"，将极性电容添加到图标菜单，如图 6.41 所示。

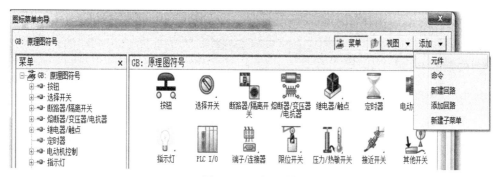

图 6.41 添加元件

注意：根据要添加的图标类型，也可以选择"命令""新建回路""添加回路"或"新建子菜单"。

① 元件：添加图标，该图标可以将元件插入图形中。
② 命令：添加图标，选定该图标时可以执行 AutoCAD Electrical 命令。
③ 新建回路：创建回路并添加图标（从新的回路中创建），该图标可以将回路插入图形中。
④ 添加回路：添加图标（从现有回路中创建），该图标可以将回路插入图形中。
⑤ 新建子菜单：添加图标，选定该图标时可以打开子菜单页面。然后，可以从子菜单中选择一个图标，以将指定的元件插入图形中。

（3）在"添加图标–元件"对话框中，为元器件定义所需的信息（名称、图像文件和块名）。

① 名称：将元器件名称定义为"极性电容"。
② 图像文件：单击"浏览"按钮，插入之前保存到桌面的图片"VCP1.png"。
③ 块名：在"块名"一栏输入之前定义的极性电容的符号名称"VCP1"；也可以单击"浏览"按钮，插入之前保存到桌面的图形"VCP1.dwg"，如图 6.42 所示。

单击"确定"按钮，可以看到极性电容的符号已经添加到图标菜单，如图 6.43 所示。

项目六　M7120 平面磨床电路原理图的绘制

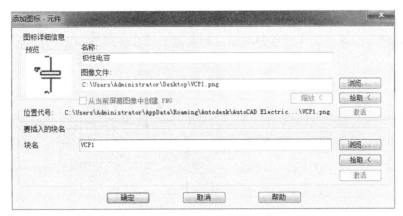

图 6.42　添加元件图标

图 6.43　图标菜单

5. 元件插入

自制的元器件极性电容集成到图标菜单后，插入方法就和 ACE 软件自带的元件插入方法一样。

1）原理图缩放比例设置

单击"原理图"选项卡→"插入元件"面板→"图标菜单"，弹出"插入元件"对话框，将"原理图缩放比例"设置为"1.5"。

2）极性电容的插入

（1）单击"插入元件"面板→"图标菜单"→"极性电容"。

（2）指定插入点：将元件极性电容放置在已提前绘制好的导线上。

（3）在弹出的"插入/编辑元件"对话框中，在"描述第一行"输入"极性电容"，单击"确定"按钮。

极性电容插入完成，如图 6.44 所示，自制的元件极性电容能自动打断导线，也能进行元件的编辑（元件标记、描述行及引脚等属性）。

图 6.44　极性电容插入和编辑

215

6. 练习

（1）使用符号编译器制作元件制动器，制动器的尺寸和属性如图 6.45 和图 6.46 所示。

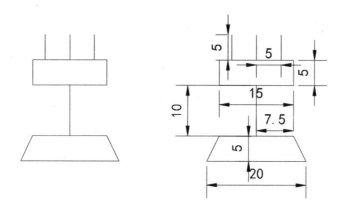

图 6.45　制动器的尺寸

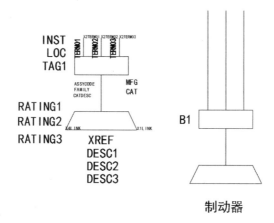

图 6.46　制动器的属性

（2）使用符号编译器制作元件声光报警器，声光报警器的尺寸和属性如图 6.47 和图 6.48 所示。

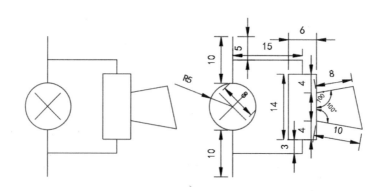

图 6.47　声光报警器的尺寸

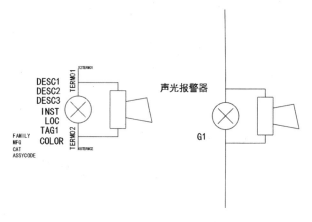

图 6.48　声光报警器的属性

6.3　任务实施

1. 制作元件整流器

1）数据源

（1）打开 AutoCAD Electrical 2017 软件，单击"原理图"选项卡→"插入元件"面板→"图标菜单"，弹出"插入元件"对话框，将"原理图缩放比例"设置为"1.0"。

（2）单击"图标菜单"面板→"其他"→ "电子元件"→"桥式整流器"，将桥式整流器插入到图纸中。

（3）单击选中元件桥式整流器，在命令行输入"X"，将元件分解，如图 6.49 所示。

（4）单击"默认"选项卡→"修改"面板→"删除"，依次选定图 6.49 中的所有属性，按键盘上的"空格键"将其删除。

（5）单击"默认"选项卡→"修改"面板→"旋转"，框选删除属性后的图形，指定图形上顶点为基点后，将图形旋转180°，如图 6.50 所示。

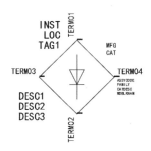　　

图 6.49　分解元件　　　　图 6.50　旋转元件

2）符号编译器

（1）进入符号编译器。单击"原理图"选项卡→"其他工具"面板→"符号编译器"下拉列表→"符号编译器"图标，弹出"选择符号/对象"对话框，如图 6.51 所示。

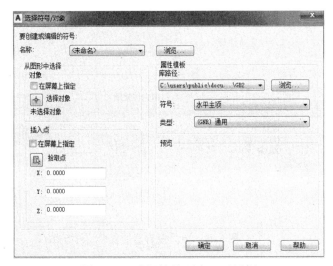

图 6.51 "选择符号/对象"对话框

图 6.52 指定元件插入点

① 选择对象：单击"选择对象"，在图纸上框选桥式整流器的图形。

② 插入点：单击"拾取点"，如图 6.52 所示，打开"对象捕捉"中的"端点"，单击拾取桥式整流器图形的上端点，定义元器件的插入点。

③ 符号：在"符号"下拉列表选择"垂直主项"，如图 6.53 所示。

④ 类型选定：在"类型"下拉列表选择"通用"，如图 6.54 所示。

图 6.53 元件符号选择

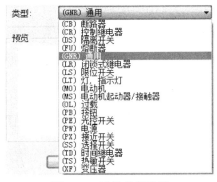

图 6.54 元件类型选择

单击"确定"按钮，进入符号编译器环境。

（2）添加属性。在"符号编译器属性编辑器"的"需要的空间"中，选择属性 TAG1、MFG、CAT、ASSYCODE、FAMILY、DESC1－3、INST、LOC、XREF，再单击"插入属性"图标，将属性插入图形合适位置，如图 6.55 所示。也可以右击然后选择"插入属性"，或拖动属性以将其插入。

（3）插入接线属性。单击"接线"下拉列表，选择"T＝上

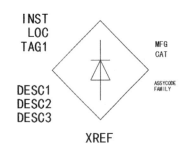

图 6.55 插入属性

（T）/None",再单击"插入接线"图标,将属性插入到桥式整流器的上端点,如图 6.56 和图 6.57 所示。

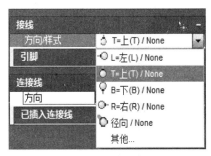

图 6.56　选择接线方向属性

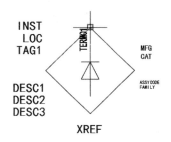

图 6.57　插入上接线属性

同样方法,选择"B=下（B）/None",将属性插入元件的下端点;选择"L=左（L）/None",将属性插入到元件的左端点;选择"R=右（R）/None",将属性插入到元件的右端点,如图 6.58 所示。

（4）赋予属性参数。双击图形中属性 TAG1（元件标记）,弹出"编辑属性定义"对话框,在对话框中的"默认"栏中输入：D,如图 6.59 所示。

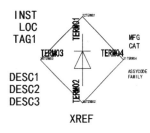

图 6.58　插入其他接线属性

图 6.59　"编辑属性定义"对话框

图 6.60　符号核查

（5）符号核查及测试。

① 符号核查：单击"符号编译器"选项卡→"编辑"面板→"符号核查",弹出"符号核查"对话框,查看是否缺少必需的属性、属性是否重复和接线是否正确等,如图 6.60 所示。

② 测试块：单击"块编辑器"选项卡→"打开/保存"面板→"测试块",查看桥式整流器的整体布局,检查字体大小、字体对正方式,完成后单击"关闭测试块",如图 6.61 所示。

（6）保存符号。确认无误后单击符号编译器中的"完成"图标,弹出"保存符号"对话框。

① 符号名称：将极性电容的名称命名为 VDV1（垂直接线、桥式整流器、独立元件）。

② 文件路径（左边）：将元器件块保存到计算机桌面。
③ 文件路径（右边）：将元器件块示意图保存到计算机桌面。
④ 基点：元器件插入点。单击"拾取点"，在桥式整流器图形中单击中心点，作为桥式整流器的插入点，如图 6.62 所示。

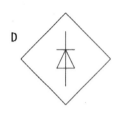 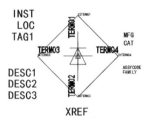

图 6.61　测试块　　　　　图 6.62　拾取元件插入点

设置完成后单击"确认"按钮，在弹出的"关闭块编辑器"对话框中，单击"否"按钮，如图 6.63 所示。

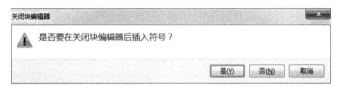

图 6.63　"关闭块编辑器"对话框

3）集成到图标菜单

（1）单击"原理图"选项卡→"其他工具"面板→"图标菜单向导"，在弹出的"选择菜单文件"对话框中，单击"确定"按钮，如图 6.64 所示。

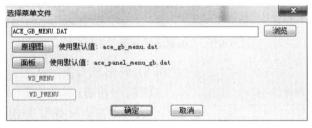

图 6.64　"选择菜单文件"对话框

（2）在"图标菜单向导"对话框中，选择"添加"→"元件"，弹出"添加图标－元件"对话框中，如图 6.65 所示。

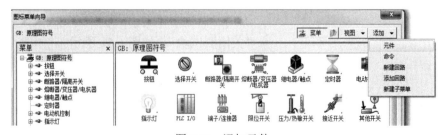

图 6.65　添加元件

（3）在"添加图标–元件"对话框中，为元器件定义所需的信息（名称、图像文件和块名）。

① 名称：将元器件名定义为"桥式整流器"。

② 图像文件：单击"浏览"按钮，插入之前保存到桌面的图片"VDV1.png"。

③ 块名：单击"浏览"按钮，插入之前保存到桌面的图形"VDV1.dwg"，如图 6.66 所示。

图 6.66　添加图标

单击"确定"按钮，可以看到桥式整流器的符号已经添加到图标菜单，如图 6.67 所示。

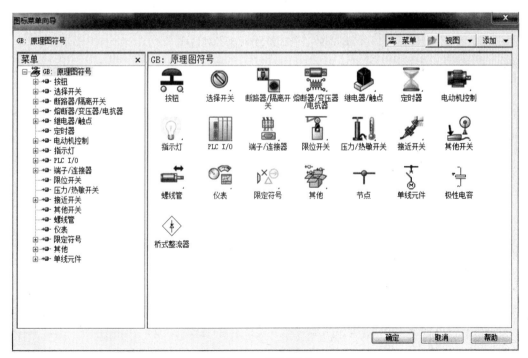

图 6.67　图标菜单

2. 制作元件电磁吸盘

1）数据源

打开 AutoCAD Electrical 2017 软件，单击"默认"选项卡，使用直线、矩形和圆弧命令，按照图 6.68 的尺寸，绘制电磁吸盘的图形。

2）符号编译器

（1）进入符号编译器。单击"原理图"选项卡→"其他工具"面板→"符号编译器"下拉列表→"符号编译器"图标 ，弹出"选择符号/对象"对话框，如图 6.69 所示。

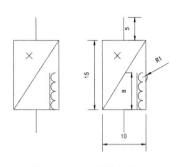

图 6.68　电磁吸盘尺寸

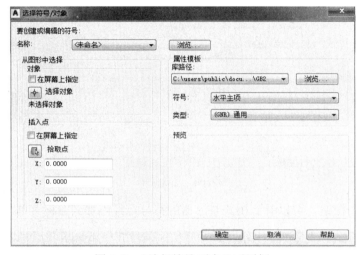

图 6.69　"选择符号/对象"对话框

① 选择对象：单击"选择对象"，在图纸上框选电磁吸盘的图形。

② 插入点：单击"拾取点"，如图 6.70 所示，打开"对象捕捉"中的"端点"，单击拾取电磁吸盘图形的上端点，定义元器件的插入点。

③ 符号：在"符号"下拉列表选择"垂直主项"，如图 6.71 所示。

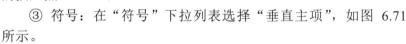

图 6.70　指定元件插入点

④ 类型选定：在"类型"下拉列表选择"通用"，如图 6.72 所示。

图 6.71　元件符号选择

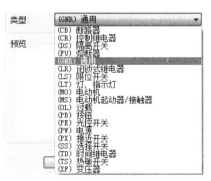

图 6.72　元件类型选择

单击"确定"按钮,进入符号编译器环境。

(2) 添加属性。

在"符号编译器属性编辑器"的"需要的空间"中,选择属性 TAG1、MFG、CAT、ASSYCODE、FAMILY、DESC1-3、INST、LOC、XREF等,再单击"插入属性"图标,将属性插入到图形合适位置,如图 6.73 所示。

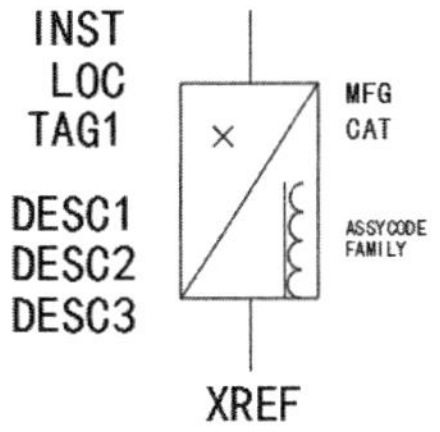

(3) 插入接线属性。单击"接线"下拉列表,选择"T=上(T)/None",再单击"插入接线"图标,将属性插入到电磁吸盘的上端点,如图 6.74 和图 6.75 所示。

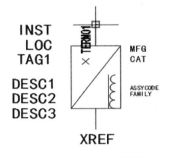

图 6.73 插入属性

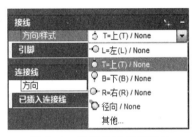

图 6.74 选择接线方向属性

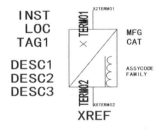

图 6.75 插入上接线属性

图 6.76 插入下接线属性

同样方法,选择"B=下(B)/None",将属性插入到元件的下端点,如图 6.76 所示。

(4) 赋予属性参数。双击图形中属性 TAG1(元件标记),弹出"编辑属性定义"对话框,在对话框中的"默认"栏中输入 YH,如图 6.77 所示。

(5) 符号核查及测试

① 符号核查:单击"符号编译器"选项卡→"编辑"面板→"符号核查",弹出"符号核查"对话框,查看是否缺少必需的属性、属性是否重复和接线是否正确等,如图 6.78 所示。

图 6.77 编辑元件标记属性定义

图 6.78 符号核查

② 测试块：单击"块编辑器"选项卡→"打开/保存"面板→"测试块"，查看电磁吸盘的整体布局，检查字体大小、字体对正方式，完成后单击"关闭测试块"，如图 6.79 所示。

（6）保存符号。确认无误后单击符号编译器中的"完成"图标，在"保存符号"对话框进行如下设置。

① 符号名称：将电磁吸盘的名称命名为 VDC1（垂直接线、电磁吸盘、独立元件）。
② 文件路径（左边）：将元器件块保存到计算机桌面。
③ 文件路径（右边）：将元器件块示意图保存到计算机桌面。
④ 基点：元器件插入点。单击"拾取点"，在电磁吸盘图形中单击中心点，作为电磁吸盘的插入点，如图 6.80 所示。

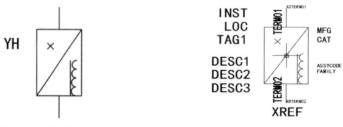

图 6.79　测试块　　　　　　图 6.80　拾取元件插入点

设置完成后单击"确认"按钮，在弹出的"关闭块编辑器"对话框中，单击"否"按钮，如图 6.81 所示。

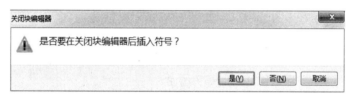

图 6.81　"关闭块编辑器"对话框

3）集成到图标菜单

（1）单击"原理图"选项卡→"其他工具"面板→"图标菜单向导"，在弹出的"选择菜单文件"对话框，单击"确定"按钮，如图 6.82 所示。

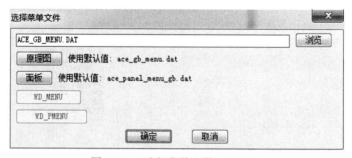

图 6.82　"选择菜单文件"对话框

（2）在"图标菜单向导"对话框中，选择"添加"→"元件"，弹出"添加图标－元件"对话框中，如图 6.83 所示。

项目六　M7120 平面磨床电路原理图的绘制

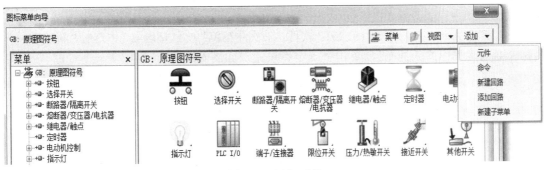

图 6.83　添加元件

（3）在"添加图标–元件"对话框中，为元器件定义所需的信息（名称、图像文件和块名）。

① 名称：将元器件名定义为"电磁吸盘"。

② 图像文件：单击"浏览"按钮，插入之前保存到桌面的图片"VDC1.png"。

③ 块名：单击"浏览"按钮，插入之前保存到桌面的图形"VDC1.dwg"，如图 6.84 所示。

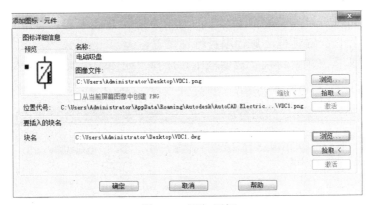

图 6.84　添加图标

单击"确定"按钮，可以看到电磁吸盘的符号已经添加到图标菜单，如图 6.85 所示。

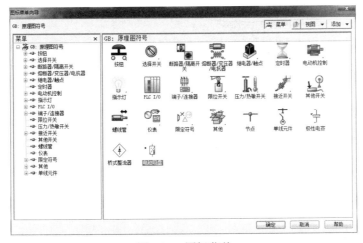

图 6.85　图标菜单

225

3. 新建项目

(1) 打开 AutoCAD Electrical 2017 软件，在软件左侧"项目管理器"中选择"新建项目"，名称命名为"平面磨床控制"，单击"确定"按钮，如图 6.86 所示。

图 6.86　新建项目

(2) 在"项目管理器"中选择项目"平面磨床控制"，单击右键，选择下拉菜单中的"特性"，打开"项目特性"对话框，进行项目特性设置。

① 元件设置。在"项目特性"对话框中，选择"元件"选项卡，进入元件设置界面，在"元件标记选项"中勾选"禁止对标记的第一个字符使用短横线"，如图 6.87 所示。

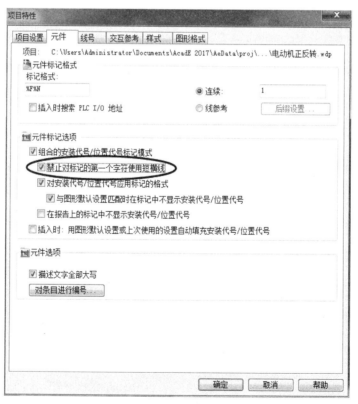

图 6.87　元件设置

② 布线样式设置。在"项目特性"对话框中，选择"样式"选项卡，进入样式设置界面，在"布线样式"中，将"导线交叉"样式设置为"实心"，将"导线 T 形相交"样式设置为"点"，如图 6.88 所示。

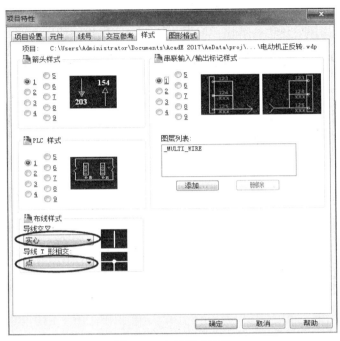

图 6.88　布线样式设置

③ 图形格式设置。在"项目特性"对话框中，选择"图形格式"选项卡，进入图形格式设置界面，在"格式参考"中选择"X-Y 栅格"，如图 6.89 所示。

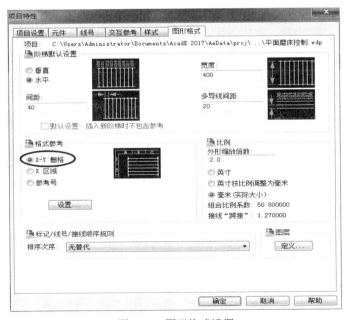

图 6.89　图形格式设置

设置完成后单击"确定"按钮,完成项目"平面磨床控制"的设置。

4. 新建图形

在"项目管理器"中选择项目"平面磨床控制",单击右键,选择下拉菜单中的"新建图形",弹出"创建新图形"对话框,在对话框中将图形文件名称命名为"主电路";在"模板"这一行单击"浏览"按钮,选择"ACE_GB_a3_a"模板,如图 6.90 和图 6.91 所示。

图 6.90　新建图形　　　　　　　　图 6.91　图形模板选择

图 6.92　项目默认值应用对话框

然后单击"确定"按钮,在弹出的对话框"将项目默认值应用到图形设置"中单击"是"按钮,这样前面项目的设置都会应用到新建的图形上,如图 6.92 所示。

同样方法,在项目"平面磨床控制"下新建图形,命名为"控制电路",模板选为"ACE_GB_a3_a"模板,如图 6.93 和图 6.94 所示。

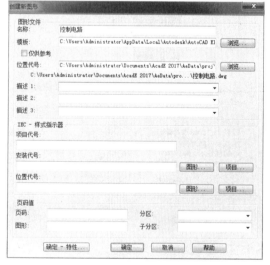 

图 6.93　新建图形　　　　　　　　图 6.94　图形模板选择

项目六　M7120平面磨床电路原理图的绘制

在项目管理器中项目"平面磨床控制"下面，可以看到图形"主电路"和"控制电路"建立完成了，图形的文件类型是".dwg"格式。双击图形"主电路"或"控制电路"，就会打开对应图纸的绘图界面。

如果图形没有应用项目的设置，可以分别鼠标右键单击图形"主电路"和"控制电路"，再单击"特性"下拉列表的"应用项目默认设置"。

5. 标题栏更新

在"项目管理器"中选择项目"平面磨床控制"，单击右键，选择下拉菜单中的"标题栏更新"，弹出"更新标题栏"对话框。在对话框中，选中右下角的"图形""页码""页码的最大值"和"重排序页码%S值"，单击"确定应用于项目范围"按钮，如图6.95和图6.96所示。

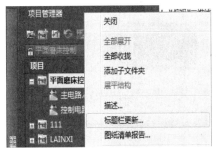

图6.95　标题栏更新按钮

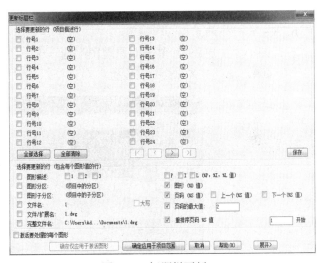

图6.96　标题栏更新

在弹出的"选择要处理的图形"对话框中，单击"全部执行"，将"主电路"和"控制电路"放置进处理区，单击"确定"按钮，如图6.97和图6.98所示。

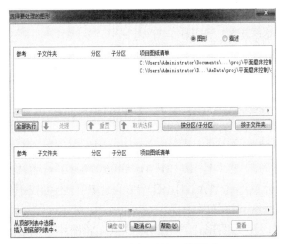

图6.97　选择要处理的图形

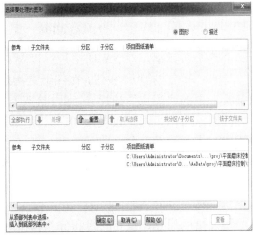

图6.98　全部执行

执行完成后,可以看到图形"主电路"和"控制电路"标题栏的页码都已更新,图形"主电路"是第 1 页,"控制电路"是第 2 页,如图 6.99 和图 6.100 所示。

图 6.99 主电路页码

图 6.100 控制电路页码

6. X-Y 栅格设置

打开图形"主电路",单击"原理图"选项卡→"插入导线/线号"面板→"X-Y 栅格设置"图标,出现"X-Y 夹点设置"对话框,如图 6.101 所示。

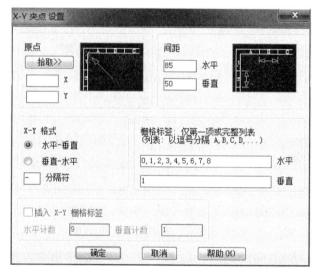
图 6.101 "X-Y 夹点设置"对话框

在这个对话框,对 XY 栅格进行设置。

原点:单击"拾取"按钮,在图纸上指定图框左上角顶点(需提前在软件状态栏打开"对象捕捉"中的"端点"捕捉)。通过拾取原点,X,Y 坐标设置为(25,292)。

间距:将水平间距设置为 48.75,垂直间距设置为 47.83(通过 AutoCAD 的尺寸标注命令来确定水平和垂直分区的间距)。

栅格标签:在栅格标签水平输入框输入标签序号"1,2,3,4,5,6,7,8",也可以只输入第一项标签序号 1;在垂直输入框输入标签序号"A,B,C,D,E,F",也可以只输入第一项标签序号 A。

通过拾取原点、设置间距和修改栅格标签,最终图形"主电路"的 X-Y 栅格设置如图 6.102 所示。

项目六 M7120 平面磨床电路原理图的绘制

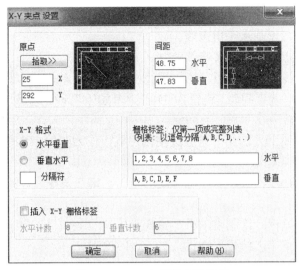

图 6.102　X-Y 栅格参数设置

同样方法,打开图形"控制电路",对 X-Y 栅格进行同"主电路"一样的设置。

7. 主电路

1) 导线

(1) 水平电源线。在面板"插入导线/线号"中,单击"多母线"图标,出现"多导线母线"对话框,如图 6.103 所示。

在"多导线母线"对话框中,"水平间"距设置为"10","开始于"下面选择"空白区域,水平走向","导线数"设置为"4",单击"确定"按钮。

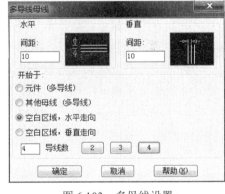

图 6.103　多母线设置

在图纸上方绘制水平电源线。

① 在命令行输入"T",在"设置导线类型"对话框中,将导线颜色设置为"RED",大小设置为"4.0 mm^2",单击"确定"按钮,如图 6.104 所示。

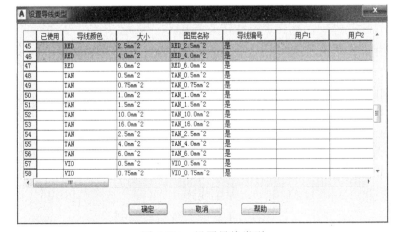

图 6.104　设置导线类型

231

② 在图纸左上方单击空白处,选择第一个相位的起点。

③ 向右拖动鼠标,绘制水平电源线。

④ 在右侧导线终点单击结束多母线绘制。

(2) 电动机 1 主线路。在面板"插入导线/线号"中,单击"多母线"图标,在"多导线母线"对话框中,将"垂直间距"设置为"10","开始于"下面选择"其他母线(多导线)","导线数"设置为"3",单击"确定"按钮。

① 单击水平电源线上方的第一条导线左侧位置,作为开始于水平电源线连接的电动机 1 主线路的第一条导线的起点。

② 向下拖动鼠标,依次触碰水平电源线的第二、第三条导线,绘制电动机 1 主线路的第二、第三条导线。

③ 继续向下拖动鼠标,绘制电动机 1 主线路。

④ 在下方导线终点单击结束电动机 1 主线路的绘制。

(3) 电动机 2 主线路。

① 单击主电路垂直多母线左侧的第一条导线的中上方位置,作为开始于主电路垂直线路连接的电动机 2 主线路的第一条导线的起点。

② 向右拖动鼠标,依次触碰垂直多母线的第二、第三条导线,绘制电动机 2 主线路的第二、第三条导线。

③ 继续向右拖动鼠标,绘制电动机 2 主线路。

④ 向下拖动鼠标,绘制电动机 2 主线路。

⑤ 在命令行输入"F",翻转多母线转弯方式。

⑥ 在下方与电动机 1 主线路终点齐平的位置,单击结束电动机 2 主线路的绘制。

(4) 电动机 3 主线路。

① 单击电动机 2 主线路中垂直多母线右侧的第一条导线的中间位置,作为电动机 3 主线路的第一条导线的起点。

② 向左拖动鼠标,依次触碰垂直多母线的第二、第一条导线,绘制电动机 3 主线路的第二、第三条导线。

③ 反向向右拖动鼠标,绘制电动机 3 主线路。

④ 向下拖动鼠标,绘制电动机 3 主线路。

⑤ 在命令行输入"F",翻转多母线转弯方式。

⑥ 在下方与电动机 2 主线路终点齐平的位置,单击结束电动机 3 主线路的绘制。

(5) 电动机 4 主线路。

① 电动机 4 右侧主线路:

a. 单击水平电源线上方的第一条导线右侧位置,作为开始于水平电源线连接的电动机 4 右侧主线路的第一条导线的起点。

b. 向下拖动鼠标,依次触碰水平电源线的第二、第三条导线,绘制电动机 4 主线路的第二、第三条导线。

c. 继续向下拖动鼠标,绘制电动机 4 主线路。

d. 在下方导线终点单击结束电动机 4 右侧主线路的绘制。

② 电动机 4 左侧主线路:

a. 单击水平电源线上方的第一条导线右侧位置，作为电动机 4 左侧主线路的第一条导线的起点。

b. 向下拖动鼠标，依次触碰水平电源线的第二、第三条导线，绘制电动机 4 左侧主线路的第二、第三条导线。

c. 继续向下拖动鼠标，绘制电动机 4 主线路。

e. 然后向右拖动鼠标，绘制多母线。

f. 当多母线触碰电动机 4 右侧垂直线路第一根导线时，在命令行输入"C"，向上绘制多母线。

g. 在命令行输入"F"，翻转多母线转弯方式。

h. 当向上绘制的多母线与垂直线路重合时，单击结束电动机 4 左侧主线路的绘制，如图 6.105 所示。

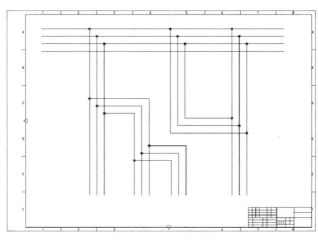

图 6.105　主电路线路

2）元件插入

（1）原理图缩放比例设置。单击"原理图"选项卡→"插入元件"面板→"图标菜单"，弹出"插入元件"对话框，将"原理图缩放比例"设置为"1.5"。

（2）断路器的插入。

① 单击"插入元件"面板→"图标菜单"→"断路器/隔离开关"→"三极断路器"→"断路器"。

② 指定插入点：将元件断路器放置在水平电源线最上方一条导线的左侧位置，在弹出的"向上构建还是向下构建"对话框中选择"向下"。

③ 在弹出的"插入/编辑元件"对话框中，将"元件标记"设置为 QF1，单击"确定"按钮。

（3）熔断器的插入。

① 单击"插入元件"面板→"图标菜单"→"熔断器/变压器/电抗器"→"熔断器"→"三极熔断器"。

② 指定插入点：将元件熔断器放置在断路器的右侧位置，在弹出的"向上构建还是向下构建"对话框中选择"向下"。

③ 在弹出的"插入/编辑元件"对话框中，将"元件标记"设置为"FU1"，单击"确定"按钮。

（4）电动机 1 控制交流接触器的插入。

① 单击"插入元件"面板→"图标菜单"→"电动机控制"→"电动机启动器"→"带三极常开触点的电动机启动器"。

② 指定插入点：将元件交流接触器放置在电动机 1 主线路最左侧一条导线的中间位置，在弹出的"构建左侧还是构建右侧"对话框中选择"右"。

③ 在弹出的"插入/编辑辅元件"对话框中，将"元件标记"设置为"KM1"，"引脚 1"设置为"L1"，"引脚 2"设置为"T1"，单击"确定"按钮。

④ 单击"编辑元件"面板→"编辑"，单击交流接触器 KM1 的中间的触点，在弹出的"插入/编辑辅元件"对话框中，将"引脚 1"设置为"L2"，"引脚 2"设置为"T2"，单击"确定"按钮。

⑤ 单击"编辑元件"面板→"编辑"，单击交流接触器 KM1 的右侧的触点，在弹出的"插入/编辑辅元件"对话框中，将"引脚 1"设置为"L3"，"引脚 2"设置为"T3"，单击"确定"按钮。

（5）电动机 2 控制交流接触器的插入。

① 单击"插入元件"面板→"图标菜单"→"电动机控制"→"电动机启动器"→"带三极常开触点的电动机启动器"。

② 指定插入点：将元件交流接触器放置在电动机 1 控制交流接触器的右侧，电动机 2 主线路最左侧一条导线上，在弹出的"构建左侧还是构建右侧"对话框中选择"右"。

③ 在弹出的"插入/编辑辅元件"对话框中，将"元件标记"设置为"KM2"，"引脚 1"设置为"L1"，"引脚 2"设置为"T1"，单击"确定"按钮。

④ 单击"编辑元件"面板→"编辑"，单击交流接触器 KM2 的中间的触点，在弹出的"插入/编辑辅元件"对话框中，将"引脚 1"设置为"L2"，"引脚 2"设置为"T2"，单击"确定"按钮。

⑤ 单击"编辑元件"面板→"编辑"，单击交流接触器 KM2 的右侧的触点，在弹出的"插入/编辑辅元件"对话框中，将"引脚 1"设置为"L3"，"引脚 2"设置为"T3"，单击"确定"按钮。

（6）电动机 4 控制正转交流接触器的插入。

① 单击"插入元件"面板→"图标菜单"→"电动机控制"→"电动机启动器"→"带三极常开触点的电动机启动器"。

② 指定插入点：将元件交流接触器放置在电动机 4 右侧主线路最左侧一条导线的中上方位置，在弹出的"构建左侧还是构建右侧"对话框中选择"右"。

③ 在弹出的"插入/编辑辅元件"对话框中，将"元件标记"设置为"KM3"，"引脚 1"设置为"L1"，"引脚 2"设置为"T1"，单击"确定"按钮。

④ 单击"编辑元件"面板→"编辑"，单击交流接触器 KM3 的中间的触点，在弹出的"插入/编辑辅元件"对话框中，将"引脚 1"设置为"L2"，"引脚 2"设置为"T2"，单击"确定"按钮。

⑤ 单击"编辑元件"面板→"编辑"，单击交流接触器 KM3 的右侧的触点，在弹出的"插入/编辑辅元件"对话框中，将"引脚 1"设置为"L3"，"引脚 2"设置为"T3"，单击"确定"按钮。

（7）电动机 4 控制反转交流接触器的插入。

① 单击"插入元件"面板→"图标菜单"→"电动机控制"→"电动机启动器"→"带三极常开触点的电动机启动器"。

② 指定插入点：将元件交流接触器放置在电动机 4 控制正转交流接触器的左侧，电动机 4 左侧主线路最左侧一条导线上，在弹出的"构建左侧还是构建右侧"对话框中选择"右"。

③ 在弹出的"插入/编辑辅元件"对话框中，将"元件标记"设置为"KM4"，"引脚 1"设置为"L1"，"引脚 2"设置为"T1"，单击"确定"按钮。

④ 单击"编辑元件"面板→"编辑"，单击交流接触器 KM4 的中间的触点，在弹出的"插入/编辑辅元件"对话框中，将"引脚 1"设置为"L2"，"引脚 2"设置为"T2"，单击"确定"按钮。

⑤ 单击"编辑元件"面板→"编辑"，单击交流接触器 KM4 的右侧的触点，在弹出的"插入/编辑辅元件"对话框中，将"引脚 1"设置为"L3"，"引脚 2"设置为"T3"，单击"确定"按钮。

（8）热继电器的插入。

① 单击"插入元件"面板→"图标菜单"，弹出"插入元件"对话框，将"原理图缩放比例"设置为"1.0"。

② 单击"插入元件"面板→"图标菜单"→"电动机控制"→"三极过载"。

③ 指定插入点：将元件热继电器放置在电动机 1 主线路最左侧一条导线的下位置，在弹出的"构建左侧还是构建右侧"对话框中选择"右"。

④ 在弹出的"插入/编辑元件"对话框中，将"元件标记"设置为"FR1"，单击"确定重复"按钮。

⑤ 将热继电器放置在 FR1 的右侧，电动机 2 主线路最左侧一条导线上，在弹出的"构建左侧还是构建右侧"对话框中选择"右"；在弹出的"插入/编辑元件"对话框中，将"元件标记"设置为"FR2"，单击"确定重复"按钮。

⑥ 将热继电器放置在 FR2 的右侧，电动机 3 主线路最左侧一条导线上，在弹出的"构建左侧还是构建右侧"对话框中选择"右"；在弹出的"插入/编辑元件"对话框中，将"元件标记"设置为"FR3"，单击"确定"按钮。

（9）三相电动机的插入。

① 单击"插入元件"面板→"图标菜单"，弹出"插入元件"对话框，将"原理图缩放比例"设置为"1.0"。

② 单击"插入元件"面板→"图标菜单"→"电动机控制"→"三相电动机"→"三相电动机"。

③ 指定插入点：打开状态栏中的"对象捕捉"里的"端点"捕捉，将元件三相电动机的中心，放置在电动机 1 主线路中间导线的下端点上。

④ 在弹出的"插入/编辑元件"对话框中，单击"确定重复"按钮。

⑤ 将三相电动机的中心，放置在电动机 2 主线路中间导线的下端点上，在弹出的"插入/编辑元件"对话框中，单击"确定重复"按钮。

⑥ 将三相电动机的中心，放置在电动机 3 主线路中间导线的下端点上，在弹出的"插入/编辑元件"对话框中，单击"确定重复"按钮。

⑦ 将三相电动机的中心，放置在电动机 4 右侧主线路中间导线的下端点上，在弹出的"插入/编辑元件"对话框中，单击"确定"按钮，如图 6.106 所示。

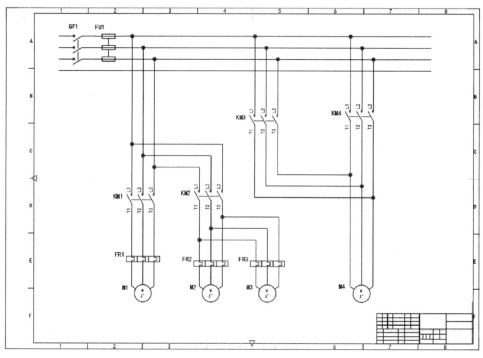

图 6.106　主电路元件插入

3）线号的插入

（1）三相电源线线号插入。

① 单击"插入导线/线号"面板→"三相"图标；

② 在弹出的"三相导线编号"对话框中，单击"前缀"下的"列表"，选择"L1，L2，L3，N"，单击"确定"按钮。

③ 在"最大值"一栏选择"4"，单击"确定"按钮，如图6.107所示。

图 6.107　三相线号设置

④ 依次单击水平电源线最左侧的四条导线。

（2）单相线号插入。

① 单击"插入导线/线号"面板→"线号"图标。

② 在弹出的"页码 1-导线标记"对话框中，在"导线标记模式"下选择"连续"，并在"开始"一栏输入"L"。

③ 单击"拾取各条导线"，如图6.108所示。

项目六　M7120平面磨床电路原理图的绘制

图 6.108　线号设置

④ 单击最上方一条水平电源线的右侧，如图 6.109 所示。

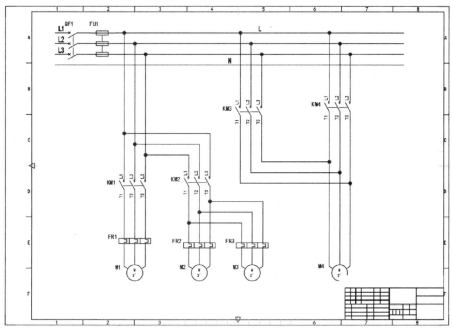

图 6.109　线号插入

4）导线、元件和线号编辑

（1）导线编辑。

① 在"编辑导线/线号"面板中，单击"更改/转换导线类型"图标 。

② 在弹出的"更改/转换导线类型"对话框中，选择导线颜色为"YEL"，大小为"4.0 mm^2"的选项，单击"确定"按钮。

③ 选择对象：单击断路器 QF1 的左侧，水平电源线最上方的导线，按空格键结束。

④ 同样的方法，将断路器 QF1 的左侧，水平电源线第二条导线的类型，更改为导线颜色为"GRN"，大小为"4.0 mm^2"。

⑤ 将水平电源线最下方导线的类型，更改为导线颜色为"BLU"，大小为"4.0 mm^2"。

（2）元件编辑。

① 在"编辑元件"面板，单击"对齐"图标 。

② 选择与之对齐的元件：单击选择交流接触器 KM1。

③ 选择对象：单击选择交流接触器 KM2 三个触点。

237

④ 按空格键结束。

⑤ 按上述方法，将交流接触器 KM3 和 KM4 对齐。

⑥ 将热继电器 FR1、FR2、FR3 对齐。

⑦ 将电动机 M1、M2、M3 和 M4 对齐。

（3）线号编辑。

① 在"编辑导线/线号"面板中，单击"移动线号"图标。

② 单击最上方一条水平电源线的左侧边缘，将线号"L1"移动到最左侧。

③ 同样方法，将线号"L2"移动到中间一条水平电源线的最左侧。

④ 将线号"L3"移动到第三条水平电源线的最左侧。

⑤ 将线号"N"移动到最下方一条水平电源线的最左侧，如图 6.110 所示。

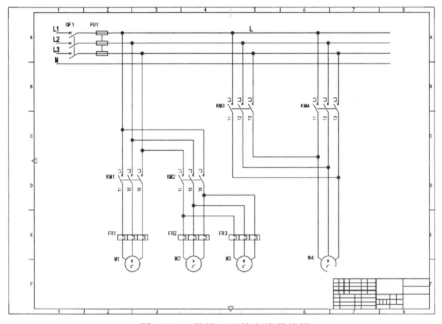

图 6.110 导线、元件和线号编辑

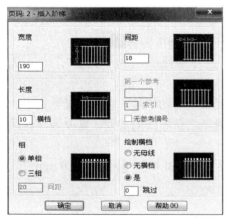

图 6.111 阶梯设置

8. 控制电路

1）导线

（1）插入阶梯。

① 在面板"插入导线/线号"中，单击"插入阶梯"图标，弹出"插入阶梯"对话框。

② 在"宽度"一栏，将阶梯宽度设置为"190"；在"间距"一栏，将阶梯的间距设置为"18"；在"长度"一栏，将阶梯的横档设置为"10"，单击"确定"按钮，如图 6.111 所示。

③ 设置导线类型：在命令行输入"T"，在"设置导线类型"对话框中，将导线颜色设置为"RED"，大小设置为"2.5 mm^2"，单击"确定"按钮。

④ 如图 6.112 所示,绘制阶梯 1。

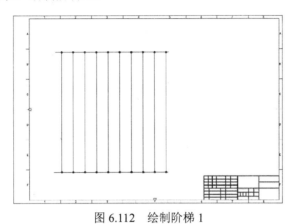

图 6.112　绘制阶梯 1

⑤ 同样方法,在阶梯 1 的右侧绘制宽度为"190",间距为"15",横档为"11"的水平阶梯 2,如图 6.113 所示。

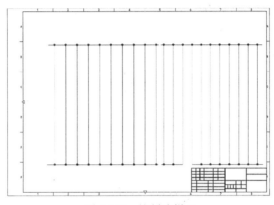

图 6.113　绘制阶梯 2

(2)绘制辅助导线。通过面板"插入导线/线号"中的"导线"命令,在阶梯 1 和阶梯 2 中绘制辅助导线,如图 6.114 所示。

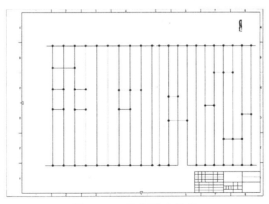

图 6.114　绘制辅助导线

（3）修剪导线。通过面板"编辑导线/线号"中的"修剪导线"命令，修剪阶梯图中的多余导线，如图 6.114 所示。

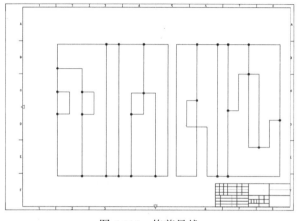

图 6.115　修剪导线

（4）单导线绘制。通过面板"插入导线/线号"中的"导线"命令，绘制阶梯 1 左侧的两根导线，如图 6.116 所示。

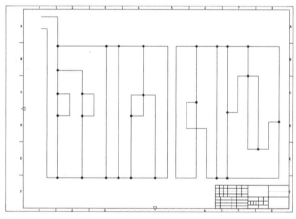

图 6.116　绘制单导线

2）元件插入

（1）原理图缩放比例设置。单击"原理图"选项卡→"插入元件"面板→"图标菜单"，弹出"插入元件"对话框，将"原理图缩放比例"设置为"1.0"。

（2）熔断器的插入。

① 单击"图标菜单"→"熔断器/变压器/电抗器"→"熔断器"→"熔断器"。

② 指定插入点：将熔断器放置在图 6.117 中指定位置。

③ 在弹出的"插入/编辑元件"对话框中，将"元件标记"设置为"FU2"。

④ 单击"确定重复"按钮，在图 6.117 中插入熔断器 FU3。

（3）选择开关的插入。

① 单击"图标菜单"→"选择开关"→"双挡位保持，常开触点"。

② 指定插入点：将选择开关放置在图 6.117 中指定位置。

③ 在弹出的"插入/编辑元件"对话框中,将"元件标记"设置为"SB1",单击"确定"按钮。

(4) 继电器的插入。

① 继电器线圈:

a. 单击"图标菜单"→"继电器/触点"→"继电器线圈"。

b. 指定插入点:将继电器线圈放置在图 6.117 中指定位置。

c. 在弹出的"插入/编辑元件"对话框中,将"元件标记"设置为"KV",单击"确定"按钮。

② 继电器触点:

a. 单击"图标菜单"→"继电器/触点"→"继电器常开触点"。

b. 指定插入点:将继电器触点放置在图 6.117 中指定位置。

c. 在弹出的"插入/编辑辅元件"对话框中,将"元件标记"设置为"KV";将"引脚1"设置为"13","引脚2"设置为"14",单击"确定"按钮。

(5) 按钮的插入。

① 单击"图标菜单"→"按钮"→"瞬动型常开按钮"。

② 指定插入点:将按钮放置在图 6.117 中指定位置。

③ 在弹出的"插入/编辑元件"对话框中,将"元件标记"设置为"SB2"。

④ 单击"确定重复"按钮,在图 6.117 中指定位置插入按钮 SB3。

⑤ 同样方法,在图 6.117 中依次插入按钮 SB4~SB9。

(6) 接触器的插入。

① 接触器线圈:

a. 单击"图标菜单"→"电动机控制"→"电动机启动器"→"电动机启动器"。

b. 指定插入点:将接触器线圈放置在图 6.117 中指定位置。

c. 在弹出的"插入/编辑元件"对话框中,将"元件标记"设置为 KM1。

d. 单击"确定重复"按钮,在图 6.117 中指定位置插入接触器线圈 KM2。

e. 同样方法,在图 6.117 中依次插入接触器线圈 KM3~KM6。

② 接触器常开触点:

a. 单击"图标菜单"→"电动机控制"→"电动机启动器"→"带单极常开触点的电动机启动器"。

b. 指定插入点:将接触器常开触点放置在图 6.117 中指定位置。

c. 在弹出的"插入/编辑辅元件"对话框中,将"元件标记"设置为"KM1";将"引脚1"设置为"13","引脚2"设置为"14"。

d. 单击"确定重复"按钮,在图 6.117 中指定位置插入接触器常开触点 KM2。

e. 同样方法,在图 6.117 中依次插入接触器常开触点 KM5(3个)、KM6(2个)。

③ 接触器常闭触点:

a. 单击"图标菜单"→"电动机控制"→"电动机启动器"→"带单极常闭触点的电动机启动器"。

b. 指定插入点:将接触器常闭触点放置在图 6.117 中指定位置。

c. 在弹出的"插入/编辑辅元件"对话框中,将"元件标记"设置为"KM3";将"引脚

1"设置为"13","引脚 2"设置为"14"。

  d. 单击"确定重复"按钮,在图 6.117 中指定位置插入接触器常开触点 KM4。

  e. 同样方法,在图 6.117 中依次插入接触器常闭触点 KM5、KM6。

(7) 热继电器的插入。

① 单击"图标菜单"→"电动机控制"→"多极过载,常闭触点"。

② 指定插入点:将热继电器触点放置图 6.117 中指定位置。

③ 在弹出的"插入/编辑元件"对话框中,将"元件标记"设置为"FR1"。

④ 单击"确定重复"按钮,在图 6.117 中指定位置插入热继电器触点 FR2。

⑤ 同样方法,在图 6.117 中插入热继电器触点 FR3。

(8) 电容器的插入。

① 单击"图标菜单"→"其他"→"电子元件"→"电容器"。

② 指定插入点:将电容器放置在图 6.117 中指定位置。

③ 在弹出的"插入/编辑元件"对话框中,将"元件标记"设置为"C1",单击"确定"按钮。

(9) 电阻器的插入。

① 单击"图标菜单"→"其他"→"电子元件"→"固定电阻器"。

② 指定插入点:将电阻器放置在图 6.117 中指定位置。

③ 在弹出的"插入/编辑元件"对话框中,将"元件标记"设置为"R1",单击"确定"按钮。

(10) 桥式整流器的插入。

① 单击"图标菜单"→"桥式整流器"(自制的元件)。

② 指定插入点:将桥式整流器放置在图 6.117 中指定位置。

③ 在弹出的"插入/编辑元件"对话框中,将"元件标记"设置为"VC",单击"确定"按钮。

(11) 电磁吸盘的插入。

① 单击"图标菜单"→"电磁吸盘"(自制的元件)。

② 指定插入点:将电磁吸盘放置在图 6.117 中指定位置。

③ 在弹出的"插入/编辑元件"对话框中,将"元件标记"设置为"YH",单击"确定"按钮。

(12) 变压器的插入。

① 单击"图标菜单"→"熔断器/变压器/电抗器"→"电抗器 – 常规"。

② 指定插入点:将电抗器放置在图 6.117 中指定位置。

③ 在弹出的"插入/编辑元件"对话框中,将"元件标记"设置为"L1"。

④ 单击"确定重复"按钮,在图 6.117 中指定位置插入电抗器 L2,如图 6.117 所示。

3) 元件编辑

(1) 元件翻转。

① 在"编辑元件"面板,单击"反转/翻转元件"图标。

② 在弹出的反转/翻转元件对话框中,选择"翻转"。

③ 选择要翻转的元件:单击电抗器 L2。

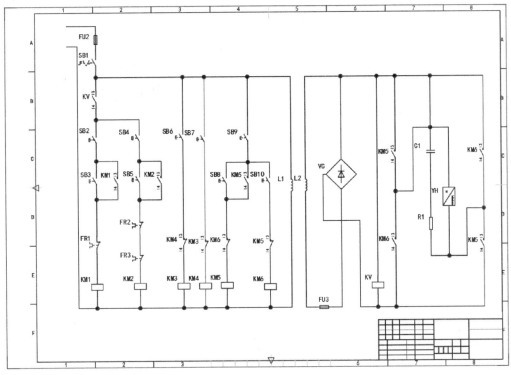

图 6.117 元件插入

④ 按空格键结束。

（2）元件对齐。

① 在"编辑元件"面板，单击"对齐"图标。

② 选择与之对齐的元件：选择按钮 SB2。

③ 选择对象：依次单击选择按钮 SB4、SB6、SB7、SB9。

④ 按空格键结束。

⑤ 按上述方法，将 SB3、KM1、SB5、KM2、SB8、KM5、SB10 对齐。

⑥ 将 FR1、KM3～KM6 对齐。

⑦ 将 KM1～KM6、KV 对齐。

⑧ 将 KM5、C1、KM6 对齐。

9. 源、目标箭头插入

1）源箭头插入

（1）单击"插入导线/线号"面板→"源箭头"图标。

（2）选择源的导线末端：单击主电路三相电源线最上方导线末端。

（3）在弹出的"信号–源代号"对话框中，将"代号"设置为"1"，"描述"设为"火线"，如图 6.118 所示。

（4）单击"确定"按钮。

（5）在弹出的"源/目标箭头"对话框，单击"否"按钮。

（6）同样方法，在主电路三相电源线最下方导线末端插入"代号"为"2"，"描述"为零线的源箭头。

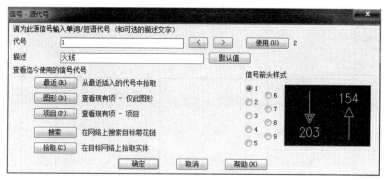

图 6.118　源箭头设置

2）目标箭头插入

(1) 单击"插入导线/线号"面板→"目标箭头"按钮。

(2) 选择目标的导线末端：单击控制电路最上方导线末端。

(3) 在弹出的"插入目标代号"对话框中，将"代号"设置为"1"。

(4) 单击"确定"按钮。

(5) 同样方法，在控制电路最上方第二条导线末端插入"代号"为"2"的目标箭头。

注意：如果源箭头和目标箭头插入后，位置分区号显示不正确，可以通过单击"编辑导线/线号"面板中的"更新线号参考"图标，进行交互参考和线号标记的更新，如图 6.119 所示。

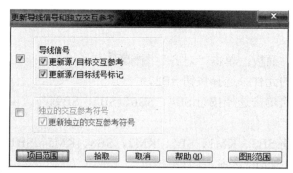

图 6.119　更新信号参考

10. 交互参考

1）继电器 KV 交互参考

(1) 单击"编辑元件"面板→"编辑"，单击控制电路继电器触点 KV，在弹出的"插入/编辑辅元件"对话框中，单击"主项/同级项"。

(2) 单击控制电路继电器线圈 KV。

(3) 在弹出的"插入/编辑辅元件"对话框中，单击"确定"按钮。

2）接触器 KM1 交互参考

(1) 接触器 KM1 三相主触点。

① 单击"编辑元件"面板→"编辑"，单击主电路正转接触器 KM1，在弹出的"插入/编辑辅元件"对话框中，单击"项目"，如图 6.120 所示。

项目六　M7120 平面磨床电路原理图的绘制

图 6.120　"插入/编辑辅元件"对话框

② 在弹出的"种类='MS'的完整项目列表"对话框中，选择页码为 2 的 KM1，单击"确定"按钮。

③ 在弹出的"插入/编辑辅元件"对话框中，确定元件参数后，单击"确定"按钮。

（2）接触器 KM1 辅助触点。

① 单击"编辑元件"面板→"编辑"，单击控制电路接触器触点 KM1，在弹出的"插入/编辑辅元件"对话框中，单击"主项/同级项"。

② 单击控制电路正转接触器线圈 KM1。

③ 在弹出的"插入/编辑辅元件"对话框中，单击"确定"按钮。

3）接触器 KM2～KM6 交互参考

（1）同接触器 KM1 三相主触点交互参考方法，分别对主电路接触器 KM2～KM4 三相主触点进行交互参考。

（2）同接触器 KM1 辅助触点交互参考方法，分别对控制电路接触器 KM2～KM6 的辅助触点进行交互参考，如图 6.121 和图 6.122 所示。

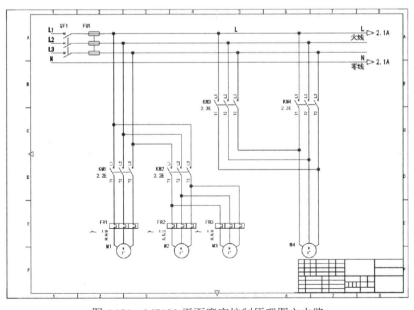

图 6.121　M7120 平面磨床控制原理图主电路

245

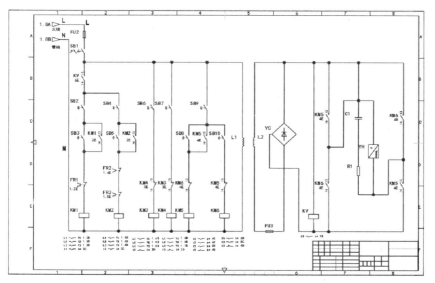

图 6.122　M7120 平面磨床控制原理图控制电路

6.4　任务拓展

自制元件变频器和制动电阻，绘制变频器恒压供水系统主电路原理图，如图 6.123～图 6.125 所示。

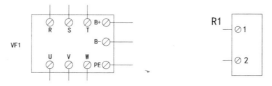

图 6.123　变频器符号　　　图 6.124　制动电阻符号

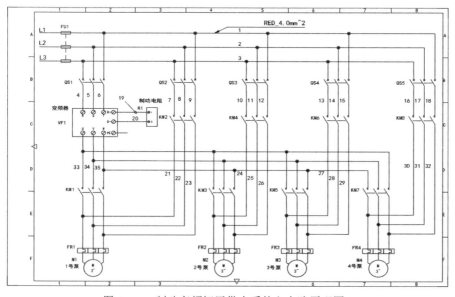

图 6.125　制动变频恒压供水系统主电路原理图

246

项目七

电动机星三角 PLC 控制电路原理图的绘制

7.1 任务概述

由于交流电动机直接启动时电流达到额定值的 4～7 倍,电动机功率越大,电网电压波动率也越大,对电动机及机械设备的危害也越大。因此对容量较大的电动机采用减压启动来限制启动电流,Y/△降压启动是常见的方法,它是根据启动过程中的时间变化而利用时间继电器来控制Y/△切换的。

任务说明

本学习任务主要介绍电动机 Y/△降压启动控制原理图的绘制,如图 7.1 和图 7.2 所示,此电路包括主电路和控制电路两部分。在本任务中我们重点学习元件 PLC 的插入和编辑。通过对电动机 Y/△降压启动控制原理图的绘制,我们将逐步认识到 ACE 软件的丰富功能,掌握电气原理图的绘图技巧和绘图步骤。

知识目标

1. 了解电动机正反转控制电路的原理;
2. 认识元件库的电气元件、PLC 元件;
3. 掌握 PLC 元件使用;
4. 掌握 PLC 元件编辑。

能力目标

1. 能够对 PLC 进行自定义;
2. 能够独立完成电动机 Y/△降压启动控制原理图的绘制。

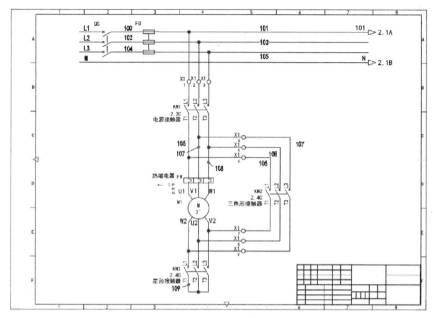

图 7.1　电动机星三角 PLC 控制电路原理图主电路

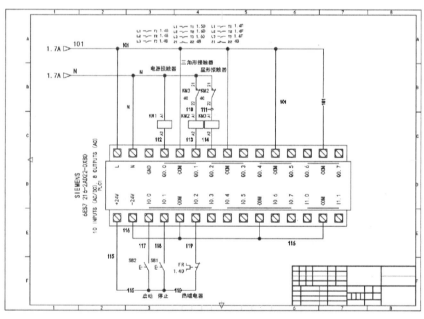

图 7.2　电动机星三角 PLC 控制电路原理图控制电路

7.2　知识链接

7.2.1　PLC 的插入

视频：PLC

PLC 作为一个特殊的元件存在，在使用时也有自身的一些特点，PLC 的命令分为两个，分别是参数和完整单元,如图7.3所示。

可以在"原理图"选项卡中的"插入元件"面板下看到,如图7.4所示。

图7.3 PLC命令

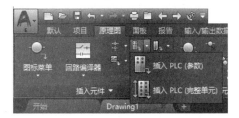

图7.4 "插入元件"面板

1. PLC(完整单元)的插入

完整单元PLC也就是整体式PLC,一般是微型PLC,它是一个功能完整的元件,包括电源、CPU、I/O点等,因此在ACE中它们与通常的电气元件在原理上是一致的,只是端子多了一些而已,通常这些端子排列成上下两行,如图7.5所示。

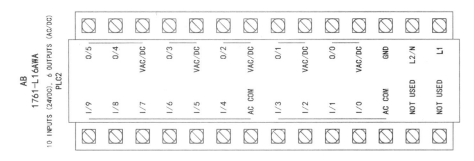

图7.5 PLC(完整单元)

在小型控制系统中整体式PLC的应用还是比较多的。

在图纸中插入整体式PLC的方法如下:

(1)单击"原理图"选项卡→"插入元件"面板→"插入PLC"下拉列表→"插入PLC(完整单元)",如图7.6所示。

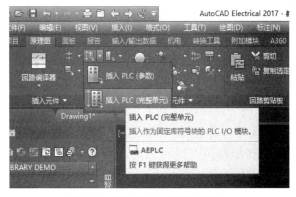

图7.6 插入PLC(完整单元)

(2)弹出"PLC安装单元"对话框,在对话框中选择要插入的PLC模块,如图7.7所示。

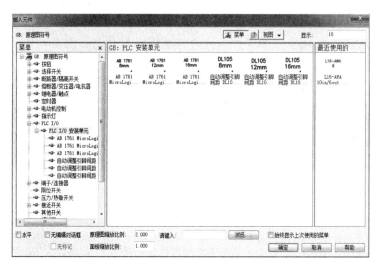

图 7.7 "PLC 安装单元"对话框

(3) 在图形上指定插入点。
(4) 在"编辑 PLC 模块"对话框中添加或编辑信息,然后单击"确定"按钮,如图 7.8 所示。

图 7.8 "编辑 PLC 模块"对话框

ACE 提供了一种参数化的方法来构建 PLC。通过这种方法 ACE 可以轻而易举地构造各种各样的 PLC 模块的原理图形,并且用户可以自定义图形的样式,这种方法并不需要对每个模块做一个图形库。而且在原理图中插入 PLC 模块时,ACE 可以根据图中导线阶梯的走向(横向或竖向)及间距自动做出相应变化,插到图中的模块还可以被拉伸或被打断,使得布局非常灵活。

2. PLC(参数)的插入

参数 PLC 也就是模块化 PLC,如图 7.9 所示,ACE 提供了一种参数化的方法来构建。

通过这种方法 ACE 可以轻而易举地构造各种各样的 PLC 模块的原理图形。

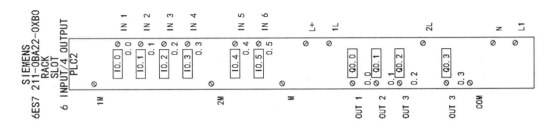

图 7.9　参数 PLC

（1）单击"原理图"选项卡→"插入元件"面板→"插入 PLC"下拉列表→"插入 PLC（参数）"，弹出"PLC 参数选择"对话框，如图 7.10 所示。

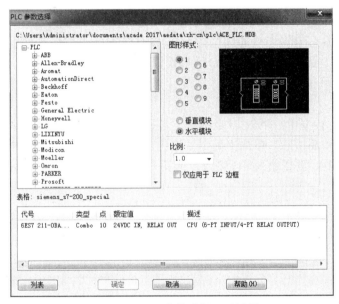

图 7.10　"PLC 参数选择"对话框

在对话框上方显示的是软件调用的后台文件，即 ACE_PLC.MDB，后期自定义及修改都可以在这个文件上进行处理。

① 制造商目录树：左侧是制造商及模块的选取，在这里包含了市场上常用的 PLC 生成厂家与型号。

② 图形样式：右侧是绘制的 PLC 图形样式，用于指定 PLC 模块的图形外观。ACE 提供了样式 1~5，样式 6~9 可以由用户定义，选择一个样式编号，将显示 PLC 模块的样例部分。

③ 垂直模块和水平模块：用于对 PLC 进行垂直或水平选择。

④ 比例：指定 PLC 模块的比例，也可以指定仅对 PLC 模块的边框应用比例。

⑤ 模块列表：下方就是左侧选定型号的 PLC 的具体信息，包括输入/输出地址有几个、各种属性等。

图 7.11 "模块布局"对话框

（2）选择好型号后，在图纸中选择一个位置进行插入，如果要放置到导线上（尤其是针对阶梯图），则插入位置一定是选择导线位置，导线位置也就是该 PLC 模块的第一根接线位置。单击"放置"后，会弹出"模块布局"对话框，如图 7.11 所示。

① 间距：指定模块的间距。模块的默认间距与阶梯图间距相同。

② I/O 点：指定是将所有的 I/O 点都进行插入，还是将模块打断成多个部分。由于在绘图过程中，有时不可能把一个 PLC 模块的所有的输入/输出点都放置到一张图纸上，经常需要分开图纸进行放置。因此，一般在绘制的过程中，都会使用"允许使用分隔符/打断符"。如果选择"全部插入"，除了已经预先定义的打断，否则会把所有点都放置到一张图上，当然可以后期进行打断处理。

③ 包括未使用的/额外的连接：指定包括所有指向 PLC 的额外连接。部分模块可能具有未使用的端子（不具有电气连接的虚拟端子）。默认情况下将跳过未使用的端子，这将生成最紧凑的模块表达，也可以选择将 PLC 模块设置为显示未使用的端子。

（3）选择好间距和样式后，单击"确定"按钮，会弹出"I/O 点"对话框，如图 7.12 所示。

在"I/O 点"对话框中，填入 PLC 的机架与插槽，也可以随便填，不会影响后期使用。

（4）输入机架和插槽后，单击"确定"按钮，会弹出"I/O 地址"对话框，如图 7.13 所示，在这个对话框中，需要输入 I/O 输入点的第一个地址起始编号，也可以用预定义的地址"快速拾取"。

图 7.12 "I/O 点"对话框

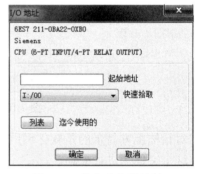

图 7.13 输入点起始地址

（5）如果之前在"模块布局"对话框选择"全部插入"，输入起始地址后就自动插入了；如果选择的是允许使用分隔符/打断符，就会出现"自定义打断/间距"对话框，如图 7.14 所示。

在这个对话框中，说明了已经插入的地址点，我们可以选择插入下一个地址点，也可以进行分隔符放置，也可以打断当前的 PLC，如果选择"取消自定义"，就会让 PLC 所有的地址点都进行插入。

（6）如果打断了 PLC 的插入，PLC 只能插入其中的一部分，剩下的部分可以再次使用"插入 PLC（参数）"命令，就会弹出图 7.15 所示对话框。

 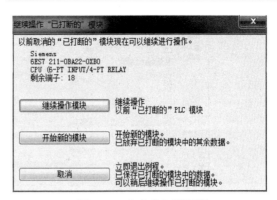

图 7.14 "自定义打断/间距"对话框　　　　图 7.15 自定义打断间距

在这个对话框中,可以选择"继续操作模块",就可以把上述没有用完的 PLC 的部分继续插入到图纸。插入 PLC 时,如果各个部分在不同的图纸上,用这个方式就可以完成。这个命令只能记录一个 PLC 模块,如果有需要,一个模块可以拆分到任意多张的图纸中。

(7)当地址位超过 07 时,就会出现进制的选择,可以根据需要选取,如图 7.16 所示。

(8)当输入地址插入完成后,就会弹出"I/O 地址"对话框,如图 7.17 所示,需要输入 I/O 输出点的第一个地址起始编号,也可以用预定义的地址"快速拾取"。

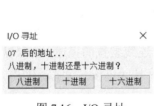 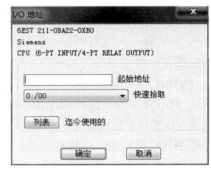

图 7.16 I/O 寻址　　　　图 7.17 输出点起始地址

(9)当所有 I/O 点全部插入以后,PLC(参数)就插入完成了。

7.2.2　PLC 的编辑

PLC 也是元件,因此使用的命令都与普通元件相同,可以使用编辑、移动等各种命令。

1. 编辑 PLC 模块

编辑命令在使用中会有所不同,当 PLC(完整单元)和 PLC(参数)插入到图形中后,在"编辑元件"面板单击"编辑"命令,就会弹出"编辑 PLC 模块"对话框,如图 7.18 所示。

1)地址

(1)第一个地址:指定 PLC 模块的第一个 I/O 地址。

(2)列表:列出从中进行选择的可用 I/O 地址。从列表中选择 I/O 地址时,"I/O 点描述:地址"将自动更新。

(3)已使用:图形或项目列出已指定到图形或项目的任何 I/O 点。从列表中为此新元件选择要复制或递增的标记。

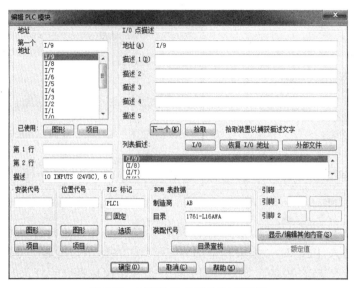

图 7.18 "编辑 PLC 模块"对话框

2) I/O 点描述

(1) 地址：指定 I/O 地址指定。

(2) 描述 1～5：可选的描述文字，最多可输入五行描述属性文字。

(3) 下一个/拾取：从当前图形上的模块选择描述。

(4) 列表描述：列出当前为拾取列表中模块或已连接的连线装置上的每个 I/O 点指定的 I/O 点描述。选择此选项旁边的某个按钮将在下面的方框中显示不同的描述列表。

(5) I/O：列出目前为止在模块上使用的 I/O 点描述，拾取以复制。

(6) 恢复 I/O 地址：列出找到的要连接到 I/O 模块的连线装置的描述，拾取以复制描述。

(7) 外部文件：显示 I/O 点描述的外部 ASCII 文本文件（以逗号分隔）的内容。拾取文件中的条目，然后将值复制到"编辑"对话框的编辑框中。

3) PLC 标记

PLC 标记：指定分配给模块的唯一标识符，可以在编辑框中手动键入标记值。

选项：用固定的文字字符串来替换标记格式中的%F 部分。然后，重新标记元件便可以使用此替代格式的值来计算 PLC 模块的新标记。

4) 描述

描述：可选的描述文字行，可用于识别模块类型。

第 1 行/第 2 行：指定可选的模块描述文字。可用于标识模块在 I/O 装配中的相对位置（例如：机架号和插槽号）。

5) BOOM 表数据

(1) 制造商：列出模块的制造商号。输入值或从"目录查找"中选择值。

(2) 目录：列出模块的目录号。输入值或从"目录查找"中选择值。

(3) 装配代号：列出模块的装配代号。装配代号用于将多个零件号链接到一起。

(4) 目录查找：打开"目录信息"对话框。

6) 安装代号/位置代号

安装代号/位置代号：更改安装代号或位置代号。可以搜索当前图形或整个项目以查找安装代号和位置代号。系统将快速读取所有的当前图形文件或选定图形文件，并返回迄今为止使用过的代号的列表。

7）引脚

引脚：将引脚号指定给实际位于模块上的引脚。

2．拉伸 PLC 模块

拉伸或压缩 PLC 模块的窗选部分，可以用来调整中间各个端子点的位置与间距，如图 7.19 所示。

拉伸 PLC 模块的步骤如下：

（1）单击"原理图"选项卡→"编辑元件"面板→"快速移动"下拉列表→"拉伸 PLC 模块"图标。

（2）使用交叉窗口窗选要拉伸的块。

（3）按 ENTER 键。

（4）选择位移的基点和第二点。

3．拆分 PLC 模块

将 PLC 在某个位置进行打断，分开的两部分可以各自使用，如图 7.20 所示。

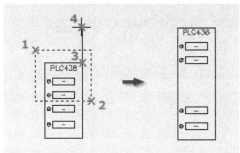
图 7.19　拉伸 PLC 模块

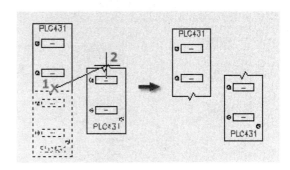
图 7.20　拆分 PLC 模块

拆分 PLC 模块的步骤如下：

（1）单击"原理图"选项卡→"编辑元件"面板→"快速移动"下拉列表→"拆分 PLC 模块"图标。

（2）选择要拆分的块。

（3）选择拆分点或输入"M"，以使用交叉窗口为新的辅元件选择对象。

（4）为新块定义原点。可以输入坐标，或者单击"拾取点"然后选择图形中的原点。

（5）设定打断类型：没有线、直线、锯齿线或绘制。

（6）（可选）选择重新放置辅块，以便将其作为此命令的一部分移动。

（7）单击"确定"按钮。

（8）要重新放置辅块，请在屏幕中选择一点以放置该块。

7.2.3　PLC 的自定义

定义 PLC，实际上就是对表格进行定义。PLC 实际上就是一组各种接线点的组合，ACE

可以在软件内定义这张表格。

1. PLC 数据库文件编辑器

单击"原理图"选项卡→"其他工具"面板下拉列表→"PLC 数据库文件编辑器",弹出"PLC 数据库文件编辑器"对话框,如图 7.21 和图 7.22 所示。

图 7.21 "PLC 数据库文件编辑器"命令

图 7.22 "PLC 数据库文件编辑器"对话框

(1) PLC 选择列表:对话框的左侧就是 PLC 选择列表,提供可用于 ACE 的 PLC 数据文件的完整列表。PLC 选择列表使用可展开和可折叠的树状结构显示 PLC 类别。这些 PLC 类别包括制造商、系列、类型和零件号。树状结构支持单击右键控制,可以对 PLC 数据进行复制、重命名、删除和创建等操作。选择列表的右键单击控制包括以下几种。

① 新的制造商(仅适用于树状结构的"PLC"分支):定义一个新的制造商。然后,该制造商将按字母顺序显示在"PLC 选择"的树状结构中。

② 新建系列(仅适用于树状结构的"制造商"分支):在各个"制造商"下面定义一个新的 PLC 系列。然后,该系列将按字母顺序显示在"PLC 选择"的树状结构中。

③ 新建类型（仅适用于树状结构的"系列"分支）：在各个"制造商"和"系列"下面定义一个新的 PLC 类型。然后，该类型将按字母顺序显示在"PLC 选择"的树状结构中。

④ 新建模块（仅适用于树状结构的"类型"和"模块/代号"分支）：在各个"制造商""系列"和"类型"下面定义一个新的 PLC 模块。然后，该模块将按字母顺序显示在"PLC 选择"的树状结构中。

⑤ 粘贴模块（仅适用于树状结构的"类型"分支）：将 PLC 模块复制到亮显的 PLC"类型"分支。在树状结构的"模块/代号"分支中复制或剪切 PLC 模块之后，此选项即被激活。

⑥ 删除：从树状结构和 PLC 数据库（ACE_PLC.MDB）中删除整个 PLC 模块、类型、系列或制造商。

⑦ 重命名：重命名树状结构中的 PLC 模块、类型、系列或制造商。树状结构的同一分支中不能有重复的名称。

⑧ 剪切（仅适用于树状结构的"模块"分支）：从树状结构中剪切亮显的模块代号。然后，将该代号粘贴到同一个 PLC"类型"类别或新的 PLC"类型"类别中。

⑨ 复制（仅适用于树状结构的"模块"分支）：将亮显的模块代号从树状结构复制到同一个 PLC 类型或新的 PLC 类型中。

（2）端子栅格控件：对话框右侧是端子栅格控件，亮显"PLC 选择"树状结构中的某个模块，以使用以前定义的模块端子信息来填充"端子栅格控件"。在创建 PLC 模块时，PLC 数据库文件编辑器将按照"新建模块"对话框中定义的端子数量列出同样多的空白"端子类型"字段。

① 端子类型：指定端子的类型。

② 显示：显示未使用的端子。

③ 可选的重新提示：当参数编译从输入转换到输出或从输出转换到输入时，提示指定新的起始地址号。

④ 在此之后打断：指定在特定端子类型之后自动打断模块。

⑤ 间距因子：替代 I/O 和接线点间距的当前横档间距。例如，值为"2"将以两倍的横档间距（而不是一倍的横档间距）向下插入点。

（3）新建模块：打开一个对话框，从中可以定义模块描述和参数，可以使用一系列框键入或选择定义模块所需的值。

（4）模块规格：打开一个对话框，从中可以修改以前创建新模块时定义的某些规格。

（5）保存模块：将模块保存到 PLC 数据库文件。如果没有单击"保存模块"就退出 PLC 数据库文件编辑器，系统将提示是否要保存更改。

（6）样式框标注：打开一个对话框，从中可以基于创建 PLC 时使用的样式编号来定义模块框标注。

（7）设置：打开一个对话框，从中可以添加或更新用来构建模块的符号。

2. 新建模块

在"PLC 选择"窗口中的类型或模块上单击鼠标右键并选择"新建模块"，将弹出"新建模块"对话框，在对话框中可以看到已指定了"制造商""系列"和"系列类型"的数据，如图 7.23 所示。

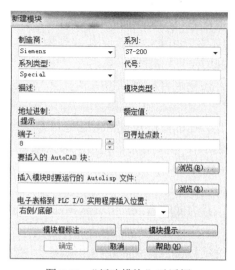

图 7.23 "新建模块"对话框

（1）描述：描述正在定义的 PLC 模块。

（2）模块类型：指定 PLC 模块的简短类型。

（3）地址进制：指定 PLC 模块寻址时是否遵循某种行业标准。请从"八进制""十进制""十六进制"和"提示"中进行选择。"提示"将在插入模块时提示可从"八进制""十进制"和"十六进制"中进行选择。

（4）额定值：指定 PLC 模块的额定功率。

（5）端子：指定在 PLC 模块上定义的端子总数。

（6）可寻址点数：指定接收 PLC 地址属性的 PLC 模块上的端子点总数。

3. 端子类型

在"新建模块"对话框中输入完信息后，会弹出"PLC 数据库文件编辑器"对话框，可以看到右边有一个新的空输入模块，现在需要为模块中的每个端子定义一些信息，如图 7.24 所示。

	端子类型	显示	可选的重新提示地址	在此之后打断	间距因子
1	空	始终	无		
2	空	始终	无		
3	空	始终	无		
4	空	始终	无		
5	空	始终	无		
6	空	始终	无		
7	空	始终	无		
8	空	始终	无		

图 7.24 端子栅格

每一个 PLC 模块是由一定数量的特定的端子来组成的，需要自定义的其实就是 PLC 模块中的端子数量，以及每一个端子的类型。

ACE 提供的端子类型有几大类：输入类、输出类（包括触点类）、端子类和模块信息类。

（1）输入和输出：就是程序中可以寻址的 I/O 点。具体的端子类型有：输入 I/O 点，导线在左侧；输出 I/O 点，导线在右侧；输入 I/O 地址，导线在左侧（自左侧）；触点输出（动断），导线在左侧和右侧；等等。

（2）端子：是不具有程序地址的接线端子，比如电源端子等。具体的端子类型有：端子点，导线在右侧；端子点，导线在左侧和右侧；端子点，导线在左侧（自右侧）；端子点，导线在右侧（自右侧）；等等。

（3）模块信息：是具有模块的制造商和目录属性的类别，每个模块都有且只有一个这样的端子，这样生成报表时就会有目录数据。模块信息本身可以寄附在输入、输出或端子类上，所以模块信息又分为模块信息输入、模块信息输出和模块信息端子。

具体的端子类型有：模块信息输入 I/O 点，导线在左侧和右侧；模块信息输出 I/O 地址，无导线连接；模块信息端子点，导线在左侧（自右侧）；模块信息为空，无导线连接；等等。

导线在左侧或右侧等，是定义端子的接线方向，这是以模块垂直放置而导线水平走向来定义的。

4. 自定义 PLC 插入示例

(1) 单击"原理图"选项卡→"其他工具"面板→"数据库编辑器"下拉列表→"PLC 数据库文件编辑器"。

(2) 在"PLC 数据库文件编辑器"对话框左侧的"PLC 选择列表"中,鼠标右键单击制造商"Siemens"→"S7-200"系列→"Special"类型,然后单击"新建模块",如图 7.25 所示。

(3) 在"新建模块"对话框中,填写以下内容,如图 7.26 所示。

图 7.25 新建模块

图 7.26 "新建模块"对话框

(4) 单击"确定"按钮,弹出"PLC 数据库文件编辑器"对话框,如图 7.27 所示。

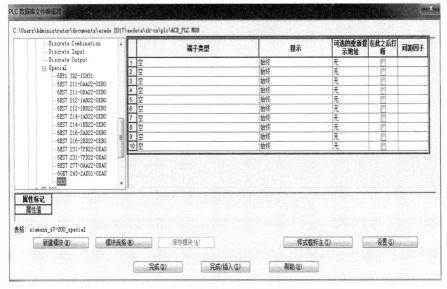

图 7.27 "PLC 数据库文件编辑器"对话框

图 7.28 编辑端子

（5）在“PLC 数据库文件编辑器”对话框中，可以看到右侧就有了一个新的空输入模块，该模块具有 10 个端子。然后需要为模块中的每个端子指定导线类型，可以通过以下两种方法选择端子类型。

方法 1：在端子类型 1 上单击鼠标右键，然后从关联菜单中选择“编辑端子”，如图 7.28 所示。

弹出“选择端子信息”对话框，在这个对话框中选择相应的端子类型，单击“确定”按钮，如图 7.29 所示。

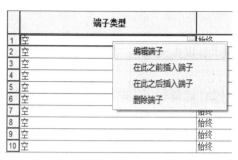

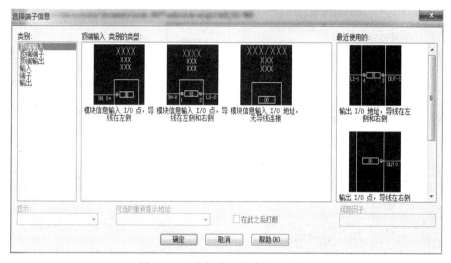

图 7.29 “选择端子信息”对话框

方法 2：单击端子类型 1 右侧的下拉箭头，直接在下拉列表中选择相应的端子类型，如图 7.30 所示。

（6）按图 7.31 所示，选择相应的端子类型，并在“可选的重新提示地址”一栏，将端子类型 6 设为“输出”。

	端子类型
1	模块信息端子点，导线在左侧
2	模块信息输入 I/O 地址，无导线连接
3	模块信息输出 I/O 地址，无导线连接
4	输入 I/O 点，导线在左侧
5	端子点，导线在右侧
6	端子点，导线在左侧
7	输出 I/O 点，导线在右侧
	输入 I/O 点，导线在左侧和右侧
8	空
9	空
10	空

图 7.30 选择端子信息

	端子类型	显示	可选的重新提示地址
1	模块信息端子点，导线在左侧	始终	无
2	输入 I/O 点，导线在左侧	始终	无
3	输入 I/O 点，导线在左侧	始终	无
4	输入 I/O 点，导线在左侧	始终	无
5	端子点，导线在右侧	始终	无
6	输出 I/O 点，导线在右侧	始终	输出
7	输出 I/O 点，导线在右侧	始终	无
8	输出 I/O 点，导线在右侧	始终	无
9	端子点，导线在右侧	始终	无
10	端子点，导线在右侧	始终	无

图 7.31 选择端子类型

（7）在“PLC 数据库文件编辑器”对话框中，单击右下角的“样式框标注”，弹出“样式框标注”对话框，按图 7.32 所示进行修改。

（8）单击“保存模块”，将模块保存到 PLC 数据库文件。

（9）单击"完成/插入"，弹出"PLC 参数选择"对话框，"图形样式"选择 1、"比例"设为"1.0"，选择垂直模块，如图 7.33 所示。

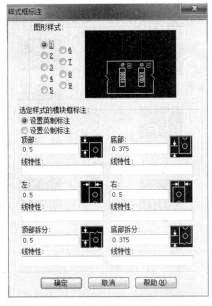

图 7.32 "样式框标注"对话框   图 7.33 "PLC 参数选择"对话框

（10）设置完成后，单击"确定"按钮，将新的 PLC 模块插入图形中。

（11）在图形中指定插入点。

（12）弹出"模块布局"对话框，设置"间距"为"20"，单击"确定"按钮。

（13）在"I/O 地址"对话框中，指定输入"起始地址"为"I0.0"，单击"确定"按钮。

（14）在"I/O 地址"对话框中，指定输出"起始地址"为"Q0.0"，单击"确定"按钮，完成 PLC 的插入，如图 7.34 所示。

7.2.4 PLC 和阶梯图的使用

在 ACE 中，参数 PLC 和自定义 PLC 的端子的接线通常是和阶梯搭配使用的，通过插入阶梯，对 PLC 的端子进行导线连接，并插入相应的元器件，完成 PLC 控制图形的绘制。具体的方法如下：

（1）在项目管理器中，鼠标右键图纸→"特性"→"图形特性"→"图形格式"，在"阶梯默认设置"中选择"垂直"，单击"确定"按钮，如图 7.35 所示。

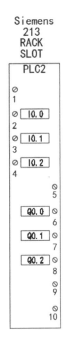

图 7.34 自定义 PLC 插入

（2）单击"原理图"选项卡→"插入导线/线号"面板→"插入阶梯"。

（3）在"插入阶梯"对话框中，设置合适的宽度和间距，其中间距必须和插入参数 PLC 时的"模块布局"中的间距保持一致，如图 7.36 所示。

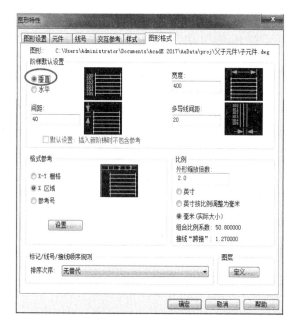

图7.35 阶梯默认设置　　　　　　图7.36 "插入阶梯"对话框

（4）单击"确定"按钮，在图形上插入阶梯，如图7.37所示。

绘制的阶梯横档数目要多于插入的PLC的端子数。

（5）单击"插入元件"面板→"插入PLC（参数）"，在"PLC参数选择"对话框选择图7.34中自定义的PLC，将其插入到图形中。PLC的插入点"×"的中心点要放置在阶梯的横档上，如图7.38所示。

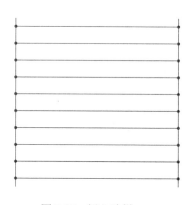 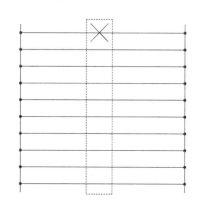

图7.37 插入阶梯　　　　　　　　图7.38 PLC插入点

（6）将PLC的间距设为"20"，输入起始地址为"I0.0"，输出起始地址为"Q0.0"，如图7.39所示。

（7）在"编辑导线/线号"面板中，单击"修剪导线"命令，修剪图中多余的导线，如图7.40所示。

（8）在"插入元件"面板，将"图标菜单"里的瞬动型常开按钮和标准指示灯插入到图形中，如图7.41所示。

项目七 电动机星三角 PLC 控制电路原理图的绘制

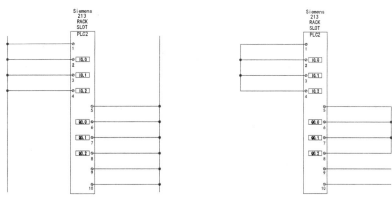

图 7.39 插入 PLC   图 7.40 修剪导线

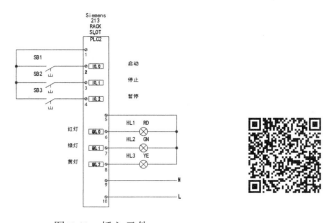

图 7.41 插入元件

7.3 任务实施

1. 新建项目

（1）打开 AutoCAD Electrical 2017 软件，在"项目管理器"中选择"新建项目"，名称命名为"电动机星三角 PLC 控制"，单击"确定"按钮，如图 7.42 所示。

图 7.42 新建项目

263

（2）在"项目管理器"中选择项目"电动机星三角 PLC 控制",单击右键,选择下拉菜单中的"特性",弹出"项目特性"对话框,进行项目特性设置。

① 元件设置。在"项目特性"对话框,选择"元件"选项卡,进入元件设置界面,在"元件标记选项"中勾选"禁止对标记的第一个字符使用短横线",如图 7.43 所示。

② 布线样式设置。在"项目特性"对话框中,选择"样式"选项卡,进入样式设置界面,在"布线样式"中,将"导线交叉"样式设置为"实心",将"导线 T 形相交"样式设置为"点",如图 7.44 所示。

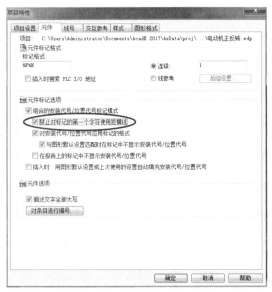
图 7.43 项目特性

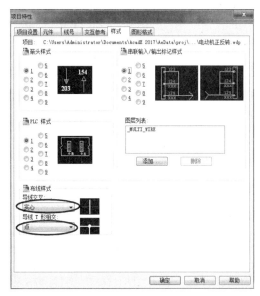
图 7.44 "布线样式"设置

③ 图形格式设置。在"项目特性"对话框中,选择"图形格式"选项卡,进入图形格式设置界面,在"格式参考"中选择"X-Y 栅格设置",如图 7.45 所示。

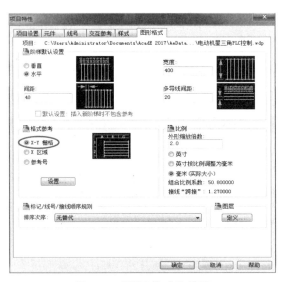
图 7.45 "图形格式"设置

设置完成后单击"确认"按钮,完成项目"电动机星三角 PLC 控制"的设置。

2. 新建图形

在"项目管理器"中选择项目"电动机星三角 PLC 控制",单击右键,选择下拉菜单中的"新建图形",出现"创建新图形"对话框,在对话框中将图形文件名称命名为"主电路",如图 7.46(a)所示;在"模板"这一行单击"浏览"按钮,选择"ACE_GB_a3_a"模板,如图 7.46(b)所示。

图 7.46 创建图形

(a)"创建新图形"对话框;(b)模板选择

然后单击"确定"按钮,在弹出的"将项目默认值应用到图形设置"对话框中单击"是"按钮,这样前面项目的设置都会应用到新建的图形上,如图 7.47 所示。

相同步骤,在项目"电动机星三角 PLC 控制"下,创建图形"控制电路"。

在项目管理器中项目"电动机星三角 PLC 控制"下面,可以看到图形"主电路"和"控制电路"建立完成了,如图 7.48 所示。

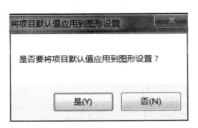 

图 7.47 创建图形主电路和控制电路　　　　图 7.48 图形设置

3. 标题栏更新

鼠标右键单击项目"电动机星三角 PLC 控制",单击下拉菜单中的"标题栏更新",

在弹出的"更新标题栏"对话框中，勾选"页码（%S 值）"，勾选"页码的最大值"，并设为"2"，勾选"重排序页码%S 值"，并设为"1"，然后单击"确定应用于项目范围"，如图 7.49 所示。

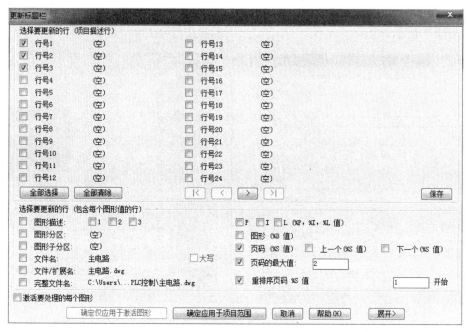

图 7.49　更新标题栏

弹出"选择要处理的图形"对话框，单击"全部执行"，将图形主电路和控制电路放进处理区，单击"确定"按钮，页码更新完成，如图 7.50 和图 7.51 所示。

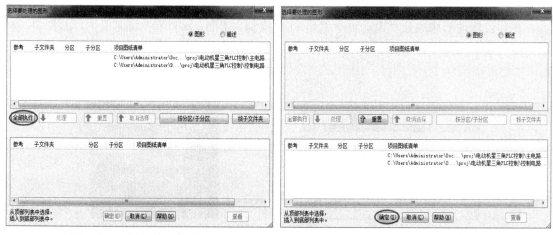

图 7.50　选择要处理的图形　　　　　　图 7.51　将图形放进处理区

执行完成后，可以看到图形"主电路"和"控制电路"标题栏的页码都已更新，图形"主电路"是第 1 页，"控制电路"是第 2 页，如图 7.52 所示。

项目七 电动机星三角 PLC 控制电路原理图的绘制

				主电路			
标记	处数	分区	更改文件号	签名	日期		
设计			工艺			阶段标记	数量	比例
制图			标准					
校对			批准			共 2 页	第 1 页
审核			日期				

(a)

				控制电路			
标记	处数	分区	更改文件号	签名	日期		
设计			工艺	—		阶段标记	数量	比例
制图			标准	—			数量	比例
校对			批准	—		共 2 页	第 2 页
审核			日期	—			

(b)

图 7.52　标题栏页码更新

(a) 主电路页码；(b) 控制电路页码

4. XY 栅格设置

打开图形"主电路",单击"原理图"选项卡→"插入导线/线号"面板→"XY 栅格设置"。打开"X-Y 夹点设置"对话框,对 XY 栅格进行设置,如图 7.53 所示。

同样方法,打开图形"控制电路",对 X-Y 栅格进行同"主电路"一样的设置。

5. 主电路

1) 导线绘制

(1) 水平电源线。在面板"插入导线/线号"中,单击"多母线"图标,出现"多导线母线"对话框,如图 7.54 所示。

图 7.53　XY 栅格设置

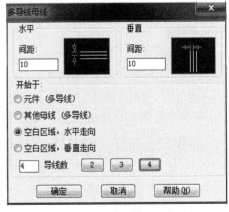

图 7.54　"多导线母线"对话框

在"多导线母线"对话框中,"水平间距"设置为"10","开始于"下面选择"空白区域,水平走向","导线数"设置为 4,单击"确定"按钮。

在图纸上方绘制水平电源线步骤如下:

① 在命令行输入"T",在"设置导线类型"对话框中,将导线颜色设置为"RED",大小设置为"4.0 mm^2",单击"确定"按钮,如图 7.55 所示。

② 在图纸左上方单击空白处,选择第一个相位的起点。

③ 向右拖动鼠标,绘制水平电源线。

④ 在右侧导线终点单击结束多母线绘制。

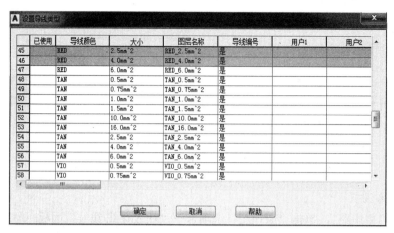

图 7.55 导线类型设置

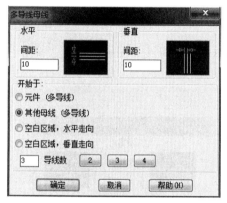

图 7.56 多母线设置

（2）主电路垂直线路。在面板"插入导线/线号"中，单击"多母线"图标，在"多导线母线"对话框中，将"垂直间距"设置为"10"，"开始于"下面选择"其他母线（多导线）"，"导线数"设置为3，单击"确定"按钮，如图 7.56 所示。

绘制主电路垂直线路步骤如下：

① 单击水平电源线上方的第一条导线中间位置，作为垂直多母线绘制的起点。

② 向下拖动鼠标，依次触碰水平电源线的第二、第三条导线。

③ 继续向下拖动鼠标，绘制主电路垂直线路。

④ 在下方导线终点单击结束主电路垂直线路绘制，如图 7.57 所示。

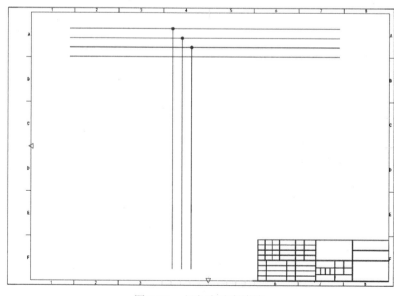

图 7.57 主电路垂直线路

（3）三角形接触器线路。在面板"插入导线/线号"中，单击"多母线"图标，在"多导线母线"对话框中，将水平间距设置为"10"，垂直间距设置为"10"，"开始于"下面选择"其他母线（多导线）"，"导线数"设置为"3"，单击"确定"按钮。

① 单击主电路垂直多母线中间一条导线的中上方位置，作为三角形接触器线路的第一条导线的起点。

② 向右拖动鼠标，触碰垂直多母线的第三条导线。

③ 然后反向向左拖动鼠标，触碰垂直多母线的第一条导线。

④ 继续向右拖动鼠标，绘制多母线。

⑤ 然后向下拖动鼠标，绘制多母线。

⑥ 在命令行输入"F"，翻转多母线转弯方式。

⑦ 继续向下拖动鼠标，然后命令行输入"C"，向左绘制多母线。

⑧ 在命令行输入"F"，翻转多母线转弯方式。

⑨ 当多母线触碰垂直线路左侧第一根导线时，在命令行输入"C"，向上绘制多母线。

⑩ 在命令行输入"F"，翻转多母线转弯方式。

⑪ 当向上绘制的多母线与垂直线路重合时，单击结束三角形接触器线路的绘制，如图 7.58 所示。

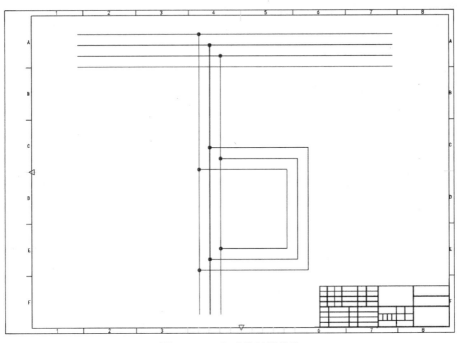

图 7.58　三角形接触器线路

2）元件插入

（1）原理图缩放比例设置。单击"原理图"选项卡→"插入元件"面板→"图标菜单"，弹出"插入元件"对话框，将"原理图缩放比例"设置为"1.5"。

（2）断路器的插入。

① 单击"插入元件"面板→"图标菜单"→"断路器/隔离开关"→"三极断路器"→

"断路器"。

② 指定插入点：将元件断路器放置在水平电源线最上方一条导线的左侧位置，在弹出的"向上构建还是向下构建"对话框中选择"向下"。

③ 在弹出的"插入/编辑元件"对话框中，将"元件标记"设置为"QS"，单击"确定"按钮。

（3）熔断器的插入。

① 单击"插入元件"面板→"图标菜单"→"熔断器/变压器/电抗器"→"熔断器"→"三极断路器"。

② 指定插入点：将元件熔断器放置在断路器的右侧，在弹出的"向上构建还是向下构建"对话框中选择"向下"。

③ 在弹出的"插入/编辑元件"对话框中，将"元件标记"设置为"FU"，单击"确定"按钮。

（4）电源交流接触器 KM1 的插入。

① 单击"插入元件"面板→"图标菜单"→"电动机控制"→"电动机启动器"→"带三极常开触点的电动机启动器"。

② 指定插入点：将元件交流接触器放置在主电路垂直多母线最左侧一条导线的上方位置，在弹出的"构建左侧还是构建右侧"对话框中选择"右"。

③ 在弹出的"插入/编辑辅元件"对话框中，将"元件标记"设置为"KM1"，"引脚 1"设置为"L1"，"引脚 2"设置为"T1"，单击"确定"按钮。

④ 单击"编辑元件"面板→"编辑"，单击交流接触器 KM1 的中间的触点，在弹出的"插入/编辑辅元件"对话框中，将"引脚 1"设置为"L2"，"引脚 2"设置为"T2"，单击"确定"按钮。

⑤ 同样方法将交流接触器 KM1 右侧的触点的"引脚 1"设置为"L3"，"引脚 2"设置为"T3"。

（5）三角形交流接触器的插入。

① 单击"插入元件"面板→"图标菜单"→"电动机控制"→"电动机启动器"→"带三极常开触点的电动机启动器"。

② 指定插入点：将元件交流接触器放置在三角形接触器线路最左侧一条导线的中间位置，在弹出的"构建左侧还是构建右侧"对话框中选择"右"。

③ 在弹出的"插入/编辑辅元件"对话框中，将"元件标记"设置为"KM2"，"引脚 1"设置为"L1"，"引脚 2"设置为"T1"，单击"确定"按钮。

④ 单击"编辑元件"面板→"编辑"，单击交流接触器 KM2 的中间触点，在弹出的"插入/编辑辅元件"对话框中，将"引脚 1"设置为"L2"，"引脚 2"设置为"T2"，单击"确定"按钮。

⑤ 同样方法将交流接触器 KM2 右侧触点的"引脚 1"设置为 L3，"引脚 2"设置为"T3"。

（6）热继电器的插入。

① 单击"插入元件"面板→"图标菜单"→"电动机控制"→"三极过载"。

② 指定插入点：将元件热继电器放置在主电路垂直多母线最左侧一条导线的中间位置，

在弹出的"构建左侧还是构建右侧"对话框中选择"右"。

③ 在弹出的"插入/编辑元件"对话框中,将"元件标记"设置为"FR",单击"确定"按钮。

(7) 三相电动机的插入。

① 单击"插入元件"面板→"图标菜单"→"电动机控制"→"三相电动机"→"三相异步电动机－六极"。

② 指定插入点:将元件三相电动机放置在热继电器的下方。

③ 在弹出的"插入/编辑元件"对话框中,单击"确定"按钮。

(8) 星形接触器 KM3 的插入。

① 单击"插入元件"面板→"图标菜单"→"电动机控制"→"电动机启动器"→"带三极常开触点的电动机启动器"。

② 指定插入点:将元件交流接触器放置在垂直多母线最左侧一条导线的下方位置,在弹出的"构建左侧还是构建右侧"对话框中选择"右"。

③ 在弹出的"插入/编辑辅元件"对话框中,将"元件标记"设置为"KM3","引脚1"设置为"L1","引脚2"设置为"T1",单击"确定"按钮。

④ 单击"编辑元件"面板→"编辑",单击交流接触器 KM3 的中间触点,在弹出的"插入/编辑辅元件"对话框中,将"引脚1"设置为"L2","引脚2"设置为"T2",单击"确定"按钮。

⑤ 同样方法将交流接触器 KM3 右侧的触点的"引脚1"设置为"L3","引脚2"设置为"T3"。

(9) 端子的插入。

① 单击"插入元件"面板→"多次插入(图标菜单)"→"端子/连接器"→"带端子号的圆形端子"。

② 元件栏选:单击接触器 KM1 上方,主电路垂直多母线左侧的空白处,水平向右拖动鼠标,在垂直多母线右侧空白处,单击鼠标左键。

③ 按空格键,在弹出的"保留?"对话框中选择"保留此项"。

④ 在弹出的"插入/编辑端子符号"对话框中,将"标记排"设置为"X1","编号"设置为"1"。

⑤ 单击"确定"按钮,弹出"保留?"对话框,按图 7.59 所示进行设置。

⑥ 单击"确定"按钮,在弹出的"插入/编辑端子符号"对话框中,将"标记排"设置为"X1","编号"设置为"2"。

⑦ 单击"确定"按钮,弹出"保留?"对话框,按图 7.59 所示进行设置,单击"确定"按钮,在弹出的"插入/编辑端子符号"对话框中,将"标记排"设置为"X1","编号"设置为"3",单击"确定"按钮。

⑧ 同样的方法,使用"多次插入(图标菜单)"在三角形接触器线路上方放置"标记排"为"X1","编号"为"4,5,6"的圆形端子。在三角形接触器线路下方放置"标记排"为"X1","编号"

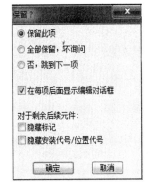

图 7.59 "保留?"对话框

为"7,8,9"的圆形端子,如图7.60所示。

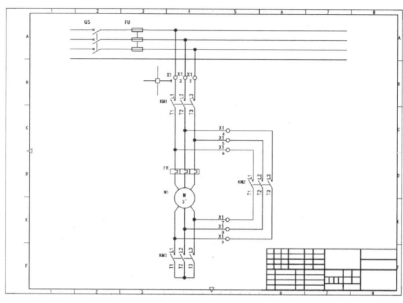

图7.60 主电路元件插入

3)线号的插入

(1)三相电源线线号插入。

① 单击"插入导线/线号"面板→"三相"图标 。

② 在弹出的"三相导线编号"对话框中,单击"前缀"下的"列表",选择"L1,L2,L3,N",单击"确定"按钮。

③ 在"最大值"一栏选择"4",单击"确定"按钮,如图7.61所示。

图7.61 "三相导线编号"设置

④ 依次单击水平电源线最左侧的四条导线,放置三相线号。

(2)三相电动机电源线线号插入。

① 单击"插入导线/线号"面板→"三相"图标 。

② 在弹出的"三相导线编号"对话框中,单击"前缀"下的"列表",选择"U,V,W",单击"确定"按钮。

③ 在"基点"一栏输入"1"。

④ 在"最大值"一栏选择"3",单击"确定"按钮,如图7.62所示。

图 7.62 三相电动机电源线线号设置

⑤ 从左到右依次单击电动机 M1 上方的三条垂直导线。

⑥ 同样方法,为电动机 M1 下方的三条垂直导线添加三相线号 W2、U2、V2。

(3) 线号插入。

① 单击"插入导线/线号"面板→"线号"图标。

② 在弹出的"导线标记"对话框中,在导线标记模式一栏,设为从"100"开始,如图 7.63 所示。

③ 单击"图形范围"按钮,线号会自动插入到主电路,如图 7.64 所示。

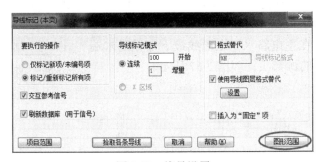

图 7.63 线号设置

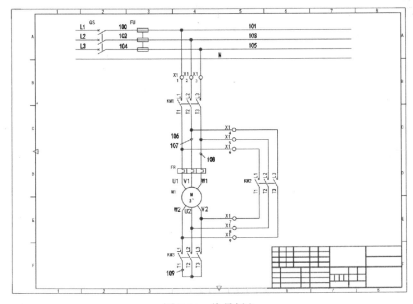

图 7.64 线号插入

4）源箭头插入

（1）单击"插入导线/线号"面板→"源箭头"图标 。

（2）选择源的导线末端：单击主电路水平电源线第三条导线末端。

（3）在弹出的"信号–源代号"对话框中，将"代号"设置为"火线"。

（4）单击"确定"按钮，如图 7.65 所示。

图 7.65　源箭头插入

（5）在弹出的"源/目标信号箭头"对话框中，单击"否"按钮，如图 7.66 所示。

（6）同样方法，在主电路水平电源线最下方导线末端插入"代号"为零线的源箭头，如图 7.67 所示。

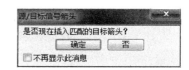

图 7.66　"源/目标信号箭头"对话框

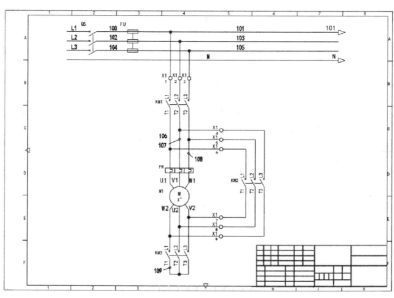

图 7.67　源箭头插入

5）导线、元件和线号编辑

（1）导线编辑。

① 在"编辑导线/线号"面板中，单击"更改/转换导线类型"。

② 在弹出的"更改/转换导线类型"对话框中，选择导线颜色为"YEL"，大小为

"4.0 mm^2"的选项，单击"确定"按钮。

③ 选择对象：单击断路器 QS 的左侧，水平电源线最上方的导线，按空格键结束。

④ 同样的方法，将断路器 QS1 的左侧，水平电源线上方第二条导线的类型，更改为导线颜色为"GRN"，大小为"4.0 mm^2"。

⑤ 同样的方法，将水平电源线最下方导线的类型，更改为导线颜色为"BLU"，大小为"4.0 mm^2"。

（2）元件编辑。

① 在"编辑元件"面板中，单击"编辑"。

② 单击热继电器 FR，在弹出的"插入/编辑元件"对话框中，将"描述第一行"设为热继电器，单击"确定"按钮。

（3）线号编辑。

① 移动线号：

a. 在"编辑导线/线号"面板，单击"移动线号"图标。

b. 单击水平电源线的最下方一条导线的左侧边缘，将线号"N"移动到最左侧。

② 切换导线内线号：

a. 在"编辑导线/线号"面板中，单击"切换导线内线号"图标。

b. 选择要切换的线号：单击线号 103。

③ 翻转线号：

a. 在"编辑导线/线号"面板中，单击"翻转线号"图标。

b. 选择要镜像的线号：单击线号 105，翻转线号 105 到导线另一侧。

④ 复制线号：

a. 在"编辑导线/线号"面板中，单击"复制线号"图标。

b. 单击接触器 KM2 上方的左侧导线，复制线号 106。

c. 单击接触器 KM2 上方的中间导线，复制线号 108。

d. 单击接触器 KM3 上方的右侧导线，复制线号 107，如图 7.68 所示。

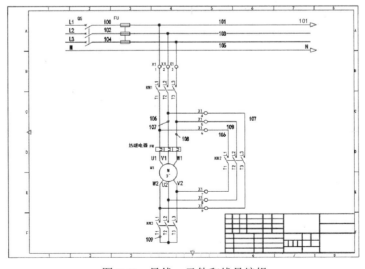

图 7.68 导线、元件和线号编辑

6. 控制电路

1) PLC 的插入

(1) 单击"原理图"选项卡→"插入元件"面板→"插入 PLC（完整单元）"图标，弹出"插入元件"对话框，将"原理图缩放比例"设置为"2.0"。

(2) 单击"自动调整引脚间距 DL105（间距为 8）"→"F1-130AA"，如图 7.69 所示。

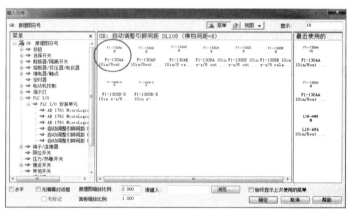

图 7.69 "插入元件"对话框

图 7.70 目录信息

(3) 指定插入点：将 PLC 放置在图纸"控制电路"的中间位置。

(4) 在弹出的"编辑 PLC 模块"对话框中，进行如下设置。

① 地址：将 X0~X7、X10、X11 修改为 I0.0~I0.7、I1.0、I1.1。将 Y0~Y7 修改为 Q0.0~Q0.7。

② 制造商、目录：单击"目录查找"，在弹出的"目录信息"对话框中，单击"目录查找"，如图 7.70 所示。

弹出"目录浏览器"对话框，在这个对话框中，搜索"SIEMENS S7-200"，在搜索结果中选择制造商为"SIEMENS"，目录为"6ES7 216-2AD22-0XB0"的 PLC，单击"确定"按钮，如图 7.71 所示。

图 7.71 目录浏览器

设置完成后，单击"确定"按钮，完成 PLC 的插入，如图 7.72 所示。

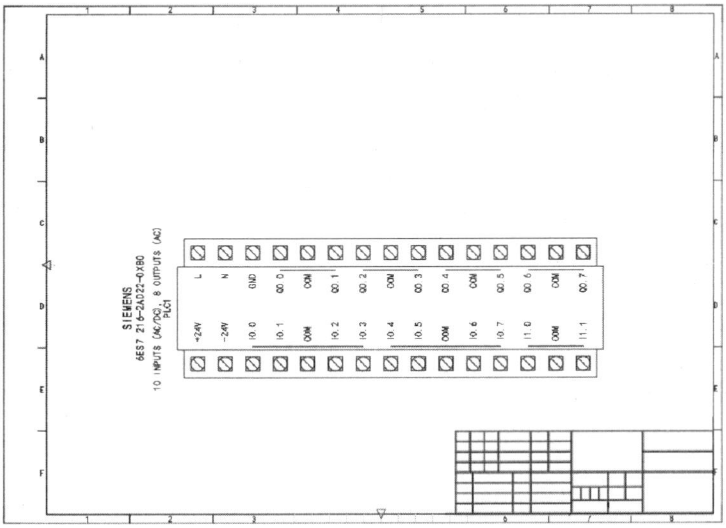

图 7.72　PLC 插入

2）导线绘制

（1）PLC 输出端子接线。

① 绘制多母线：

a. 在面板"插入导线/线号"中，单击"多母线"图标，弹出"多导线母线"对话框。

b. 选择"开始于：元件（多母线）"，单击"确定"按钮，如图 7.73 所示。

c. 窗选接线开始点：依次窗选 PLC 接线端子 Q0.0、Q0.1、Q0.2 和 N，按空格键结束选择。

d. 命令行输入 T，按空格键，弹出"设置导线类型"对话框，选择导线颜色为"RED"，大小为"2.5 mm^2"的导线，单击"确定"按钮。

e. 向上拖动鼠标开始绘制多母线，在图纸上方单击结束绘制，如图 7.74 所示。

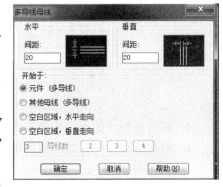

图 7.73　阶梯设置

② 绘制辅助导线：

a. 在面板"插入导线/线号"中，单击"导线"命令。

b. 指定导线起点：单击多母线最右侧一条导线的上端点。

c. 向左水平拖动鼠标，开始绘制导线。

d. 指定导线末端：在图纸左侧位置单击，并按空格键结束绘制，如图 7.75 所示。

（2）PLC 交流电源接线。

① 绘制多母线：

a. 单击"多母线"图标，在"多导线母线"对话框中，选择"开始于：元件（多母线）"，单击"确定"按钮。

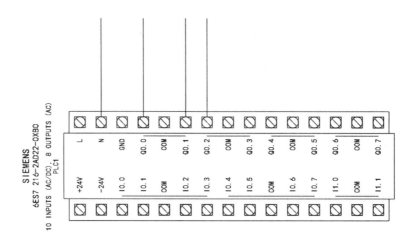

图 7.74　多母线绘制

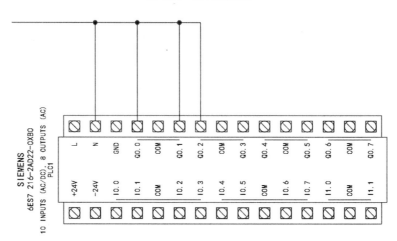

图 7.75　绘制辅助导线

b. 窗选接线开始点：依次窗选 PLC 接线端子 L、COM（4 个），按空格键结束选择。

c. 向上拖动鼠标开始绘制多母线，在图纸上方单击结束绘制。

② 绘制辅助导线：

a. 在面板"插入导线/线号"中，单击"导线"命令。

b. 指定导线起点：单击多母线最右侧一条导线的上端点。

c. 向左水平拖动鼠标，开始绘制导线。

d. 指定导线末端：在图纸左侧位置单击，并按空格键结束绘制，如图 7.76 所示。

（3）PLC 输入端子接线。

① 绘制多母线：

a. 单击"多母线"图标，在"多导线母线"对话框中，选择"开始于：元件（多母线）"，单击"确定"按钮。

b. 窗选接线开始点：依次窗选 PLC 接线端子＋24 V、I0.0、I0.1 和 I0.2，按空格键结束选择。

c. 向下拖动鼠标开始绘制多母线，在图纸下方单击结束绘制，如图 7.76 所示。

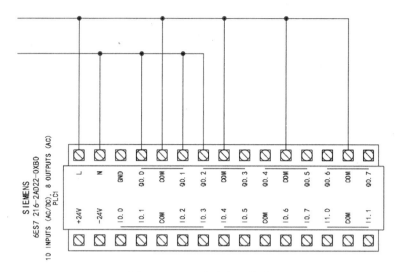

图 7.76　PLC 交流电源接线

② 绘制辅助导线：

a. 在面板"插入导线/线号"中，单击"导线"命令。

b. 指定导线起点：单击多母线最左侧一条导线的下端点。

c. 向右水平拖动鼠标，开始绘制导线。

d. 指定导线末端：在多母线最右侧一条导线的下端点，单击鼠标左键结束绘制，如图 7.77 所示。

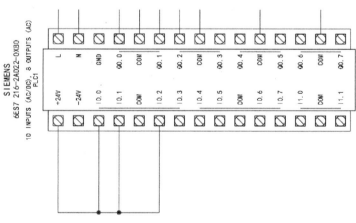

图 7.77　绘制辅助导线

（4）PLC 直流电源接线。

① 绘制多母线：

a. 单击"多母线"图标，在"多导线母线"对话框中，选择"开始于：元件（多母线）"，单击"确定"按钮。

b. 窗选接线开始点：依次窗选 PLC 接线端子 – 24 V、COM（3 个），按空格键结束选择。

c. 向下拖动鼠标开始绘制多母线，在图纸下方单击结束绘制。

② 绘制辅助导线：

a. 在面板"插入导线/线号"中，单击"导线"命令。
b. 指定导线起点：单击多母线最左侧一条导线的下端点。
c. 向右水平拖动鼠标，开始绘制导线。
d. 指定导线末端：在多母线最右侧一条导线的下端点单击结束绘制，如图 7.78 所示。

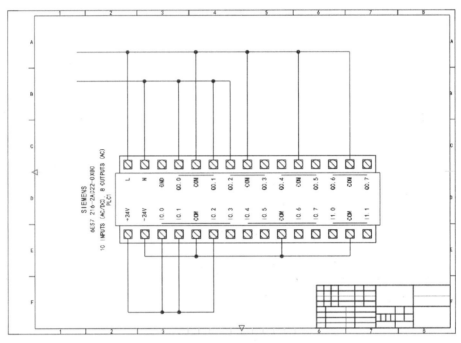

图 7.78 PLC 直流电源接线

3）元件插入

（1）原理图缩放比例设置。单击"原理图"选项卡→"插入元件"面板→"图标菜单"，弹出"插入元件"对话框，将"原理图缩放比例"设置为"1.5"。

（2）按钮的插入。

① 启动按钮的插入：

a. 单击"图标菜单"→"按钮"→"瞬动型常开按钮"。
b. 指定插入点：将按钮放置在 PLC 输入端 I0.0 的下方导线上。
c. 在弹出的"插入/编辑元件"对话框中，将"元件标记"设置为"SB2"，描述第一行设为"启动"。

② 停止按钮的插入：

a. 单击"图标菜单"→"按钮"→"瞬动型常闭按钮"。
b. 指定插入点：将按钮放置在 PLC 输入端 I0.1 的下方导线上。
c. 在弹出的"插入/编辑元件"对话框中，将"元件标记"设置为"SB1"，描述第一行设为"停止"。

（3）热继电器的插入。

① 单击"图标菜单"→"电动机控制"→"多极过载，常闭触点"。
② 指定插入点：将热继电器触点放置在 PLC 输入端 I0.2 的下方导线上。

③ 在弹出的"插入/编辑元件"对话框中,将"元件标记"设置为"FR",描述第一行设为"热继电器"。

(4) 接触器的插入。

① 接触器线圈:

a. 单击"图标菜单"→"电动机控制"→"电动机启动器"→"电动机启动器"。

b. 指定插入点:将接触器线圈放置在 PLC 输出端 Q0.0 的上方导线上。

c. 在弹出的"插入/编辑元件"对话框中,将"元件标记"设置为"KM1","描述第一行"设为"电源接触器",将"引脚 1"设置为"A1","引脚 2"设置为"A2"。

d. 单击"确定重复"按钮,在输出端 Q0.1 的上方导线上插入接触器线圈 KM2,并将"描述第一行"设为"三角形接触器",将"引脚 1"设置为"A1","引脚 2"设置为"A2"。

e. 单击"确定重复"按钮,在输出端 Q0.2 的上方导线上插入接触器线圈 KM3,并将"描述第一行"设为"星形接触器",将"引脚 1"设置为"A1","引脚 2"设置为"A2"。

② 接触器常闭触点:

a. 单击"图标菜单"→"电动机控制"→"电动机启动器"→"带单极常闭触点的电动机启动器"。

b. 指定插入点:将接触器常闭触点放置在接触器 KM3 线圈的上方导线上。

c. 在弹出的"插入/编辑辅元件"对话框中,将"元件标记"设置为"KM2";将"引脚 1"设置为"21","引脚 2"设置为"22"。

d. 单击"确定重复"按钮,在接触器 KM2 线圈的上方导线上,放置接触器 KM3 常闭触点,将"引脚 1"设置为"21","引脚 2"设置为"22",如图 7.79 所示。

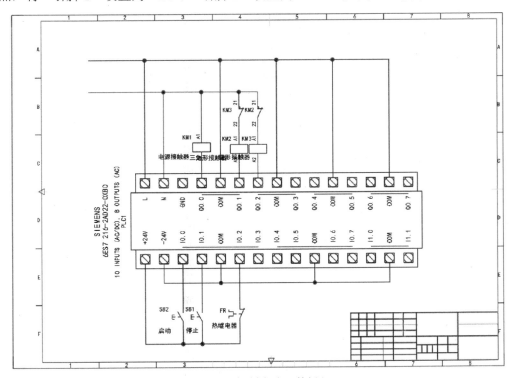

图 7.79 控制电路元件插入

4)目标箭头插入

(1)单击"插入导线/线号"面板→"目标箭头"图标。

(2)选择目标的导线末端:单击控制电路最上方导线末端。

(3)在弹出的"插入目标代号"对话框中,在"代号"一栏输入"火线"。

(4)单击"确定"按钮。

(5)同样方法,在控制电路最上方第二条导线末端插入"代号"为零线的目标箭头。

(6)在弹出的"更改目标导线图层?"对话框中,单击"是"按钮,如图7.80所示。

注意:如果源箭头和目标箭头插入后,位置分区号显示不正确,可以通过单击"编辑导线/线号"面板中的"更新线号参考"图标,进行交互参考和线号标记的更新,如图7.81和图7.82所示。

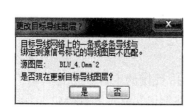

图 7.80 "更改目标导线图层?"对话框

图 7.81 更新导线信号

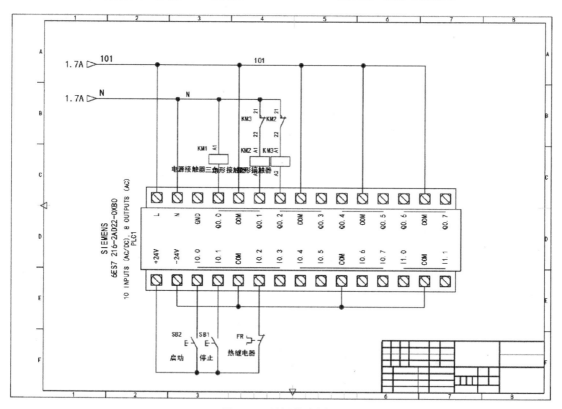

图 7.82 目标箭头插入

5）线号的插入

（1）单击"插入导线/线号"面板→"线号"图标。

（2）在弹出的"导线标记"对话框中，在导线标记模式一栏，设为从"110"开始。

（3）单击"图形范围"按钮，线号自动插入到控制电路，如图 7.83 所示。

6）元件和线号编辑

（1）元件对齐。

① 在"编辑元件"面板中，单击"对齐"图标。

② 选择与之对齐的元件：单击选择按钮 SB2。

③ 选择对象：依次单击选择元件 SB1、FR。

④ 按空格键结束。

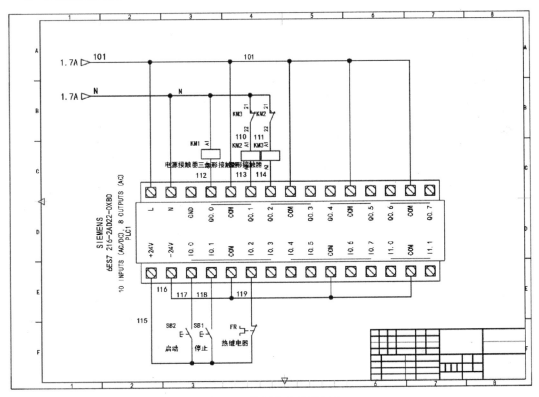

图 7.83　控制电路线号插入

⑤ 按上述方法，将接触器线圈 KM1～KM3 对齐。

⑥ 将接触器常闭触点 KM2、KM3 对齐。

（2）属性编辑。

① 在"编辑元件"面板，单击"移动/显示属性"图标。

② 选择要移动的属性：单击选中接触器 KM1 线圈的属性"电源接触器"，按空格键结束选择。

③ 基点：单击属性"电源接触器"的中间，作为移动的基点。

④ 拖动鼠标，将属性"电源接触器"移动到导线上方位置。

⑤ 同样方法，将属性"三角形接触器""星形接触器""启动""停止"和"热继电器"移动到图 7.84 中指定位置。

（3）线号编辑。

① 移动线号：

a. 在"编辑导线/线号"面板中，单击"移动线号"图标。

b. 单击启动按钮 SB2 上方导线，将线号 117 移动到此处。

c. 同样方法，将线号 101、118 和 119 移动到图 7.84 中的指定位置。

② 复制线号：

a. 在"编辑导线/线号"面板中，单击"复制线号"图标。

b. 将线号 N、101 和 116 复制到图 7.84 中指定位置。

③ 复制线号（导线内）：

a. 在"编辑导线/线号"面板中，单击"复制线号（导线内）"图标。

b. 将线号 101、115 复制到图 7.84 中指定位置。

④ 翻转线号：

a. 在"编辑导线/线号"面板中，单击"翻转线号"图标。

b. 单击复制的线号 101、116，将线号翻转到导线另一侧，如图 7.84 所示。

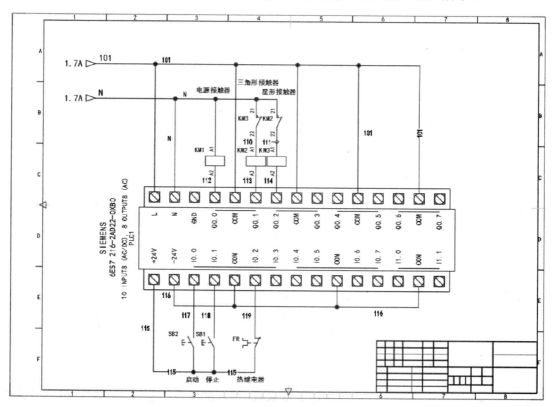

图 7.84　元件和线号编辑

7. 交互参考

1）接触器 KM1 交互参考

（1）接触器 KM1 三相主触点。

① 单击"编辑元件"面板→"编辑"，单击主电路接触器 KM1，在弹出的"插入/编辑辅元件"对话框中，单击"项目"，如图 7.85 所示。

② 在弹出的"种类='MS'的完整项目列表"对话框中，选择页码为"2"的 KM1，单击"确定"按钮，如图 7.86 所示。

③ 在弹出的"插入/编辑辅元件"对话框中，确定元件参数后，单击"确定"按钮。

2）接触器 KM2 交互参考

（1）接触器 KM2 三相主触点。同接触器 KM1 三相主触点交互参考方法，对主电路中接触器 KM2 三相主触点，同控制电路中其对应的接触器 KM2 线圈进行交互参考。

（2）接触器 KM2 辅助触点。

① 单击"编辑元件"面板→"编辑"，单击控制电路中接触器 KM2 的常闭触点，在弹出的"插入/编辑辅元件"对话框中，单击"主项/同级项"。

② 单击控制电路接触器线圈 KM2。

③ 在弹出的"插入/编辑辅元件"对话框中，单击"确定"按钮。

图 7.85 "插入/编辑辅元件"对话框

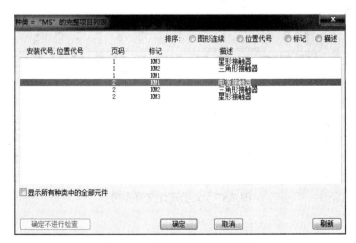

图 7.86 接触器完整项目列表

3）接触器 KM3 交互参考

（1）接触器 KM3 三相主触点。同接触器 KM1 三相主触点交互参考方法，对主电路中接触器 KM3 三相主触点，同控制电路中其对应的接触器 KM3 线圈进行交互参考。

（2）接触器 KM3 辅助触点。同接触器 KM2 辅助触点交互参考方法，对控制电路中接触器 KM3 的常闭触点，同其对应的接触器 KM3 线圈进行交互参考。

4）热继电器 FR 交互参考。同接触器 KM1 三相主触点交互参考方法，对控制电路中热继电器 FR 常闭触点，同主电路中其对应的热继电器 FR 进行交互参考。

5）属性编辑

（1）交互参考完成后，将接触器 KM1～KM3 线圈下方显示的各自触点的位置信息，移动到图纸上方。

（2）隐藏属性。

① 单击"编辑元件"面板→"移动/显示属性"下拉列表→"隐藏属性（单一拾取）"图标 。

② 选择要隐藏的属性：单击接触器 KM2、KM3 的常闭触点的属性"三角形接触器"和"星形接触器"，如图 7.87 所示。

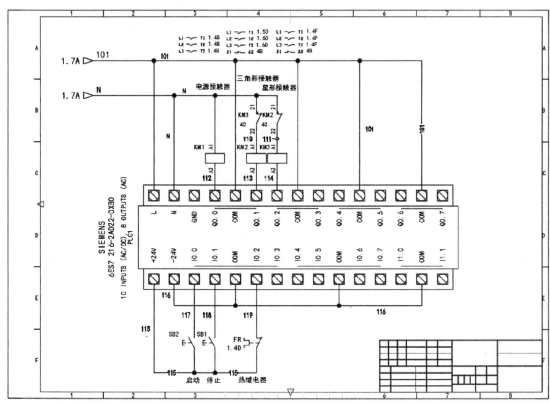

图 7.87　父子元件交互参考

7.4 任务拓展

绘制机械手 PLC 控制硬件接线图，如图 7.88～图 7.90 所示。

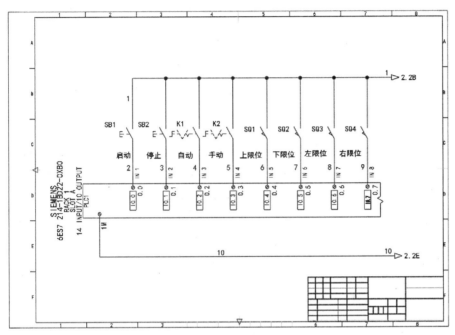

图 7.88 机械手 PLC 控制硬件接线图（一）

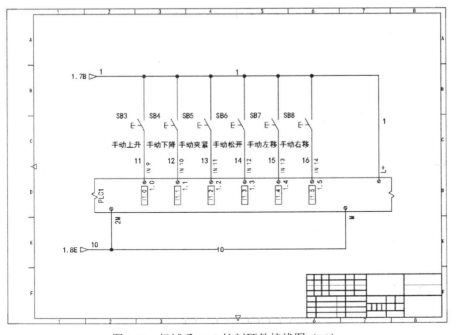

图 7.89 机械手 PLC 控制硬件接线图（二）

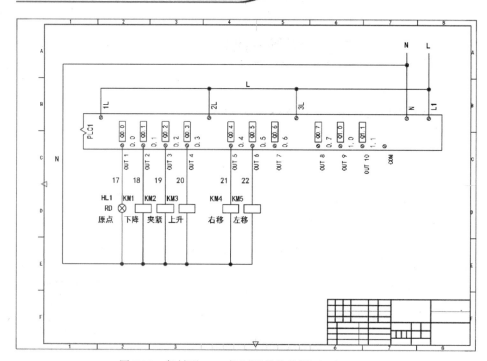

图 7.90　机械手 PLC 控制硬件接线图（三）

项目八

电动机正反转控制面板图的绘制

8.1 任务概述

本学习任务主要介绍电动机正反转控制面板图的绘制。在项目四中,我们已经绘制了电动机正反转控制原理图,电气设计除了电气原理图的绘制外,还有面板图(元件布局图)的绘制,面板图主要用于展示配电柜内各个电气元件放置的位置,是电气设计中必不可少的。

在本任务中我们重点学习面板图元件的插入和编辑,以及原理图和面板图元件的关联,将电动机正反转控制原理图中的电气元件插入面板图中,完成电动机正反转控制面板图的绘制。图 8.1 所示为电动机正反转控制原理图,图 8.2 所示为电动机正反转控制面板图。

知识目标

1. 了解电动机正反转控制电路的原理;
2. 认识面板图元件;
3. 掌握原理图和面板图元件的关联;
4. 掌握面板图元件的插入和编辑;
5. 掌握端子排的插入和编辑。

能力目标

1. 能够掌握面板图元件插入和编辑的技巧;
2. 能够独立完成电动机正反转控制面板图的绘制。

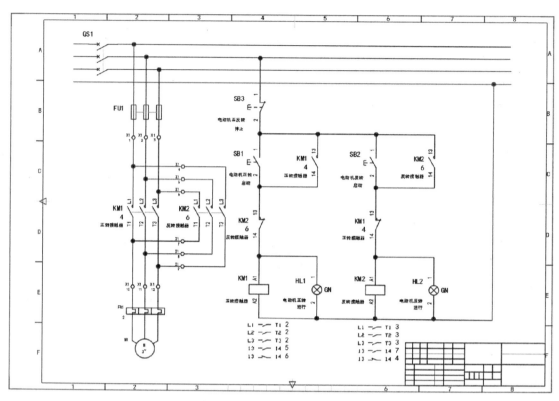

图 8.1　电动机正反转控制原理图

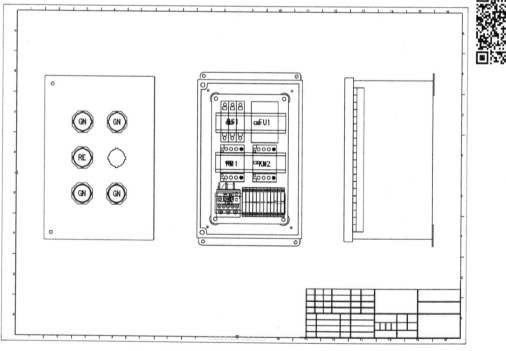

图 8.2　电动机正反转控制面板图

8.2 知识链接

视频：面板图元件

8.2.1 面板图元件

面板图，也称布局图，主要用于展示配电柜内各个元件放置的位置，用来观察实际中的布局合理性，以及各元件的相互间位置。有一些元件放置是原理图没有，只有在面板图里存在的，如导轨、铭牌等。

这里先重点介绍面板图中特有的元件。

1. 面板图的设置

面板图文件夹中的文件都是以英制尺寸保存在文件夹中的，因此，如果需要按真实尺寸去绘制面板图中的元件时，必须设置比例等信息。

单击"面板"选项卡→"其他工具"面板→"配置"图标 配置，弹出"面板图形配置和默认值"对话框，如图 8.3 所示。

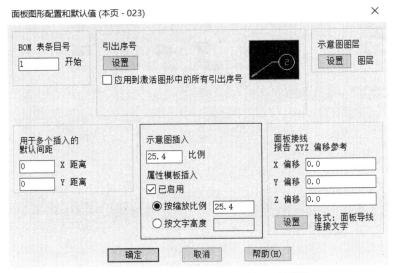

图 8.3 "面板图形配置和默认值"对话框

这里的配置都是针对本图纸的。可以看到，在当前这张图形中，比例为 25.4，因为软件中的面板元件默认是英制尺寸，将比例放大 25.4 倍，就转换成了公制尺寸。下面是属性的大小，也是可以按比例或者可以直接设置属性高度的。

面板图库在项目特性中，可以看到就是一个文件夹。在这个文件夹下，有一系列的子文件夹，这些子文件夹以制造商名称来命名，里面就是该制造商的各种元件的视图样式，如图 8.4 所示。

2. 图标菜单

单击"面板"选项卡→"插入元件示意图"面板→"图标菜单"图标 ，弹出"插入示意图"对话框，如图 8.5 所示。

图 8.4 项目特性

图 8.5 "插入示意图"对话框

"插入示意图"对话框和原理图的"插入元件"对话框非常相似,电气元件较原理图多了外壳、导轨和铭牌三种电器符号。

1) 外壳

外壳命令主要用于放置一个配电柜,用于元件的放置。选择该命令就可以看到如图 8.6 所示的对话框。

图 8.6 是面板图中的标准插入对话框,可以看到,分成选项 A、B、C 三个部分。

(1) 选项 A:给定元件的制造商和目录。

这里的值一般情况下必须给出,当然可以随便地填入一个信息作为内容。可以选择"目录查找"来调用后台的数据库,完成内容的填写。

(2) 选项 B:手动选择或创建示意图。

面板图里,用的内容不一定需要完整绘制完成。例如,外壳,完全就可以用一个差不多

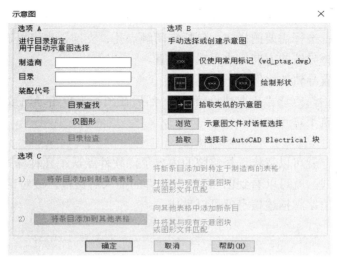

图 8.6 "示意图"对话框

大小的尺寸的矩形来替代。因此，选项 B 中可以绘制简单的矩形、圆形和多边形来表达这个元件的外形。甚至外形都不需要，直接放一个标记来表达（第一行）。如果有已经完成的类似块，也可以直接在这里浏览或者选用。

（3）选项 C：用后台定制好的块来放置。

当选项 A 填入完成，选项 C 就可以进行选择了，它用于定义需要的块，并把链接信息写入到库中，方便下一次的调用。

综上所示，首先元件需要两个信息：制造商和目录。然后是，后台有这个制造商和目录对应的块，可以直接调用。

如果后台没有这个制造商和目录的块，那么可以使用选项 B，可以直接绘制，方便但每次都得重新绘制；也可以使用选项 C，把做好的块文件指定进去，下一次就可以直接调用该制造商和目录的元件了。

这里的外壳，可以按以上方式，直接选择或绘制，很轻松就能完成了。

2）导轨

绘制导轨的位置，主要用于后续元件的定位等相关工作，选择该命令，就可以看到图 8.7 所示的对话框。

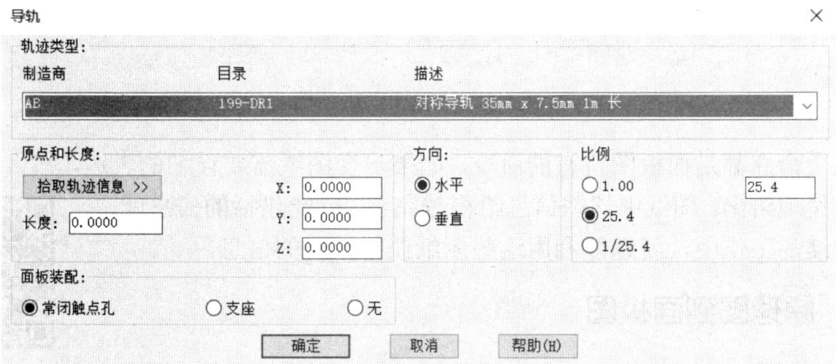

图 8.7 "导轨"对话框

（1）制造商：根据需要的导轨的基本属性，选择相应的导轨制造商。

（2）面板装配：选择需要的样式，包括常闭触点孔、支座，也可以选择无。

（3）方向：选择导轨的方向，水平或者垂直。

（4）比例：设置导轨的比例。

完成以上选择后，点选"拾取轨迹信息"，然后在图纸上单击导轨放置的起点和终点，就可以绘制完成导轨了。

3）铭牌

选择铭牌命令，就可以直接选择铭牌的内容了，软件默认了几种样式，如图 8.8 所示。

选择需要的样式，就可以看到图 8.9 所示铭牌的插入对话框，该对话框和元件的插入对话框极其相似，给出铭牌描述信息就可以完成了。

图 8.8　铭牌样式

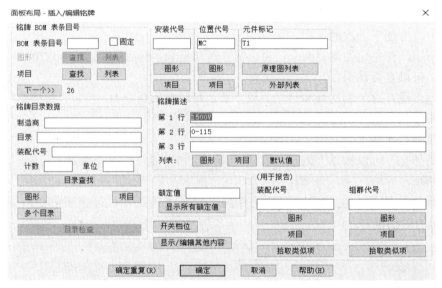

图 8.9　铭牌插入对话框

上述几个命令都是面板图特有的命令，如果一套图纸需要详细的表达，那么这些信息都需要清清楚楚地给出。图纸中这些信息给得越完整，所能包括的信息就越多，在后续的工作中，就越能利用这些图纸获得需要的信息。

8.2.2　原理图到面板图

合理的面板图，并不是依靠一个个放置图形来达到绘图目的。因为

视频：原理图到面板图

原理图中已经有了设计中所有的元件信息,因此,除外壳、导轨、铭牌外的东西都是采用从原理图进行统计来绘制面板图的。

1. 原理图元件的插入

单击"面板"选项卡→"插入元件示意图"面板→"原理图列表"图标 ,弹出"原理图元件列表"对话框,如图8.10所示。

在"原理图元件列表"对话框中,可以看到,能针对项目或者激活图形进行统计,也可以对特定的位置代号进行统计。

这里可以看出位置代号的重要性,如果原理图的位置代号都放置完成了,就可以方便地把对应位置的元器件直接单独统计出来,这样对配电柜的布局就更加简单了。单击"确定"按钮,就可以看到图8.11所示内容。

图8.10 "原理图元件列表"对话框

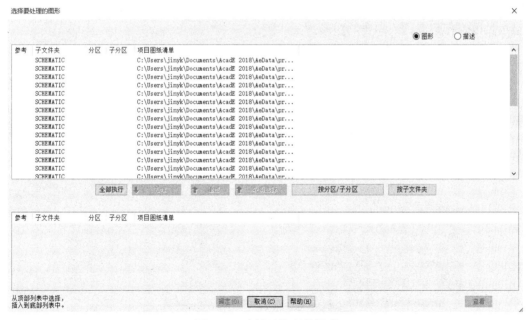

图8.11 选择要处理的图形

这个图和原理图中一样,多次用到,有使用子文件夹或分区或子分区,也可以局部统计和处理,方便使用。

完成选择后就会弹出"原理图元件"对话框,如图8.12所示。

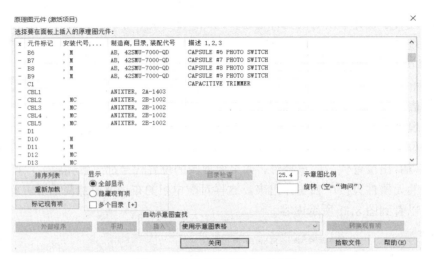

图 8.12 "原理图元件"对话框

该对话框中，可以看到统计出来的所有元件，对应的元件可以进行单个或者多个的插入。

（1）排序列表：对元件按一定规则排序，方便插入。

（2）重新加载：重新加载表格中的元件。

（3）标记现有项：已经插入过的元件对它进行标记。已经有插入过的元件，最前面会插入一个"X"符号。

（4）显示：全部显示可以显示所有元件。隐藏现有项，会把有"X"的元件隐藏掉，用来确定还需要插入的元件。多个目录：如果元件有多个目录，可以在这里进行显示出来，所有目录的内容都可以插入需要的图形。

（5）示意图比例:指定块插入的比例。

（6）旋转：可以指定插入图形的选择方向，空的情况下会在插入中选择。

（7）外部程序:执行外部用户例程，以检索示意图块名和目录数据。

（8）手动：选择元件后，可以使用，单个插入元件，会出现面板图的插入对话框，完成插入。

（9）插入：插入元件。有制造商和目录信息的，并有关联的块的元件，可以直接多选进行批量插入，图8.13所示对话框可以选择插入的顺序和每个元件的间距。

（10）使用示意图表格:访问与装置的 MFG 代号匹配的标准示意图查询表。

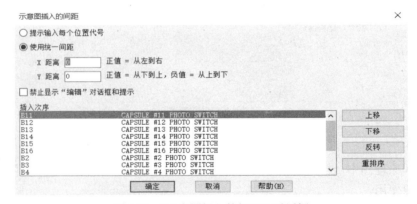

图 8.13 "示意图插入的间距"对话框

图 8.13 中，可以进行插入间距的定义，插入顺序的排列，如果每个元件都已经有了对应的块，禁止显示"编辑"对话框和提示，可以一次性把所有元件的图形都进行插入，方便使用。统一的间距可以在设置中定义，如图 8.14 所示。

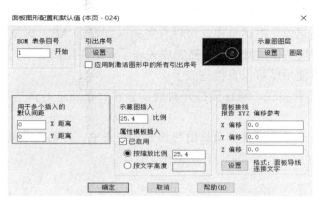

图 8.14 "面板图形配置和默认值"对话框

（11）拾取文件：重新选择元件。这种情况下，所获得的列表所有元件都是没有"X"符号的。由于带"X"符号的元件，不允许用插入命令，只能手动完成，因此，如果需要某些元件多次插入，就得使用该命令。

在这个对话框中，重复地使用这些命令，就可以把原理图中所有的元件都插入到面板图中，这样就能确保原理图中所有的元件插入，不会遗漏。

2. 元件和图形相关联

由上述可以知道，当元件都有各自关联的图形时，就可以方便地进行插入了。这时就能理解关联的元件对面板图来说是非常有用的。为此，如果可以就需要对所用到的所有元件关联其各自的图形，这样就能方便地使用了。

另外，一个元件如果没有制造商和型号，在实际中就无法知道其对应的面板图外形。因此，在原理图中给出制造商和型号也就变得对面板图尤其重要了。

这里介绍有了制造商和型号的元件如何管理面板图的图形，如图 8.15 所示。

图 8.15 面板图图形管理

在图 8.15 中，选好相应的元件后，会出现所示对话框，就可以定义插入的元件了。在选项 C 中，可以选择"将条目添加到制造商表格"。选择该命令后，就可以看到图 8.16 所示对话框了。在这个对话框中，如果已经有链接的文件，就说明已经有关联了，可以选择更新它的关联。如果是空的，就说明没有关联的图形文件。

在"添加示意图记录"对话框中，可以看到关联到表格 AB，这张表就是前面提到的面板图表，浏览需要的块文件，就可以直接完成关联了。这样完成这个关联，会把这个信息记录到表格中，下次再使用就可以直接完成了。

如果有需要做批量关联，则直接打开对应的表格，在此进行数据输入，这样速度会比较快。

注意：关联的块一定要保存在面板图的搜索文件夹中，否则会导致报错。

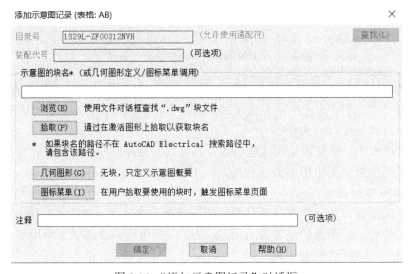

图 8.16 "添加示意图记录"对话框

8.2.3 端子排处理

在电气图中，图 8.17 所示的端子排始终是一个特殊的存在，其处理也有专门的命令来完成，由于端子排有对应跳线、顺序等各种问题，并且端子排有其特有的图形。因此，端子排的示意图基本上就是单独进行完成的。

视频：端子排处理

端子排的命令有两个：编辑器和表格生成器。

其中，表格生成器是创建具有表格式端子排布局的图形文件。表格生成器和报告会有很多相似之处，在这里不重点介绍。

端子排编辑器用于端子排的编辑与修改，在这里端子排将以整排的方式进行处理，一般情况下，把一系列在一起的端子排以整排的方式进行放置和修改，如图 8.18 所示。

在图 8.18 中，可以看到，包含各个的端子排及其数量。如果有需要，可以新建端子排，这种方式可以用于先建立面板图的绘图方式。

选择其中一组，进行编辑，就可以看到图 8.19 所示的对话框。在这个对话框里，分成 4

个部分，分别是端子排、目录代号指定、电缆信息和布置预览。

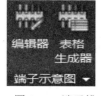

图 8.17 端子排

图 8.18 端子排选择

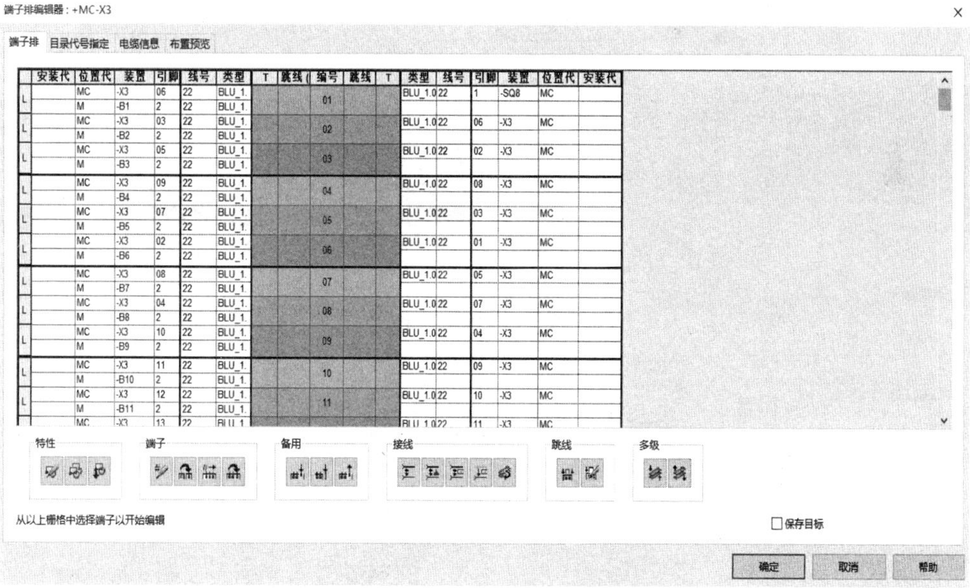

图 8.19 端子排编辑器

1. 端子排

"端子排"主要处理端子排的基本信息。图 8.19 中，每一个粗线的部分就为一个端子，编辑的时候要一起进行编辑。

（1）特性：按端子处理特性，可以编辑、复制粘贴对应的特性。编辑特性，可以弹出"端子特性"对话框，如图 8.20 所示。

在"端子特性"对话框中，可以给定端子的级别、每个连接导线数量、左右引脚的定义和多级端子内部的跳线。跳线是指在端子内进行各个极之间的短接。

（2）端子。

① 编辑端子：编辑端子的信息，可以编辑当前一级端子的代号、端子排及编号。"编辑端子"对话框如图 8.21 所示。

② 重新指定端子：重新指定端子排，它是将选定的端子移动到所需的端子排内。"重新

指定端子"对话框如图 8.22 所示。

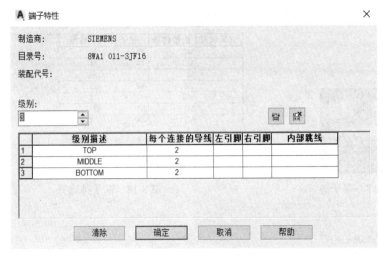

图 8.20 "端子特性"对话框

图 8.21 "编辑端子"对话框

图 8.22 "重新指定端子"对话框

③ 重新编号端子：将选定的端子进行重新编号，"重新编号端子排"对话框如图 8.23 所示。

④ 移动端子：完成端子的重新排序。"移动端子"对话框如图 8.24 所示。

图 8.23 "重新编号端子排"对话框

图 8.24 "移动端子"对话框

(3) 备用：插入或删除端子及端子附件。
(4) 接线：交换、移动端子的接线及各种端子属性。
(5) 跳线：增加或删除几个端子间的跳线。
(6) 多级：将多个端子组合成一个多级端子或解散组合。

2. 目录代号指定

"目录代号指定"会在端子命令上增加一组目录代号，用于端子目录号的指定、删除、复制和粘贴。

3. 电缆信息

"电缆信息"会在端子两侧增加一个电缆信息，用于端子的电缆连接部分的观察。

4. 布置预览

"布置预览"用于端子在放置到图形上的各种内容的预览，当然在这里可以直接把预览的内容插入到图纸中，如图 8.25 所示。

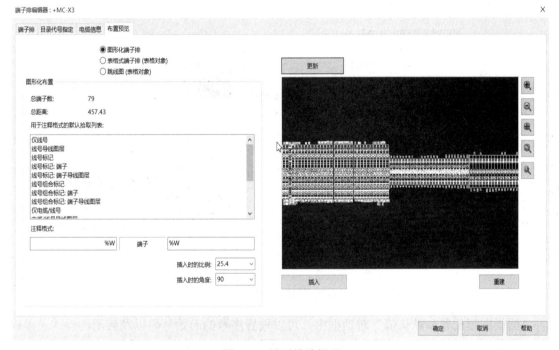

图 8.25　端子排编辑器

在"端子排编辑器"对话框中，可以插入的有三种，分别是图形化端子排和表格式端子排和跳线图。

1）图形化端子排

图形化端子排用于插入如图 8.25 所示的端子排，也就是端子排的面板图。在左侧可以指定该端子排所带的信息，如连接的线号、导线的粗细等，可以在对话框中进行选择，也可以选定插入的比例和角度。右侧是插入内容的预览图，可以放大、缩小进行观察。

2）表格式端子排

表格式端子排把当前的端子进行表格化处理，并且可以把该表格插入到图形中，这里表格的设置和后面报告的功能相同，在报告部分统一介绍。

3）跳线图

跳线图把端子排以跳线图的方式进行输出。

这里处理完成的端子排后，软件会询问是否更新到原理图。如果更新，那么一系列跳线等相关处理均会更新到原理图上。

8.2.4 序号和导线注释

序号，用于面部图的序号引出。导线注释，在已有的面板图中，对每个元件进行连接导线的注释。

1. 序号

在面板图的使用中，需要在面板图上放置元件的序号标注，并且可以设置需要的样式。

单击"面板"选项卡→"其他工具"面板→"配置"，弹出"面板图形配置和默认值"对话框，如图 8.26 所示。

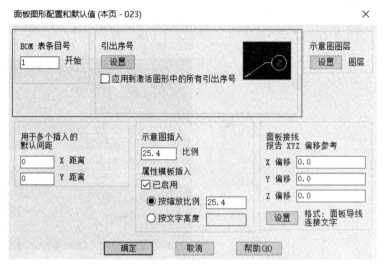

图 8.26 "面板图形配置和默认值"对话框

"面板图形配置和默认值"对话框中，可以设置序号的起始号码以及应用的样式。单击"引出序号"一栏下面的"设置"按钮，弹出"面板引出序号设置"对话框，如图 8.27 所示，可以对序号的外形和尺寸进行设置。

设置完成序号后，就可以针对序号进行标注了。

序号的标注值就是 BOM 表条目号，这个信息是根据实际中进行给定了，由于在绘制原理图和面板图时，基本上都不会主动去给定这个内容信息，因此经常会是空信息，如图 8.28 所示。

在图 8.28 所示的编辑对话框中，可以自由给定该数值。如果需要主动进行编号，则可以运行 重排序 Bom 表条目号命令，"重排序 BOM 表条目号"对话框如图 8.29 所示。

在这个对话框中，可以对整个项目的元件进行序号的重排，如果只针对空序号部分，可以选择仅处理空条目。在图框下方，可以选择需要处理的公司，带"X"的就表示已经选择的部分。

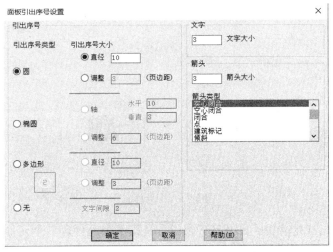

图 8.27 "面板引出序号设置"对话框

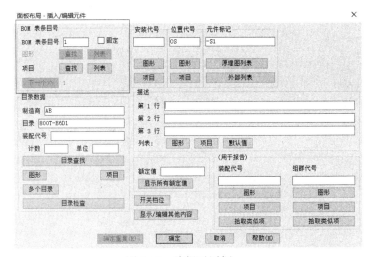

图 8.28 编辑对话框

图 8.29 "重排序 BOM 表条目号"对话框

选择 引出序号 命令,选择元件,就这样针对元件进行序号引出。

当元件的序号信息在实际中发生改变时,在改变后,ACE 软件会自动询问是否进行更新,可以根据需要进行更新已经引出的序号,如图 8.30 所示。

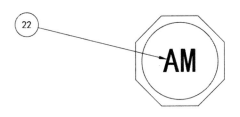

图 8.30 更新已经引出的序号

在元件有子目录情况下，可以做成一些样式，如图 8.31 所示。

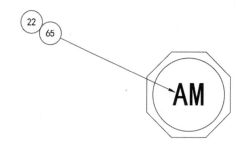

图 8.31　序号样式

当然，这种样式首先需要子目录。子目录，是指一个元件有多个元件及装配，如继电器需要带一些螺钉等。就可以在编辑对话框中，打开多个目录进行编辑，如图 8.32 所示。

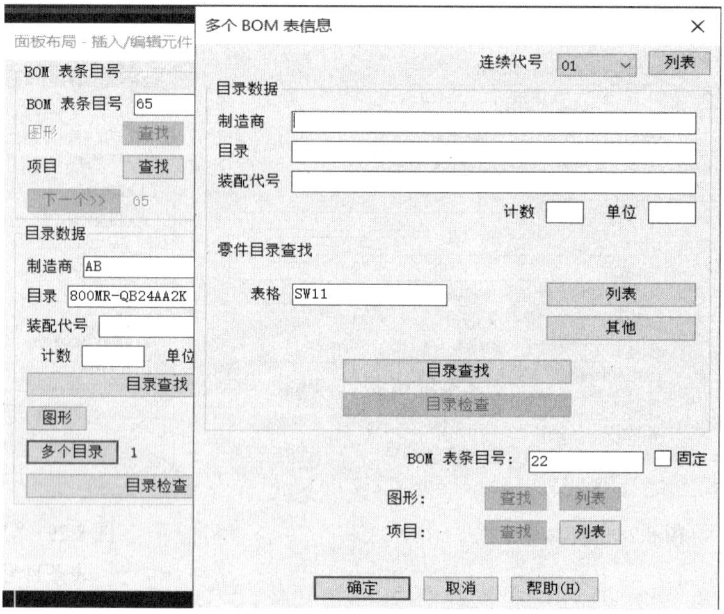

图 8.32　多个目录编辑

增加目录，就可以把其他元件添加到需要的元件上，该元件的下方形成多个目录。在引出序号上，多目录元件的序号引出，需要做项目特性的修改，修改的信息如图 8.33 所示。

在元件特性下，修改对条目进行编号，这样，序号多目录方式就能形成，也就能出现对应的样式了。

2. 导线注释

导线注释的目的是在元件上注释对应的连接信息。当面板图中的元件都有连接信息时，该面板图在接线过程中就可以非常方便地使用。一般欧美的图纸都用这种方式来体现元件的接线。而国内，有的会专门做一套接线图用来表示接线内容的表达。

使用 导线注释 命令，就可以看到如图 8.34 所示的对话框。

图 8.33 项目特性的修改

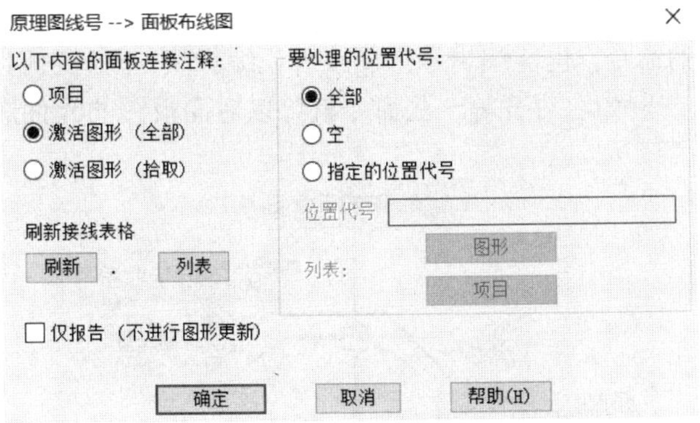

图 8.34 使用导线注释打开对话框

在这个对话框中,和其他的选择类似,可以针对项目或者激活图形来进行元件的选择,也可以用它来做出报告。

单击"确定"按钮,就可以得到如图 8.35 所示的对话框。

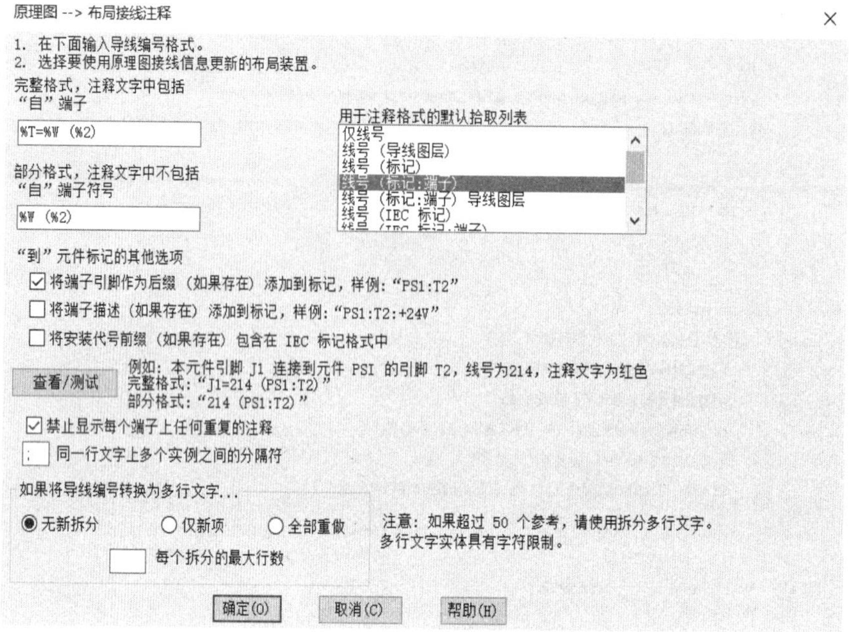

图 8.35 "原理图→布局接线注释"对话框

在这个对话框中，选择需要显示的内容以及样式，图中对这些内容都做了一些解释，可以方便地选择。

选择需要显示接线图信息的元件，就能看到需要的结果，如果结果不是自己想要的，可以修改后，重新执行这个命令来获得。

8.2.5 面板图的编辑

面板图也有其一系列的编辑功能，这里主要介绍一下常用的功能及作用。

1. 编辑命令

视频：面板图的编辑

原理图有些常用的命令，也能编辑示意图或者说编辑块，因此它们也属于面板图的编辑功能，如图 8.36 所示。例如，对齐等一些命令就可以对面板图的元件进行处理。

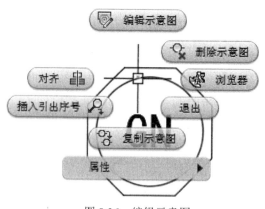

图 8.36 编辑示意图

面板图的编辑对话框和其元件的原理图对话框相似，如图 8.37 所示。

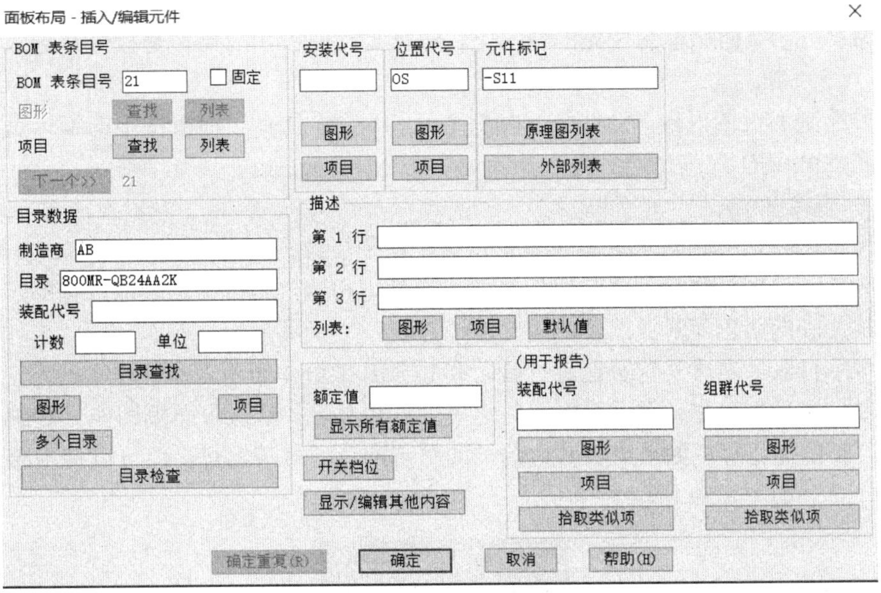

图 8.37　面板图的编辑对话框

除了组群代号外，基本上原理图和面板图上的信息基本相同。在使用过程中，不管哪一边发生了修改，软件都可以把信息同步到另外一边。也就是说，在使用中，两边基本是同步的。

2. 复制命令

面板图有几个复制命令，用于图中的复制，分别是复制示意图，复制装配，复制安装、位置、装配和组群代号，如图 8.38 所示。

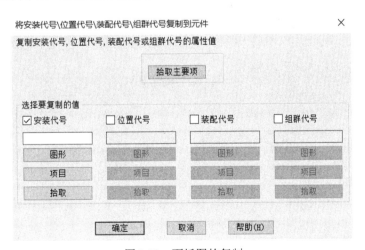

图 8.38　面板图的复制

（1）复制示意图：复制一个元件，并对复制的元件进行修改。

（2）复制装配：复制多个元件且不会修改内容。

(3) 复制代号：把某个元件的各个代号信息复制给其他元件。

面板图的复制，主要用于先绘制面板图模式。只有在这种方式下，才可能根据需要，随意地增加减少元件。而原理图优先的情况下，随意复制面板图的操作是极容易导致数据出错的。

由于要绘制面板图内容，元件必须有制造商和目录。因此，面板图中的编辑是不会有复制这两个属性命令的。

3. 其他编辑命令

其他编辑命令还有删除示意图、多个目录、使扩展数据可见等。

(1) 删除示意图：删除示意图和元件的删除基本相同，其作用是删除选择的示意图，并删除任何相关联的引出序号。

(2) 多个目录：在序号部分已经介绍，可以在那部分中查看。

(3) 使扩展数据可见：用于面板图其他属性的可见性，默认中面板图能见到的信息只有元件标记、类型标记等。如果需要其他的，如制造商、型号等信息，就可以使用该命令进行显示。运行命令如图 8.39 所示。

图 8.39　运行命令

选择需要更改属性的元件，弹出的对话框如图 8.40 所示。

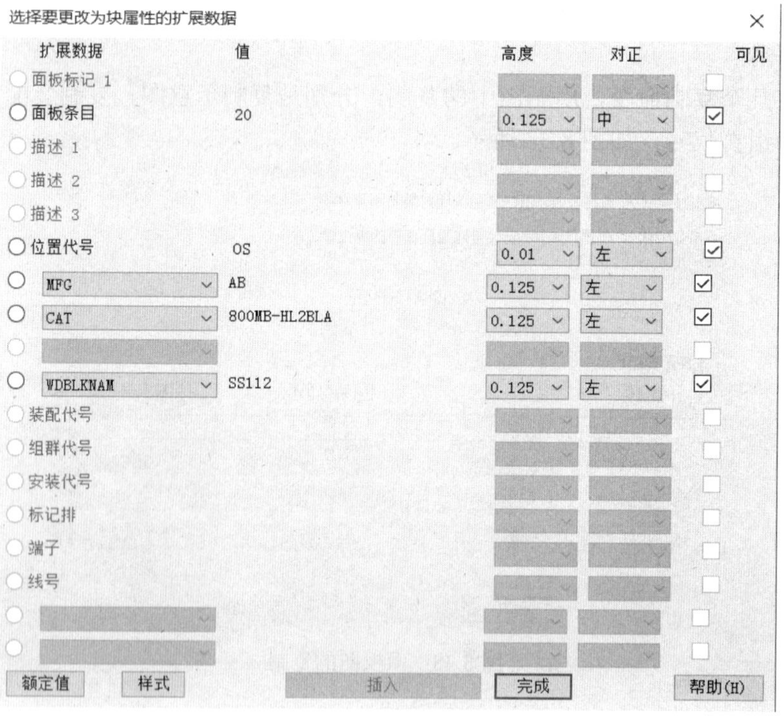

图 8.40　更改属性

该对话框中，没有点选的属性，属于要么已经显示，要么该值为空。左侧选择要显示的内容，右侧选择文字高度及对正方式。这里主要强调一点，设置中文字的处理，如果有放大倍数情况下，操作时需要小心。

8.3 任务实施

1. 激活项目

打开 AutoCAD Electrical 2017 软件，在软件左侧"项目管理器"中，找到在项目四里的任务一"电动机正反转控制原理图"，我们已经建立的项目"电动机正反转"，单击右键，选择下拉菜单中的"激活"，激活项目"电动机正反转"。

2. 新建图形

在"项目管理器"中选择项目"电动机正反转"，单击右键，选择下拉菜单中的"新建图形"，出现"创建新图形"对话框，在对话框中将图形文件名称命名为"正反转面板图"，如图 8.41（a）所示；在"模板"这一行单击"浏览"按钮，选择"ACE_GB_a1_a"模板，如图 8.41（b）所示。

(a)　　　　　　　　　　　　　　　　　　(b)

图 8.41　新建图形

（a）"创建新图形"对话框；（b）模板选择

然后单击"确定"按钮，在弹出的"将项目默认值应用到图形设置"对话框中单击"是"按钮，这样前面项目的设置都会应用到新建的图形上，如图 8.42 所示。

在项目管理器中项目"电动机正反转"下面，可以看到有两个图形：一个是之前建立的图形"电动机正反转"，一个是新建的图形"正

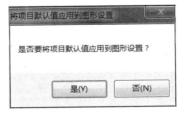

图 8.42　"将项目默认值应用到图形设置"对话框

反转面板图"。双击图形"正反转面板图.dwg",就会打开图纸"正反转面板图"的绘图界面。

3. 面板图设置

单击"面板"选项卡→"其他工具"面板→"配置"图标,弹出"面板图形配置和默认值"对话框,在对话框中,将示意图插入比例设置为"25.4",也就是将英制尺寸转换成公制尺寸,设置完成后,单击"确定"按钮,如图 8.43 所示。

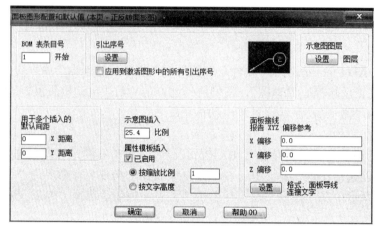

图 8.43 "面板图形配置和默认值"对话框

4. 外壳和导轨

1)外壳

在面板"插入元件示意图"中,单击"图标菜单"图标,弹出"插入示意图"对话框,如图 8.44 所示。

图 8.44 "插入示意图"对话框

在"插入示意图"对话框中,可以看到,面板图缩放比例是 25.4。单击 "外壳"图标,弹出"示意图"对话框,如图 8.45 所示。

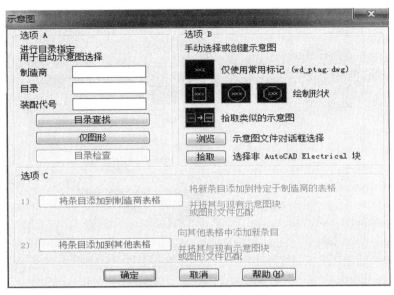

图 8.45 "示意图"对话框

在"示意图"对话框里的选项 A 中,单击"目录查找",在弹出的"目录浏览器"对话框中,搜索制造商 HOFFMAN,在搜索结果的下拉菜单中,找到目录为 E6PBY25 的机柜,单击"确定"按钮,如图 8.46 所示。

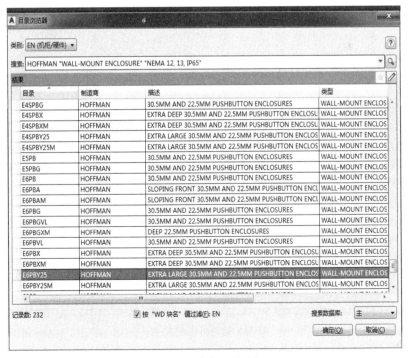

图 8.46 外壳目录选择

可以看到，在弹出的"示意图"对话框中，"制造商"和"目录"已经选择完成，单击"确定"按钮，进行外壳的插入，如图 8.47 所示。

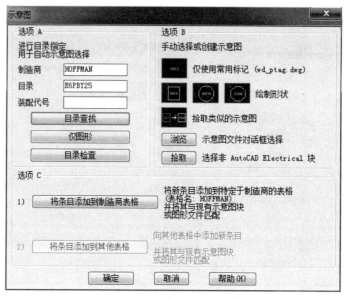

图 8.47　外壳的插入

将外壳水平放置到图纸的中间位置，在弹出的"面板布局–插入/编辑元件"对话框中，单击"确定"按钮，完成外壳的插入，如图 8.48 所示。

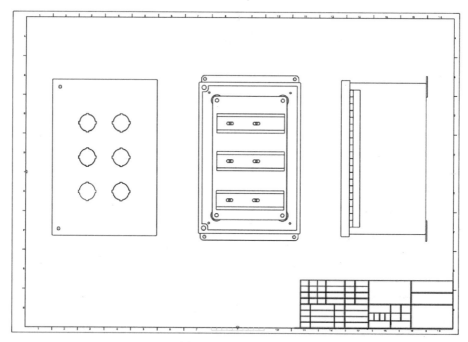

图 8.48　外壳的插入

2）导轨

单击"插入元件示意图"面板→"图标菜单"图标,在弹出的"插入示意图"对话框中,单击"导轨"图标,弹出"导轨"对话框,如图 8.49 所示。

图 8.49 "导轨"对话框

在"导轨"对话框中,选择制造商为"AB",目录为"199-DR1"的导轨,将方向设置为"水平",比例设置为"25.4",面板装配选择"常闭触点孔",单击"拾取轨迹信息",在图纸上机柜内单击导轨放置的起点和终点,完成导轨的插入。

同样方法,在机柜内第一条导轨的下方放置两条同样长度和样式的导轨,如图 8.50 所示。

5. 原理图元件

利用"原理图列表"命令,将"电动机正反转"图形中的电动机正反转原理图的所有元件插入到面板图中。

单击"插入元件示意图"面板→"原理图列表"图标,弹出"原理图元件列表→插入面板布局"对话框,如图 8.51 所示。

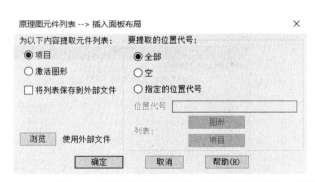

图 8.50 导轨的插入　　图 8.51 "原理图元件列表→插入面板布局"对话框

在该对话框中,选择"项目"和"全部",单击"确定"按钮。弹出"选择要处理的图形"对话框,在该对话框中,选中图形"电动机正反转",单击"处理"按钮,将图形放置到执行区,如图 8.52 和图 8.53 所示。

单击"确定"按钮,弹出"原理图元件"对话框,在该对话框中,可以看到"电动机正反转"原理图的所用元件都已经全部统计出来了,如图 8.54 所示。

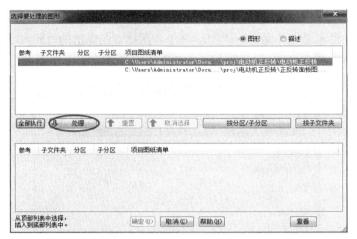

图 8.52 选择要处理的图形

图 8.53 将图形放置进处理区

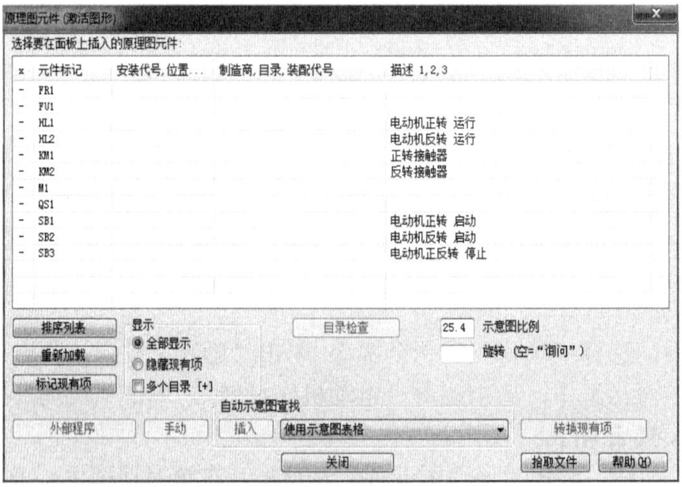

图 8.54 "原理图元件"对话框

1）按钮插入

单击"插入元件示意图"面板→"原理图列表"图标，在弹出的"原理图元件"对话框中，选择按钮 SB1～SB3，单击"插入"按钮，如图 8.55 所示。

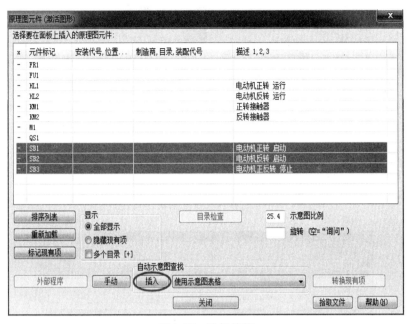

图 8.55 选择按钮

（1）正转启动按钮 SB1 的插入。在弹出的"示意图插入的间距"对话框中，选择 SB1，单击"确定"按钮，在弹出的"示意图"对话框中，单击"目录查找"，如图 8.56 和图 8.57 所示。

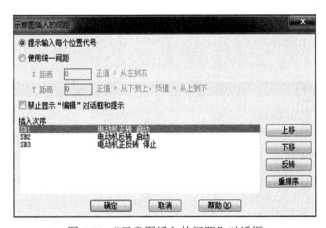

图 8.56 "示意图插入的间距"对话框

在弹出的"目录浏览器"对话框中，搜索"AB 800H"，在搜索结果中选择"AB 800H－BR1A"，单击"确定"按钮，如图 8.58 所示。

可以看到"示意图"对话框中，按钮 SB1 的"制造商"和"目录"已经选择完成，如图 8.59 所示。

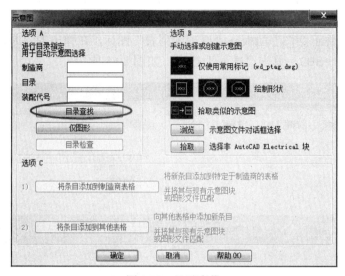

图 8.57　目录查找

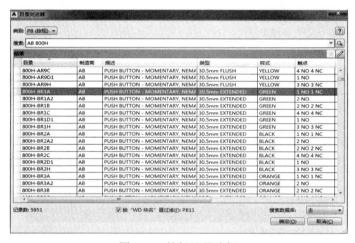

图 8.58　按钮目录选择

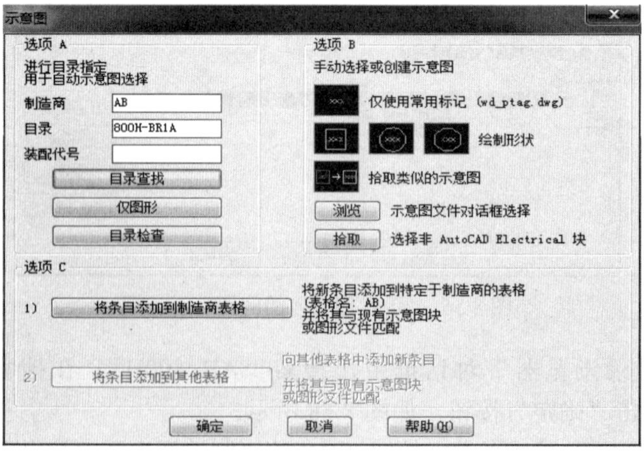

图 8.59　"示意图"对话框

单击"确定"按钮,将正转启动按钮 SB1 放置在面板中的左上方孔位。在弹出的"面板布局-插入/编辑元件"对话框中,查看元件参数后,单击"确定"按钮,完成按钮的放置,如图 8.60 所示。

(2) 反转启动按钮 SB2 的插入。同样方法,在面板图上方第二个孔位插入制造商为"AB",目录为"800H-BR1A"的反转启动按钮 SB2,如图 8.61 所示。

(3) 停止按钮 SB3 的插入。同样方法,在面板图第二行第一个孔位插入制造商为"AB",目录为"800H-BR6A"的停止按钮 SB3,如图 8.62 所示。

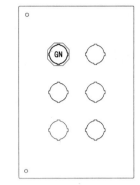

图 8.60 正转启动按钮 SB1 的插入

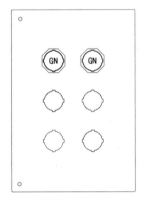

图 8.61 反转启动按钮 SB2 的插入

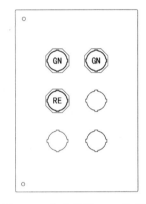

图 8.62 停止按钮 SB3 的插入

2) 指示灯的插入

单击"插入元件示意图"面板→"原理图列表"图标,在弹出的"原理图元件"对话框中,选择指示灯 HL1 和 HL2,单击"插入"按钮,如图 8.63 所示。

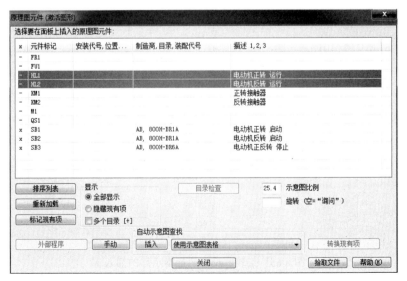

图 8.63 选择指示灯

（1）正转运行指示灯 HL1 的插入。在"示意图插入的间距"对话框中，选择 HL1，单击"确定"按钮，在弹出的"示意图"对话框中，单击"目录查找"。在 "目录浏览器"对话框中，搜索"AB 800H"，在搜索结果中选择"AB 800H–PR26G"，单击"确定"按钮，如图 8.64 所示。

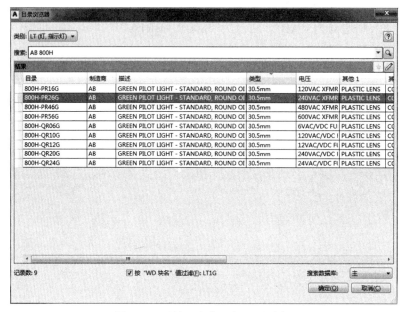

图 8.64　正转运行指示灯目录选择

正转运行指示灯 HL1 的制造商和目录选择完成后，将指示灯 HL1 放置在面板中的第三行的第一个孔位。

（2）反转运行指示灯 HL2 的插入。同样方法，在面板图第三行第二个孔位插入制造商为"AB"，目录为"800H–PR26G"的反转运行指示灯 HL2，如图 8.65 所示。

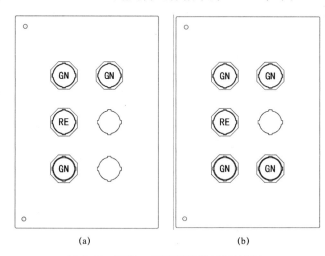

图 8.65　正转、反转运行指示灯的插入
(a) 正转运行指示灯；(b) 反转运行指示灯

3）断路器 QS1 的插入

单击"插入元件示意图"面板→"原理图列表"图标,在弹出的"原理图元件"对话框中,选择断路器 QS1,单击"手动"按钮,如图 8.66 所示。

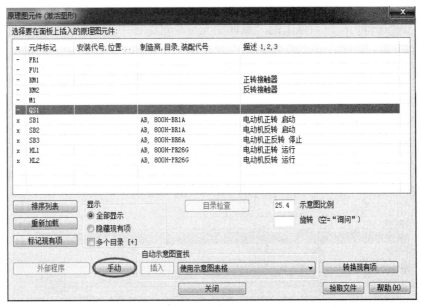

图 8.66　选择断路器

在弹出的"示意图"对话框中,单击"目录查找",在"目录浏览器"对话框中,搜索"AB 3-POLE",在搜索结果中选择"AB 1492-CB3F300",单击"确定"按钮,如图 8.67 所示。

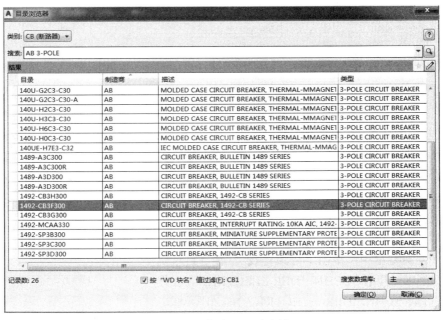

图 8.67　断路器目录选择

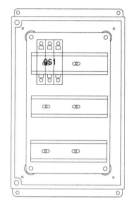

图 8.68　断路器 QS1 的插入

断路器 QS1 的制造商和目录选择完成后，将断路器放置在机柜内部的最上方导轨上，如图 8.68 所示。

4）熔断器 FU1 的插入

单击"插入元件示意图"面板→"原理图列表"图标，在弹出的"原理图元件"对话框中，选择熔断器 FU1，单击"手动"按钮。在弹出的"示意图"对话框中，单击"目录查找"，在"目录浏览器"对话框中，搜索"AB 3 POLE"，在搜索结果中选择"AB 1492－FB3C30"，单击"确定"按钮，如图 8.69 所示。

熔断器 FU1 的制造商和目录选择完成后，将熔断器放置在机柜内部的最上方导轨上，如图 8.70 所示。

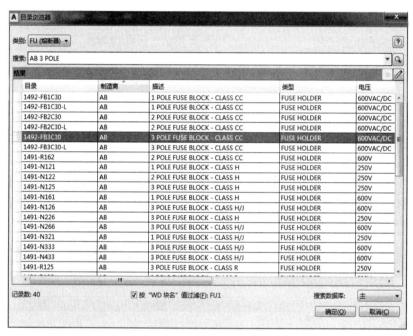

图 8.69　熔断器目录选择

5）接触器的插入

单击"插入元件示意图"面板→"原理图列表"图标，在弹出的"原理图元件"对话框中，选择接触器 KM1 和 KM2，单击"插入"按钮，如图 8.71 所示。

（1）正转接触器 KM1 的插入。在"示意图插入的间距"对话框中，选择 KM1，单击"确定"按钮，在弹出的"示意图"对话框中，单击"目录查找"。在"目录浏览器"对话框中，搜索"SCHNEIDER ELECTRIC"，在搜索结果中选择"SCHNEIDER ELECTRIC 16120"，单击"确定"按钮，如图 8.72 所示。

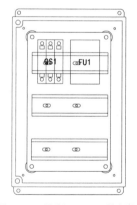

图 8.70　熔断器 FU1 的插入

图 8.71 选择接触器 KM1 和 KM2

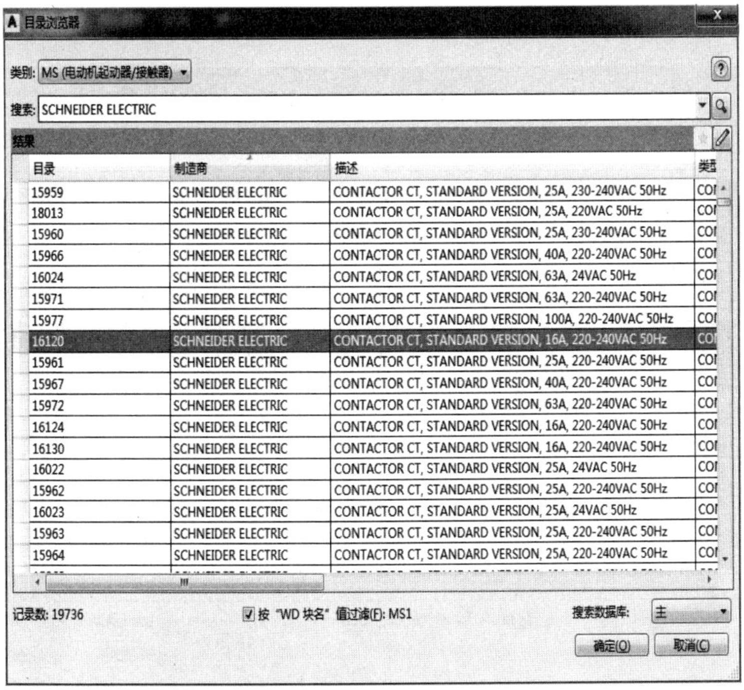

图 8.72 接触器目录选择

正转接触器 KM1 的制造商和目录选择完成后,将接触器放置在机柜内部的中间导轨上,如图 8.73 所示。

(2) 反转接触器 KM2 的插入。同样方法,在面板内部中间导轨上的右侧插入制造商为"SCHNEIDER ELECTRIC",目录为"16120"的反转接触器 KM2,如图 8.74 所示。

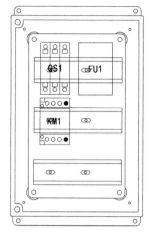
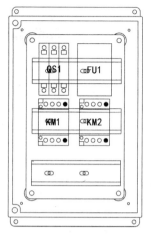

图 8.73　正转接触器 KM1 的插入　　　　图 8.74　反转接触器 KM2 的插入

6）热继电器 FR1 的插入

单击"插入元件示意图"面板→"原理图列表"图标，在弹出的"原理图元件"对话框中，选择热继电器 FR1，单击"手动"按钮。在弹出的"示意图"对话框中，单击"目录查找"，在"目录浏览器"对话框中，搜索"SCHNEIDER ELECTRIC"，在搜索结果中选择"SCHNEIDER ELECTRIC LR97 D25E"，单击"确定"按钮，如图 8.75 所示。

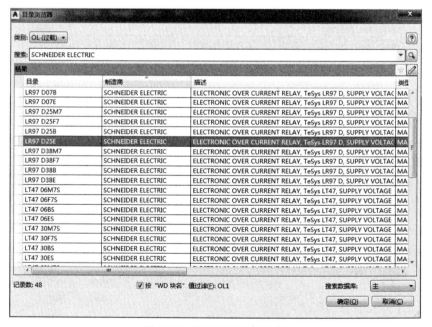

图 8.75　热继电器目录选择

热继电器 FR1 的制造商和目录选择完成后，将热继电器放置在机柜内部的最下方导轨上，如图 8.76 所示。

7）端子排的插入

单击"端子示意图"面板→"编辑器"图标，弹出"端子排选择"对话框，如图 8.77

所示。

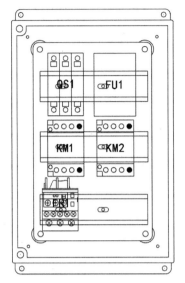

图 8.76 热继电器 FR1 的插入

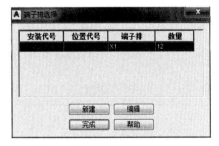

图 8.77 "端子排选择"对话框

选中"端子排 X1"一栏,单击"编辑"按钮,弹出"端子排编辑器"对话框,如图 8.78 所示。

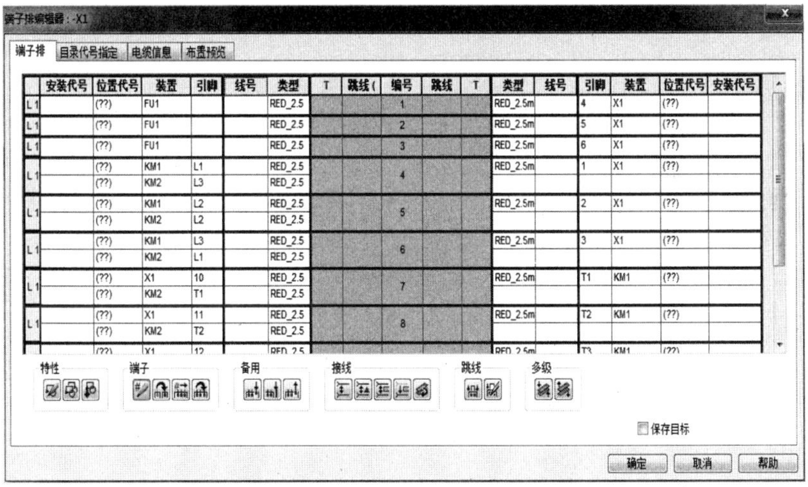

图 8.78 "端子排编辑器"对话框

在"端子排编辑器"对话框中,单击对话框上方的"布置预览",在"布置预览"页面,选择"图形化端子排",将插入的比例设置为"25.4",插入的角度设为"90",单击"更新"按钮,会出现端子排的预览图,如图 8.79 所示。

端子排设置完成后,单击"插入"按钮,将端子排放置在机柜内部的最下方导轨上,在弹出的"端子排编辑器"对话框中单击"确定"按钮,在弹出的"端子排选择"对话框中单击"完成"按钮,完成端子排的插入,如图 8.80 所示。

323

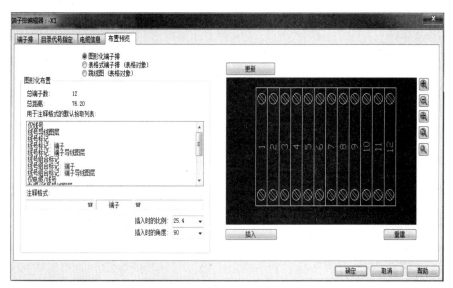

图 8.79 端子排的预览图

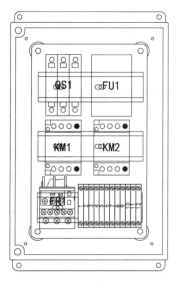

图 8.80 端子排的插入

8.4 任务拓展

利用本项目所学的面板图的知识，根据图 8.81 所示电动机星三角降压启动继电器控制原理图，绘制出对应的电动机星三角降压启动继电器控制原理图。

项目八 电动机正反转控制面板图的绘制

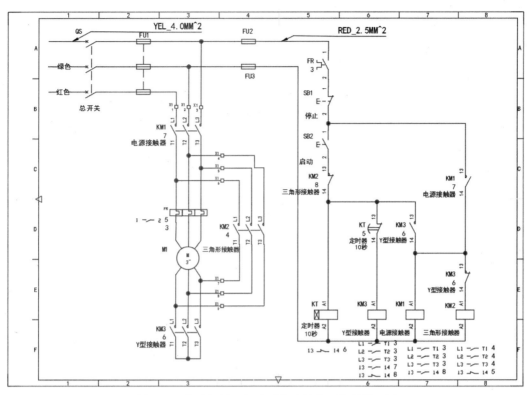

图 8.81 电动机星三角降压启动继电器控制原理图